조리원리

The **Principle** of **Cookery**

이론과 실습

조리원리

The **Principle** of **Cookery**

이론과 실습

조미자 · 강옥주 · 계인숙 · 김명숙 · 김병숙
김애정 · 문숙희 · 박재희 · 박희옥 · 이근종
이미경 · 이나겸 · 최은영 · 최진영 · 한정순

교문사

우리의 식생활은 세계 각국 특산물의 도입과 외식 산업의 확대와 더불어 풍요로워지고 식문화 또한 다양해지고 있다. 건강과 식생활의 중요성에 대한 인식이 높아지면서 조리법에 대한 관심도 더욱 커지고 있다. 따라서 조리법을 과학적으로 이해하기 위한 조리원리의 중요성이 크게 부각되고 있다고 할 수 있다.

이 책은 식품조리 관련학과 전공자, 또는 음식을 만드는 사람이 꼭 알아야 할 조리원리를 체계적으로 정리하여 쉽게 이해할 수 있도록 하였다. 제1부에서는 조리의 기초과학과 기본조리방법을 설명하고, 제2부에서는 식품군별 식품의 구조, 성분, 성질을 이해하도록 하였다. 또한 조리과정에서 각 식품 특성에 어떤 식으로 물리·화학적 변화가 생기는지, 어떠한 성분에 변화가 일어나 음식이 만들어지는지에 대한 원리를 터득할 수 있게 하였다. 아울러 뒷부분의 조리실습 코너에서 각 장의 이론과 연계되는 실습을 할 수 있도록 구성하였다. 이외에도 조리의 간편화, 효율화 등을 위한 조리방법을 언급하여 조리를 보다 합리적이고 과학적으로 개선하는 데 도움이 되고, 창의적인 조리개발능력을 배양할 수 있도록 하였다.

조리원리 습득에 필요한 내용을 충분히 심의하여 기술하였기 때문에 식품·조리 관련 전문인에 해당하는 영양사, 조리기술사, 제과·제빵 및 산업기술사, 외식업체 종사자 등 조리에 관심 있는 모든 이들에게 유익한 지침서가 될 것이라 믿는다.

어려운 여건에서도 출간에 힘써주신 교문사 류제동 사장님과 직원 여러분께 깊이 감사드린다.

2015년 9월
저자 일동

PART1 조리원리의 개요

PART 2 식품별 조리원리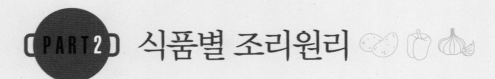

조리원리의 개요

1 서론

1 조리의 의의

조리는 인간이 영양소를 안전하게 섭취하고 건강을 유지하며 감각을 만족시키기 위해 식품재료(food material)를 가공·조작 처리하여 음식물(food, meal)로 만드는 과정이다. 포괄적으로는 식사계획부터 식품재료를 구입하고, 여러 가지 조리과정을 거쳐 식탁을 구성하는 모든 과정을 의미한다.

조리에 사용되는 식품재료로는 농산물, 축산물, 수산물, 임산물 등의 천연물 및 그 가공품이 있다. 최근에는 새로운 식품 소재도 많이 개발되고 있다.

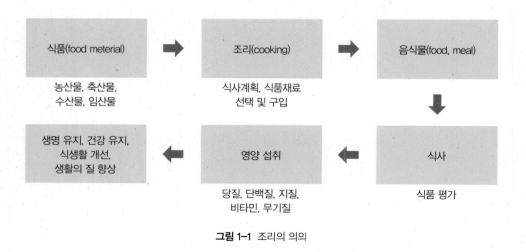

그림 1-1 조리의 의의

표 1-1 조리에 의한 식품의 변화

구분	변화의 요소		변화의 예
물리적 변화	성분 이동 물성 및 조직 변화 형상 변화		삼투, 침투, 용출, 건조, 액화, 고화 점탄성, 용해성, 소성, 유동성, 마쇄, 균질화, 경화, 연화, 팽윤, 수축 팽창, 축소, 중량의 증가 · 감소, 변형
성분 변화	일반 성분	탄수화물 단백질 지질 비타민 무기질	섬유질 연화, 당의 캐러멜화, 전분의 호화 · 호정화 변성, 분해 산화, 산패, 유화, 중합, 가수분해, 열화 산화, 분해, 광분해, 파괴 산화, 분해, 광분해, 파괴
	기호 성분	색 향 맛 질감	변색, 퇴색, 갈변, 착색 생성, 휘발, 소멸, 가향 생성, 소멸, 상승, 혼합효과 씹힘성, 조직감의 변화

2 조리의 목적

- **식품의 안전성을 높인다** 식품의 수세, 침수, 가열 등을 통하여 불쾌한 맛과 유해물을 제거하여 위생상 안전하게 한다.
- **식품의 소화성과 영양효율을 높인다** 조리과정 중 껍질이나 불소화 부분의 제거, 절단, 침수, 조미, 가열, 연화 등을 통해 쉽게 소화되어 소화력이 좋아지면 흡수력도 증가되어 영양가가 높아지는 효과를 볼 수 있다.
- **식품의 기호성을 높인다** 다양한 식품의 사용으로 색의 조화, 재료의 크기나 모양새, 질감의 조절, 다양한 부재료의 첨가, 적절한 조리법과 음식의 온도, 용기의 다양화 등으로 식품 자체의 가치에 부가적 효과(additional effect)를 준다.
- **식품의 저장성을 높인다** 일반 조리에서 양념과정이나 절임, 또는 당장, 산저장을 하거나 가열하므로 미생물을 죽이고 효소반응을 불활성화므로 저장성이 높아진다.
- **식생활에 다양성을 준다** 동일한 식재료라도 조리법을 달리하거나 부재료 등의 사용으로 다양한 음식을 만들 수 있다.

3 조리학의 의의와 목적

조리학은 조리과정 중에 일어나는 식품의 성분, 조직, 물성의 변화 등을 과학적으로 해명하고, 조리된 음식의 안전성, 영양성, 기능성 등 조리 시 일어나는 모든 현상으로부터 법칙성을 밝히려는 것을 목적으로 한다. 법칙성을 확립하기 위해서는 물리, 화학, 생물학적 지식과 연구방법을 동원해야 한다. 조리학은 그 연구 결과를 우리 식생활에 밀접하게 활용되도록 하는 실용성을 추구하는 복합적인 학문영역에 속한다. 조리학의 목적을 살펴보면 다음과 같다.

- 현재 조리법의 역사적 배경 이해 현재의 조리방법은 역사적 배경, 주위 환경, 실용성 등에 의해 발달해온 것으로, 그 사회의 문화를 이해함으로써 더욱 좋은 조리법을 개발할 수 있다.
- 현재 조리법을 과학적으로 규명 전승되어 내려온 전통조리법, 향토음식 등을 과학적으로 연구·규명하여 유지·보완한다.
- 새로운 조리법으로 개선 또는 창작 최소한의 시간과 노력으로 언제나 실패 없이 기호에 맞는 음식을 만들 수 있는 표준조리법(standard recipe)을 작성하고, 나아가 새로운 조리법을 창작한다.

4 조리학의 연구 방향

- 식재료가 가지고 있는 영양 성분과 식품의 색과 향미를 최대한 유지할 수 있는 조리법을 연구·개발한다.
- 식품이 가진 조직감을 조리과정에서 물리·화학적 변화를 이용하여 좋은 질감과 물성을 연구하여 기호성을 높인다.
- 바쁜 현대인에게 맞는 메뉴나 노인 인구 증가에 대비한 간편 식사 메뉴 등 사회적 요구에 맞는 조리법을 개발한다.
- 세계인의 기호에 맞는 조리법을 개발하여 더욱 다양한 음식을 창작한다.

조리의 기초과학 2

1 식품의 구조

모든 식품은 살아 있는 조직 또는 가공에 의해 만들어진 것으로, 식품의 주체는 조직의 구성단위인 세포이다. 세포는 동물성 식품의 근육세포, 식물성 세포 모두 기본적으로 구조가 유사하다.

동물성 식품인 근육세포는 핵, 세포막, 근육섬유, 결체조직으로 구성되어 있고, 감자 등 식물성 세포에는 핵, 액포, 세포벽, 세포간질, 세포질로 구성되어 있다. 특히

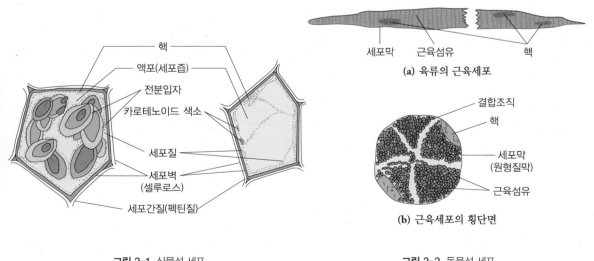

(a) 육류의 근육세포

(b) 근육세포의 횡단면

그림 2-1 식물성 세포

그림 2-2 동물성 세포

채소 및 과일류는 유세포, 유도세포, 지지세포, 보호세포로 나누어지며 대부분의 가식 부분은 유세포이다.

2 식품재료의 상태

식품재료에는 여러 가지 형태가 있으며, 이들의 혼합 상태에 따라 식품의 질감이 달라진다. 따라서 조리할 때는 식품재료의 상태와 특성을 이해하는 것이 매우 중요하다.

1) 고체형 식품재료

식품재료는 대부분 고체 상태이다. 고체형 식품재료(solid state)는 입자분말, 결정체, 무정형 등 특유의 형태를 가지며 수분의 함유 정도와 조직 상태에 따라 탄성, 소성, 점탄성 등 물성이 달라진다.

2) 액체형 식품재료

액체식품은 유동성이 있고 응력을 유지하는 능력이 있는 물질로, 어떤 그릇에 담느냐에 따라 모양이 변한다. 액체형 식품재료(liquid state)에서 중요한 물성은 증기압, 계면장력, 점성 등으로 이는 수분의 함량, 액체의 종류, 온도 등에 좌우된다.

3) 반고체 식품재료

액체와 고체의 중간 상태인 반응고 상태(state of aggregation)를 유지하는 것이다. 젤라틴젤, 젤리, 껌, 푸딩 등이 반고체 식품재료(semi-solid state)에 속한다.

4) 기체형 식품재료

기체형 식품재료(gas state)란 식품 자체가 기체는 아니지만 기체를 이용한 것으로 발효, 교반 등에 의해 CO_2, 공기 등이 유입되어 용적이 증대된 것이다. 빵, 케이크, 아이스크림, 휘핑크림 등이 이에 속한다.

5) 분산형 식품재료

일반 식품재료는 2가지 이상의 서로 다른 물질이 혼합 또는 분산되어 있는데, 이때 분산되어 있는 물질인 분산상 크기와 전기적 성질에 의해 분산형이 결정된다. 이는 천연 식품재료의 경우에도 해당되지만 조리 또는 가공식품의 경우에는 이러한 유형이 더욱 중요하다. 분산형 식품재료(dispersed state)의 유형을 살펴보면 다음과 같다.

(1) 크기에 따른 유형

분산의 유형은 분산매(산포매개체, 연속상: continuous phase)에 흩어져 있는 분산상(분산질, 산포물질, 불연속상: dispersed phase)의 크기에 의해 진용액(true solution), 콜로이드용액(colloidal solution), 부유 상태(suspension)로 나누어진다.

진용액   분산상의 크기가 직경 $1\,\mu\mathrm{m}$ 이하로 분산매 속에 이온 상태 또는 분자 상태로 녹아서 동질화된 상태이다. 진용액은 투명하며 이때의 분산상은 용질, 분산매는 용매라 부른다. 소금물, 설탕물, 설탕시럽 등이 이에 속한다.

교질용액   분산매 내에 분산되어 있는 분산상의 크기가 $1\,\mu\mathrm{m}$ 이상 $0.1\,\mu$ $(1\sim100\,\mu\mathrm{m})$ 이하이며, 일반적인 성질은 다음과 같다.

- 일반 현미경으로는 볼 수 없으나 한외현미경으로는 볼 수 있다.
- 여과지는 통과하지만 양피지는 통과하지 못한다.
- 분산상은 대개 친수성이며 전하를 띠는데, 주로 음전하가 많다.
- 불규칙한 브라운(Brown)운동을 하며 이것이 분산 상태를 유지하는 힘이 된다.
- 교질용액의 상태에 따라 액상의 졸(sol)과 반응고 상태인 젤(gel)이 있는데, 여기에는 가역적인 것과 불가역적인 것이 있다.

부유 상태   한 식품 내에 다른 성분이 비교적 큰 산포물질로 떠 있는 상태로, 입자의 크기가 $0.1\,\mu$ 이상이며 전하를 띠지 않는 분자 상태로, 계속 젓거나 흔들지 않으면

표 2-1 콜로이드계의 종류 및 예

분산매	분산질	분산계	예
기체	액체	연무질	안개, 증기(식품 X)
기체	고체	연무질	연기(식품 X)
액체	기체	포말질(거품)	맥주, 소다수
액체	액체	유탁질(유화액)	우유, 크림, 마요네즈
액체	고체	현탁질	된장국, 풀, 수프
고체	기체	고체포말질	냉동건조식품, 식빵
고체	액체	유탁질	마가린, 버터, 쇼트닝, 초콜릿
고체	고체	고체교질	캔디

산포물질이 중력에 의해 분리된다. 이때 산포물질이 매개체보다 무거우면 가라앉고, 가벼우면 위로 뜬다. 예를 들어 전분을 물에 푼 경우, 시간이 지나면 전분이 가라앉는다. 그러나 전분용액은 가열에 의하여 젤 상태의 풀이 되므로 부유 상태가 교질용액이 되는 것이다.

(2) 상태에 따른 유형

분산의 유형은 분산매와 분산질의 상태에 의해 나눌 수도 있다. 즉 분산매가 고체, 액체, 기체인 상태(실제로 존재하지 않음), 분산질이 고체, 액체, 기체인 상태로 나눌 수 있다. 이 중 특히 분산매가 액체인 식품을 콜로이드용액, 즉 졸이라 하며 졸의 상태는 냉각, 가열, 전해질 첨가, 금속이온 첨가 등의 방법에 의해 입체적 망상구조를 가진 젤 상태로 바뀐다.

예를 들면 곰국, 즉 젤라틴 용액은 냉각에 의해 굳어지며 난백은 가열에 의해, 두유는 간수라는 전해질의 첨가로 젤 상태가 된다. 저메톡실펙틴(low methoxyl pectin)에 의한 과일젤리의 제조 시에는 과즙에 2가 이상의 이온 첨가로 젤화가 일어나게 된다.

3 식품의 물성

식품의 가치를 평가하고 기호성을 좌우하게 만드는 요인으로 영양가, 맛, 냄새, 색보다는 먹었을 때 느껴지는 질감이 매우 중요하게 작용한다. 한 식품의 이와 같은 질감은 식품의 구성 성분 간 구조상 상호관계에 의해 만들어진다.

식품의 물성을 나타내는 성질은 크게 콜로이드(colloid)성과 리올로지(rheology)성으로 나누어진다. 콜로이드성이란 2가지 이상의 물질이 분산되어 만들어내는 물성인 유화, 포말, 교질 등을 말한다. 리올로지성은 액상식품과 고상식품 성분 간의 관계, 즉 점성, 소성, 탄성, 점탄성 등의 성질을 포함한다.

1) 콜로이드성

(1) 졸과 젤

콜로이드란 일반적으로 1~100μm(1~100μm, 1.0^{-7}~1.0^{-9}m)의 가늘고 작은 입자가 균일하게 분산되어 있는 상태를 말한다. 이 중 분산매(연속상, dispersion medium)가 액상이고 분산상(불연속상, dispersed phase)이 고체 또는 액체, 즉 전체적으로 액상인 콜로이드를 졸이라고 한다. 대표적인 식품으로 젤라틴(gelatin)용액인 곰국과 같은 음식을 들 수 있다.

이러한 졸(sol) 상태가 여러 요인에 의하여 분산상끼리의 인력에 의해 입체적 망상구조를 만들어내는데, 그 망상구조(net structure)에 물분자가 포함된 반고체 상태를 젤(gel)이라고 한다. 예를 들면 즉 곰국은 냉각에 의해, 난백단백질(졸인 달걀용액)은 가열에 의해 젤로 바뀐다. 또한, 두유의 단백질인 글리시닌(glycinin)은 중성염에 의해 두부인 젤 상태가 된다.

젤은 융해(이장, synersis)와 축화(shrinkage), 팽윤(swelling)의 3가지 특성을 띤다. 젤을 방치하면 망상조직이 점차 수축·해열되고 분산매가 분리되어 물이 스며나오는 현상이 생긴다. 융해는 죽이나 풀 위에 시간이 지나면 물이 고이는 것처럼 고체가 에너지를 흡수하여 액체가 되는 것이고, 축화는 젤이 가진 입체망상구조의 해열 없이 수분 증발에 의해 점차 수축되는 현상이다. 이처럼 축화에 의해 건조된 젤을 건성젤(xerogel)이라고 하며 일반 건조식품의 구조가 이에 속한다. 또한 건조된 젤은 물을 흡수하여 원 상태로 되돌아가는데 이것을 팽윤이라 하며, 예로는 미역 등 건조식품을 물에 담갔을 때 부피가 늘어나는 현상을 들 수 있다.

(2) 거품과 표면장력

액체는 다른 액체, 기체, 고체 등과 접촉할 때 되도록 그 접촉표면을 작게 하려고 내부로 힘이 작용하는데, 이를 표면장력 또는 계면장력이라고 한다. 표면장력은 온도와 주위 물질에 영향을 받는데, 온도가 높을수록 표면장력이 감소한다. 찬 공기, 지방산, 지방, 알코올 등은 표면장력을 감소시키는 물질이며, 설탕은 증가시키는 물질이다.

표면장력은 조리와 밀접한 관계가 있으며 특히 거품과 유화에서 중요하다. 표면장력이 크면 거품이 잘 생기지 않아도 안정성이 크지만, 표면장력이 작으면 거품이 생기기는 쉬우나 쉽게 없어진다. 교반은 휘젓기(beating)에 의해 만들어진 거품의 표면피막에 단백질 등이 흡착되어 계면변성을 일으켜 점점 두텁고 안정된 포막을 만들어 내부에 공기를 포함하는 성질을 이용한 것이다. 스펀지케이크(sponge cake), 에인절케이크(angel cake) 등은 난백 거품 속 공기에 의해 팽창되는 경우이다.

(3) 유화

서로 다른 성질을 가진 두 물질, 즉 극성물질(친수성 물질)과 비극성물질(소수성 물질) 간에 작용하는 계면장력을 유화제에 의해 낮추어 두 물질이 잘 분산·혼합되어 있는 상태를 유화(emulsification)라고 한다. 따라서 유화제(emulsifier)는 친수기(극성기)와 소수기(친유기=비극성기)를 동시에 가진 물질이어야 한다. 이때 분산매와 분산상의 종류에 따라 수중유적형(oil in water emulsion, O/W)과 유중수적형(water in oil emulsion, W/O)으로 나누어진다(표 2-2).

표 2-2 유화 상태의 종류와 그 예

유화의 종류	분산매	분산상	유화제	식품의 예
수중유적형(O/W)	물, 극성물질	기름	단백질, 인지질, 전분 등	마요네즈, 난황, 크림, 아이스크림, 잣미음
유중수적형(W/O)	기름	물	콜레스테롤	버터, 마가린, 쇼트닝

2) 리올로지성

리올로지(rheology)란 고체물질의 변형과 액체의 유동에 관한 학문으로, 간단히 표현하기는 어려우나 물질에 외력을 가할 때 일어나는 변형과 유동을 관찰하고 그 특징

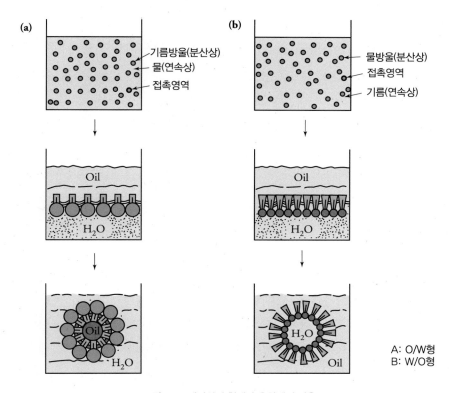

기름방울(분산상)
물(연속상)
접촉영역

물방울(분산상)
접촉영역
기름(연속상)

A: O/W형
B: W/O형

그림 2-3 에멀션의 형태와 유화제의 작용

을 현상론적으로 해석하며 그 물질 분자와 구조와의 관련성을 규명하는 것이다. 따라서 리올로지란 점성유동, 탄성변성, 소성유동 및 이것의 종합된 성질인 점탄성 등을 말한다.

(1) 점성

외부에서 힘을 가할 때 액체는 유동한다. 이때 액체 내부에는 그 흐름에 저항하는 성질이 있는데 이를 점성(viscosity)이라고 한다. 즉, 점성이란 죽이나 물엿, 잼처럼 잘 흐르지 않는 성질이다. 점성은 온도, 압력에 따라 변하는데 온도가 높으면 점성이 감소하고 압력이 높으면 점성이 증가한다.

(2) 소성

고체식품, 반고체식품이 외부의 힘을 받아 변형된 후 외부의 힘이 제거되어도 원상태로 돌아가지 않고 그 변형 상태를 유지하는 성질을 소성(plasticity)이라고 한다. 버터, 마가린, 샘크림, 두부 등은 소성이 있어 형태를 만든 후에 그 형태를 잘 유지하게 된다.

(3) 탄성

고체식품이 외부의 힘에 의해 변형되더라도 힘이 제거되면 원상태로 되돌아가려는 성질을 탄성(elasticity)이라고 한다. 모든 식품은 적당한 탄성을 가짐으로써 질감이 좋아진다.

(4) 점탄성

점탄성(viscoelasticity)은 외부에서 식품에 힘을 가했을 때 점성유동과 탄성변형이 동시에 일어나는 복잡한 성질이다. 점탄성을 나타내는 구체적인 성질로는 예사성, 바이센베르크(Weissenberg)효과, 패리노그래프(경점성, farinograph), 엑스텐소그래프(신전성, extensograph) 등이 있으며 이러한 성질은 밀가루 반죽, 젤리, 연유, 난백, 껌(chewing gum) 등의 물성에 관여한다. 특히 점탄성을 측정하는 패리노그래프와 엑스텐소그래프는 밀가루 반죽을 비롯한 여러 식품의 점탄성 측정에 이용된다.

4 조리와 물

1) 물의 구조

물은 수소(H)원자와 산소(O)원자의 공유결합으로(그림 2-4), 결합된 전자는 전기적으로 음성도가 큰 원자쪽으로 이끌리므로, 음전하의 중심은 산소와 수소의 중앙이 아니라 전기음성도가 큰 산소원자 쪽으로 기울게 된다(그림 2-5).

$$(\overset{\cdot\cdot}{\underset{\cdot\cdot}{O}}{}^{\cdot\cdot}) + 2(\cdot H) \longrightarrow \quad O \overset{H}{\underset{H}{}}$$

그림 2-4 물분자의 전자배치

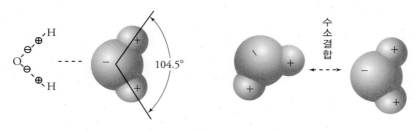

그림 2-5 물분자의 구조와 모형도　　　　　**그림 2-6** 물분자 간의 수소결합

즉, 물분자처럼 공유된 전자쌍이 어느 한쪽 원자로 치우쳐서 극성결합을 하는 물질을 극성분자라 하며 이는 일반적으로 조리에서 용매, 분산매 등의 기능을 하는 데 중요하다. 또한 물분자끼리의 결합, 즉 한 물분자의 산소원자의 음전하와 다른 물분자 수소원자의 양전하가 서로 끌려 일어나는 결합이 수소결합이다. 얼음, 물, 수증기 등의 구조적 차이는 주로 이 수소결합에 의한 것이다(그림 2-6).

2) 물의 성질

(1) 비점

물이 끓는 온도를 비점(boiling point)이라고 한다. 비점은 기압과 깊은 관계가 있어 1기압일 때는 100℃에서 끓지만 기압이 높으면 100℃보다 높은 온도에서 끓고, 기압이 낮으면 낮은 온도에서도 끓는다. 그러므로 압력냄비에서는 가열온도가 높아 조리시간이 단축된다. 반면 고원지대에서는 물이 낮은 온도에서 끓기 때문에 밥을 지을 경우는 조리시간을 길게 잡아야 전분에 완전한 호화작용이 일어난다.

또 용질이 녹아 있을 때는 비점이 상승하는데, 소금처럼 이온화되는 물질은 1mol당 1.04℃ 상승하며 설탕 같은 분자 상태의 물질은 1mol당 0.52℃ 상승한다. 즉, 소금 58g을 물 1L에 용해시켜(1mol) 가열하면 101.04℃에서 끓게 되고, 설탕은 342g을 물 1L에 용해시켜(1mol) 가열하면 100.52℃에서 끓는다.

(2) 빙점

빙점(freezing point)이란 물이 어는 온도로, 1기압에서는 0℃ 이하가 되면 얼기 시작한다. 용질이 녹아 있는 진용액의 빙점은 순수한 물보다 낮아져서 이온화되지 않는 용

표 2-3 기압에 따른 비등점의 변화

기압(a.p)	비등점(℃)	기압(a.p)	비등점(℃)	기압(a.p)	비등점(℃)
1.000	100	3.567	140	9.90	180
1.414	110	4.698	150	12.39	190
1.960	120	6.10	160	15.34	200
2.666	130	7.82	170	–	–

질 1mol을 1.86℃ 저하시키며, 이온화되는 물질은 이온마다 1.86℃를 저하시킨다. 즉, 설탕물 용액 1mol은 −1.86℃에서 얼기 시작하지만, 1mol의 소금물은 이온화되기 때문에 -3.72℃에서 얼게 된다.

(3) 비열

비열(specific heat)이란 1g 물질을 온도 14.5℃에서 15.5℃로 1℃ 올리는 데 필요한 열량을 cal/g으로 나타낸 것이다. 물의 경우는 비열을 1로 하고, 물에 대한 다른 물질의 상대값을 그 물질의 비열로 나타낸다. 비열은 열용량 및 열전도율과 관련이 있으므로 조리 시 온도 상승과 강하에 영향을 주어 조리시간을 좌우한다. 즉, 비열이 큰 물질은 온도를 높이거나 낮추는 데 시간이 많이 걸리며, 식품은 수분 함량이 많을수록 비열이 크다.

표 2-4 식품의 비열

식품	수분 함량	비열	식품	수분 함량	비열
물	–	1	쇠고기(정육)	75	0.77
얼음	–	0.50	쇠고기(지육)	62	0.60
양배추	92	0.94	돼지고기	35~42	0.48~0.54
당근	88	0.90	생선	77	0.80
양파	88	0.90	빵	32~37	0.70
무	94	0.95	우유	88	0.93
완두	74	0.79	버터	16	0.33
감자	78	0.82	설탕	1	0.34
사과	84	0.87	2% 식염수	–	0.97
달걀	75	0.76	식물성유	–	0.41~0.43

(4) 증기압

증기압(vapor pressure)은 식품 내에서 액체가 증발하려는 경향으로, 용질이 존재하는 경우 순수한 물에 비하여 낮아진다. 즉, 증기압의 저하 정도는 용액에 존재하는 용질의 농도에 비례한다. 이 증기압은 수분활성도에 관여하여 식품의 저장성에 영향을 준다. 즉, 수분활성도는 식품의 수증기압을 순수한 물의 수증기압으로 나눈 것이며 식품의 수증기압이 높을수록 수분활성도가 높아 저장성이 낮아진다.

(5) 확산

확산(침투)이란 투과성 막을 중심으로 한쪽에 진용액, 다른 쪽에 순수한 물이 존재할 경우 용질이 막을 통하여 고농도에서 저농도로 이동하여 양쪽의 농도가 같아지는 성질이다. 채소나 과일을 소금이나 설탕에 절일 경우 일어나는 첫 단계로 식품의 세포벽을 뚫고 세포간질과 원형질막까지 도달하는 과정이다.

(6) 삼투

삼투(osmosis)란 반투막을 사이에 두고 농도가 다른 두 용액이 있을 경우 물이나 저농도에서 고농도로 이동하여 양쪽의 농도가 같아지려는 성질이다. 이때 물이 이동하게 되어 농도의 용액에 가해지는 압력을 삼투압(osmotic pressure)이라고 한다. 이는 채소나 과일을 소금과 설탕에 절였을 때 확산이 일어난 다음 단계로 소금, 설탕 등의 용질이 원형질까지는 침투했지만 그 막을 통과하지 못하고 삼투압에 의하여 물이 이동하여 농도가 같아지려 하는 성질 때문에 수분이 외부로 빠져나온다. 이것은 달걀에서도 일어나는 현상으로 난백의 수분이 상대적으로 농도가 높은 난황쪽으로 이동하여 시간이 경과하면 난황이 커지고 난황막이 약해져서 깨지기 쉽게 되는 것이다.

3) 식품과 물

(1) 식품 내 물의 존재 형태

식품 중의 물은 2가지 형태로 존재한다. 이 중 당질, 단백질 등과 수소결합에 의해 결합된 물을 결합수(bound water) 또는 수화수(hydrated water)라 하는데, 이는 물의 일반

표 2-5 식품 내에 존재하는 물의 화학적 기능

기능	관여하는 수분량	작용기구	물이 식품에 영향을 미치는 내용
용매 (solvent)	대부분의 수분	물질을 용해함	식품 대부분에 영향을 미침
반응매개 (reaction meduiem)	대부분의 수분	화학 변화를 촉진함	식품 대부분에 영향을 미침
반응물의 운동 촉진 (mobilizer of reactants)	소량의 수분	수화된 표면에서 반응물이 이동하는 것을 촉진함	건조식품의 품질에 영향을 미침
반응물 (reactant)	대부분의 수분	지질, 단백질, 다당류, 글리코시드(glycoside) 등을 가수분해하는 데 작용함	특히 향미를 비롯한 조직 등 품질에 영향을 미침
항산화기능 (antioxidant)	소량의 수분	산화를 촉매하는 미량 금속에 수화함	향미, 색, 조직, 영양가 등을 비롯하여 특히 저장기간에 영향을 미침
		과산화물과 수소결합	상동
		산화 촉매역할을 하는 금속농도를 감소시킴	상동
		단백질과 다당류의 기능 그룹과의 수소결합으로 항산화효과를 상승시킴	조직과 색의 변화에 영향을 미침
산화촉매물질 (prooxidant)	반 정도의 수분	반응물과 촉매의 상호작용으로 점도 감소	향미, 색, 조직, 영양가 등을 비롯한 저장효과에 영향을 미침
		침전된 촉매의 분해	상동
		방사선 조사 식품에서의 주요 자유기 형성	방사선 조사 후 향미와 색깔에 영향을 미침
구조 형성에 관여 (structure)	대부분의 수분	원래 단백질 분자구조의 유지	효소에 의한 조직과 기타 품질에 영향을 미침
	소량의 수분	구조를 형성하고 있는 대부분의 분자의 가교그룹과의 수소결합	복원성에 의한 건조식품의 조직에 영향을 미침
		고체입자 간에 마찰 증가가 일어나는 입자 표면그룹과의 수소결합	초콜릿에서의 점성에 영향을 미침
	반 정도의 수분	밀 단백질과 지질결합에 영향을 주는 분자 상호작용을 함	반죽의 물성에 영향
		다당류와 단백질 간의 젤 형성에 관여	젤의 조직 특성에 영향을 미침
		계면활성지질과 상호작용을 통한 유화의 구조 변화	유화의 물성 변화

적인 성질을 가지고 있지 않고 증발·동결되기 어렵다. 이와 반대로 물분자 자체로 존재하는 물을 자유수(free water) 또는 유리수라 하며, 이는 식품의 저장 시 일어나는 여러 변질요인과 관계가 밀접하다. 자유수는 결합수보다 비점, 빙점이 높으며 비열, 표면장력, 점성 등이 크지만 밀도는 작다. 또한 식품 내 다른 성분의 용매 또는 분산매로 작용하며, 미생물의 발아와 번식에도 이용되므로 식품의 조리, 가공 및 저장과 밀접한 관계가 있다.

(2) 수분활성도

식품의 물성과 저장성에 영향을 주는 수분활성도(water activity)는 식품 내 수분 함량 뿐만 아니라 녹아 있는 용질의 종류와 양, 수증기압 및 대기 중의 상대습도 등에도 좌우된다. 특히 식품의 저장성과 관련이 큰 유지산패, 효소반응, 비효소적 갈변, 미생물의 번식 등에 영향을 주므로 식품 저장에 적절한 수분활성도를 유지하는 것은 식품의 가공과 저장에서 중요하다. 수분활성도와 식품 저장성과의 관계는 식품학, 가공저장학에서 자세히 다루고 있다.

(3) 식품에서의 물의 기능

- 일부 건조식품과 가공식품을 제외하고 식품의 성분 중 가장 많은 양을 차지한다.
- 식품의 조직을 유지하여 질감과 물성에 영향을 준다.
- 식품의 색, 맛, 향기 등 기호 성분을 유지한다.
- 조리, 가공, 저장 등 여러 가지 성분 변화에 관여한다.
- 가수분해, 미생물의 번식 등의 요인이 되어 식품의 변질에 관여한다.
- 식품 내의 다른 성분에 대하여 용매 또는 분산매로 작용한다.

4) 조리에서의 물의 역할

- 물은 공기에 비해 열전도와 비열이 높으므로 열의 좋은 전달매체가 된다. 따라서 공기 중에서 굽는 구이보다 물에 찌거나 삶는 것이 열전도효과가 크다. 급속냉각을 할 때도 자연냉각보다는 흐르는 물에 냉각하면 그 효과를 높일 수 있다.
- 식품 성분의 물성 변화를 일으킨다.

- 특히 곡류 조리에서 전분의 호화나 섬유의 연화, 동물성 식품에서의 콜라겐 (collagen)의 젤라틴(gelatin)화 등에 있어 물의 존재는 필수적이다.
- 조미료의 침투속도를 높이며 균일한 농도로 확산시킨다.
- 식품 성분의 변색, 산화 등을 막아 품질의 변화를 최소화한다.
- 장시간 가열 시 조직의 변화를 초래한다.
- 수세는 식품의 오염물질과 비위생적인 물질을 제거한다.
- 침수는 불미성물질을 제거하고 건조식품을 팽윤시킨다.

5 조리와 열

1) 조리와 가열

열에 의한 식품의 성분과 상태의 변화로 맛, 색, 냄새, 질감, 외양 등이 변하여 식품의 기호성에 큰 영향을 준다. 조리에서의 열의 기능은 다음과 같다.

- 비위생적인 성분과 물질을 제거하여 위생적으로 안전한 상태로 만든다(충란, 미생물, 유해성 물질 등).
- 소화율을 높여 영양가치를 상승시킨다.
- 식품의 저장성을 높인다(가수분해효소, 산화효소의 불활성화, 미생물의 살균).
- 식품의 풍미(flavor)를 높인다(가열취, 배소향 등).
- 식품의 색을 변화시킨다.
  - 품질 향상의 경우: 캐러멜(caramel)화, 갑각류의 적색화, 마이야르(maillard)반응, 밀가루 제품의 갈변화
  - 품질 저하의 경우: 엽록소의 피오피틴(pheophytin)화, 안토시안 색소의 퇴색, 플라본 색소의 황변
- 식품 성분의 물리적 변화를 일으켜 물성을 호전시킨다(전분 호화, 단백질 변성).
- 식품 내에 있는 열에 약한 성분의 파괴로 영양상의 손실을 초래한다.

2) 열의 강도와 단위

열의 강도를 재는 단위로는 섭씨(Celsius), 화씨(Fahrenheit) 및 절대온도(Kelvin)가 있다. 조리에서 가장 많이 쓰는 것은 섭씨온도로, 다음과 같은 공식으로 나타낼 수 있다.

$$°F = 9/5℃ + 32 = (1.8 × ℃) + 32$$
$$℃ = 5/9(°F - 32) = (°F - 32) ÷ 1.8$$

열량을 나타내는 단위로는 칼로리(calorie), 줄(joule), 비티유(Btu, British thermal unit)의 3가지가 있다. 1cal는 물 1g을 1℃(14.5℃ → 15.5℃) 상승시키는 데 필요한 에너지의 양을 의미하며, 1kcal는 1,000cal로 1kg의 물을 1℃ 올리는 데 필요한 에너지양이다. 식품의 열량 단위는 주로 큰 칼로리, 즉 kcal로 표시한다.

1Btu는 1파운드의 물을 63°F에서 64°F로 1°F 상승시키는 데 필요한 열량이며, 이는 연료의 잠재열량 표시에 흔히 쓰인다.

줄(joule)은 미터법에 의한 열량 단위로 세계적으로 에너지 단위를 통합하기 위해 줄 사용을 권장하고 있다. 1kcal는 4.184KJ이다.

3) 열원과 열효율

유기물 중에 있는 탄소와 수소는 산소와 반응하여 빛과 열을 낸다. 즉, 다음과 같이 화학 변화를 일으켜 열(energy)을 생성하는 물질을 연료라고 한다.

$$C + O_2 → CO_2 + 97cal$$
$$2H_2 + O_2 → 2H_2O + 136.6cal$$

- **고체연료** 목탄, 장작, 석탄, 무연탄, 나뭇잎
- **액체연료** 알코올, 석유, 가솔린, 종실유

표 2-6 열원에 따른 열효율(밥 짓기)

열원	열효율(%)	열원	열효율(%)
전열(전기솥)	50~65	목탄	35~45
가스	40~45	장작	25~45
석탄, 연탄	30~40	나뭇짚	20

- 기체연료 수소가스, 석탄가스, 메탄가스, 프로판가스
- 전기연료 전열
- 초단파 전자레인지

가열조리에서 에너지를 발생하는 물질인 연료는 나무, 숯 등 원시적인 것부터 LPG, LNG, 전열 등 편리하고 다양한 열원이 있다. 전열은 다른 연료보다 위생적이고 조작이 간단하여 편리하지만 가격이 비싼 것이 단점이다. 그러나 다른 열원에 비해 단위당 발열량 및 열효율을 비교하면 오히려 경제적일 수도 있다.

열효율이란 한 연료를 사용하여 발생한 열량의 활용효율을 나타내는 것으로, 0℃의 물을 100℃로 가열하기 위해 필요한 연료의 발열량을 100% 활용했을 때의 열효율을 100으로 본다. 즉, 열효율이란 연료 중에 함유되어 있는 전체 열량과 가열에 쓰이는 열량의 비로, 이는 연료의 종류뿐 아니라 조리기구의 모양이나 재질 등에 좌우된다. 따라서 열효율을 높이기 위해서는 열효율이 높은 열원을 선택하고, 연소기구와 가열기구의 재질과 모양을 잘 선택해야 한다.

4) 잠열

잠열(잠재열, latent heat)이란 물질의 온도를 상승시키지 않고 그 물질의 상태를 변화시키는 데 필요한 열로, 기화열(증발열)과 융해열로 나누어진다.

(1) 기화열

기화열(증발열, evaporation heat)이란 액체상태의 물이 기체로 바뀌면서 필요한 열로 100℃의 물 1g이 수증기로 변하기 위해서는 539cal의 열량이 소요된다. 이 열을 조리에 이용한 방법이 바로 찌기(steaming)이다. 액체를 넣은 용기의 표면력이 클수록 기

화속도가 빠르다. 따라서 물을 끓일 때 용기의 뚜껑을 열어두면 수증기의 증발로 기화열이 많이 손실되므로 열효율이 떨어져 물이 늦게 끓는다.

(2) 융해열

융해열(fusion heat)이란 고체가 액체로 변할 때 사용되는 잠재열이다. 0℃의 얼음이 0℃의 물로 변할 때는 주위에서 80cal의 열량을 흡수하게 된다. 얼음 주위에 있거나 얼음을 먹을 때 시원하게 느껴지는 것이 바로 이러한 이유 때문이다. 이때 한제 (refrigerant)를 사용하면 융해열을 높여 주위의 온도를 더욱 낮게 할 수 있다. 조리에서 흔히 쓰는 한제는 식염(NaCl)과 염화칼슘($CaCl_2$)으로 식염의 경우 -22℃, 염화칼슘의 경우 -55℃까지 최저강하온도를 얻을 수 있다. 흔히 냉장고에 사용되는 냉매액화가스인 암모니아(NH_3), 프레온(freon, dichloro difluorine methane)의 경우에는 -60℃까지 냉각시킬 수 있다.

5) 열의 전달

가열에 의한 조리는 열원에서부터 발생한 에너지를 공기, 물, 기름, 금속 등의 매체를 통하여 식품까지 전달하는 것이다. 이와 같은 에너지의 전달은 전도(conduction), 대류(convection), 복사(radiation), 초단파(microwave) 등에 의해 이루어지며 대부분의 조리법은 2가지 이상의 복합적인 방법으로 에너지가 전달된다.

(1) 전도

전도(conduction)란 물질(체)에서 한 분자의 에너지가 다른 분자로 이동됨으로써 에너지가 전달되는 방법으로, 그 물체가 열원에 직접 닿았을 때 가열된다. 이때 그 물체가 열전도율이 좋은 양도체이면 열이 빨리 전달되어 가열시간이 단축된다. 일반적으로 금속류는 열전도율이 높고 유리류, 도자기류는 낮으며, 물은 공기보다 좋은 전도체이므로 열이 빨리 전달된다.

(2) 대류

대류(convection)란 유체, 즉 액체나 기체의 흐름에 의해 에너지가 전달되는 것이다.

표 2-7 주요 물질과 식품의 열전도율

물질	연전도율	물질	열전도율
은	1.000	쇠고기	1.14×10^{-3}
구리	0.918	쇠기름	0.487×10^{-3}
알루미늄	0.480	돼지고기	1.14×10^{-3}
철	0.161	돼지기름	0.444×10^{-3}
유리	0.002	생선(평균)	1.03×10^{-3}
공기	0.51×10^{-3}	생선(대구)	1.30×10^{-3}

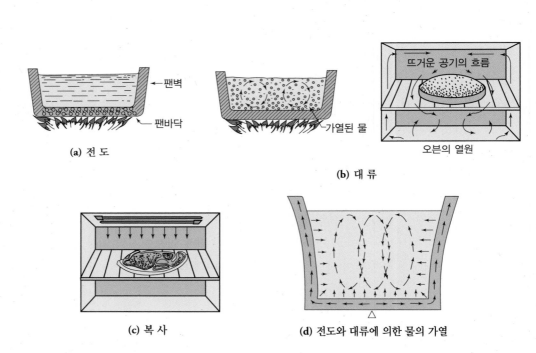

(a) 전 도

(b) 대 류

(c) 복 사

(d) 전도와 대류에 의한 물의 가열

그림 2-7 열의 전달방법

즉, 더운 물질은 열에 의해 팽창되면 비중이 가벼워져 유체의 흐름에 의해 위로 올라가고, 찬 물질은 밑으로 내려와 유체가 순환함으로써 균일성을 유지하여 온도가 점점 상승하는 것이다. 오븐 내 가열은 공기에 의한 대류이며, 물과 기름에 의해 가열되는 것은 액체에 의한 대류이다.

(3) 복사

복사(radiation)란 전자기파(electromagnetic wave)에 의한 것으로 열원부터 중간매체 없이 가열될 물질로 직접 전달된다. 예를 들면 태양에서부터 지구까지의 열의 전달이나 진공보온병의 내부구조를 들 수 있다.

복사는 빛의 속도(18만 6,000miles/sec)로 에너지가 전달되므로 신속한 가열방법이다. 그러나 실제 조리에서 복사 단독에 의한 전달법은 많지 않으며, 대류와 혼합된 경우가 대부분이다. 오븐 속에서의 가열 중 2/3 내지 3/4이 복사에 의한 가열효과이다.

(4) 초단파

초단파(microwave) 에너지를 이용한 것으로는 전자레인지가 있다.

전자레인지의 원리 전자레인지는 초단파(주파수 2.450MHz/s)를 이용해서 식품을 가열하는 방식이다. 초단파가 식품에 조사되면 쌍극성 물분자의 급속한 진동에 의해 식품 자체 내에서 열에너지로 변한다.

즉, 전자레인지의 가열원리는 재래식과 같이 외부의 열원이 식품의 표면을 거쳐 내부에 전달되는 것이 아니라 식품 내부에서 열을 발생시키므로 각 부분으로의 열의 이동이 필요 없고 여러 방향에서 동시에 익혀진다.

전자레인지 조리에 관여하는 인자 전자레인지는 식품 자체 내에서 발생하는 열원을 이용하므로 여러 요인에 의해 영향을 받는다.

■ **식품의 크기** 전자레인지 내부의 마그네트론(magnetron)이라는 진공관에서 나오는 초단파가 식품을 포함한 보통 식품의 경우 표면에서 6~7cm 정도 들어간다. 따라서 반경이 수십 cm 이상이 되면 전파가 중심부에 도달하지 못하므로 발열하지 못하고 주위의 열이 이동되므로 시간이 늦고 잘 익지 않는다.

■ **재료** 초단파인 마이크로파는 어떤 재료에나 흡수되는 성질에 따라 전파흡수매체, 전파통과매체, 전파반사매체 등으로 나눌 수 있다.
  - **전파흡수물질** 가장 대표적은 것은 물로 대부분의 식품이 여기 속한다.
  - **전파통과물질** 유리, 플라스틱, 나무, 종이, 도자기 등 조리용기나 포장재료로 이

용되는 물질이 여기 속한다.

- 전파반사물질 전파를 반사하므로 식품까지 도달하는 것을 방해한다. 금속류가 여기에 속하기 때문에 알루미늄 포일, 금속제 용기는 전자레인지용으로 적합하지 않다.

■ 수분 함량 삶기, 찌기와 달리 수분 함량이 많지 않아도 가열이 가능하다. 보통 30%

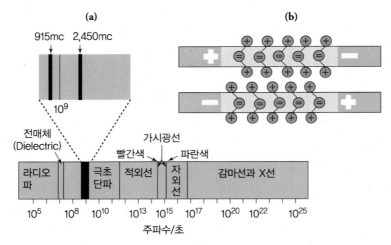

(a) 극초단파는 라디오와 적외선 사이에 위치한 전자기파
(b) 극초단파는 분자 간의 마찰을 일으켜 식품 내의 열에너지를 생성하므로 조리 시 이용될 수 있다. 이 그림은 식품자들이 축소화된 양극으로 작용하여 음극, 양극으로 끌어당기는 모습이다.

그림 2-8 극초단파

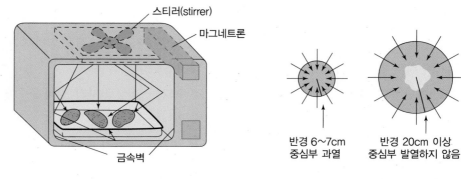

그림 2-9 전자레인지의 구조

그림 2-10 재료의 크기에 따른 발열의 차이

이상의 수분이 있으면 충분히 가열되며, 건조식품의 경우에도 10% 내외의 수분이 있으므로 발열이 가능하다.

- ■ 전자레인지 가열의 특징 및 주의점
  - 단시간에 고온에 도달하므로 효소가 불활성화되며, 가열시간이 단축된다. 예를 들면 고구마의 경우 당화효소의 파괴로 단맛은 떨어지지만 색은 곱게 유지되고 빨리 익는다.
  - 식품 중량의 감소가 크다. 수분 증발이 동시에 일어나므로 랩이나 뚜껑을 한다.
  - 타거나 눌지 않으며, 갈변화가 잘 일어나지 않는다.
  - 단일식품이 아니거나 식품의 크기가 다를 경우 익는 정도가 달라서 불편하다.
  - 냉동식품의 해동이 간편하다.
  - 조리용기, 조리실 내부의 온도가 오르지 않아 열의 손실이 적다.
  - 다량의 식품이나 큰 형태의 식품 조리에는 부적합하다.
  - 적합한 조리용기로는 도자기, 유리, 나무, 내열 플라스틱(polyprophylene, teflon, silicon 수지) 등이 있다.
  - 부적합한 조리용기로는 금속제 용기, 금속장식이 있는 기구, 칠기, 열에 약한 플라스틱(폴리에틸렌, 비닐, 멜라닌, 요소수지 등) 등이 있다.

3 조리방법

1 기본조리조작

1) 계량

식품의 합리적인 조리를 위해서는 재료 및 조미료의 분량뿐 아니라, 조리온도와 시간 등의 계수화가 필수적이다. 모든 재료는 반드시 정확한 계량기를 사용하여 측정하는 것을 습관화해야 한다.

일반적으로 고체식품은 중량으로, 분상이나 액상식품은 용적으로 측정하지만 최근에는 측정의 오차를 줄이기 위해 분상식품의 경우에도 중량으로 측정한다.

(1) 중량

가정이나 주방 등에서 식품의 무게를 재기 위해서는 용량이 적으면서도 g 단위까지 정확하게 측정 가능한 것을 선택하는 것이 좋다. 일반적으로 1kg, 2kg 정도의 저울을 사용한다. 무게의 단위는 미터법으로 g, kg 등을 사용하지만 여전히 일부에서는 야드법인 온스(oz), 파운드(lb)를 쓰기도 한다.

그림 3-1 저울

$$1lb = 450g$$

$$1lb = 16oz \qquad 1oz = 28g$$

(2) 부피

관습적으로 식품의 부피를 재는 용구로 계량컵과 계량스푼을 사용하고 있는데, 이는 표준 쿼트(standard quart)에 근거한다.

1Gallon = 4Quart = 8Pint = 16Cup

1Cup 200cc = 13 1/3 tbsp 우리나라 표준 도량형

　　　 240cc = 16 tbsp 표준 쿼트

1 tbsp = 3ts = 15cc

　　　　1ts = 5cc

(약자: Gallon → Gal, Quart → Qt, Pint → Pt, Cup → C, Table spoon → tbsp, Tea spoon → ts)

액체　액체식품(물, 간장)을 계량할 때는 액체의 메니스커스(meniscus)의 아랫면과 눈높이를 맞추어 눈금을 읽는다.

밀가루

- 덩어리가 있는 상태로 계량 전에 채질한다(sifting).
- 스푼으로 계량컵에 가볍게 채운다(흔들거나 두들기지 말 것).
- 스패튤라(spatula) 또는 칼등을 이용하여 수평으로 밀어낸다.

설탕　백설탕, 황설탕은 계량컵이나 스푼에 충분히 채운 후 표면을 직선으로 밀어내면 된다. 그러나 흑설탕은 덜 정제되어 당밀이 남아 있기 때문에 점도가 크므로 계량기구에 꼭꼭 눌러서 담은 후 스패튤라로 표면을 밀어낸다.

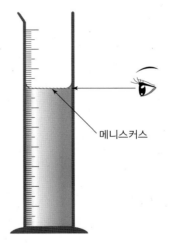

메니스커스

그림 3-2 액체의 부피 측정

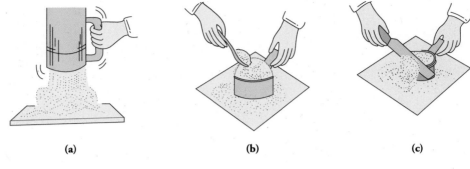

(a)　　　　　　　　(b)　　　　　　　　(c)

그림 3-3 밀가루의 부피계량법

지방　냉동·냉장 저장 중의 지방은 단단하여 실온에 두어 부드럽게 한 후 계량기구에 눌러 채운 다음 스패튜라로 표면을 밀어낸다. 계량 후에는 기구 안쪽에 지방이 남아 있지 않게 한다.

(3) 시간

시간의 계측은 작업능률을 높이고 에너지를 줄이는 데 필요하다. 튀김기, 오븐, 전자레인지 등의 조리기구에는 타이머가 내장되어 있기 때문에 이를 활용하는 것이 좋으며, 일반적으로는 타이머(timer) 스위치를 이용하는 것이 편리하다.

- 단시간용 스톱워치(stop watch)
- 타이머가 부착된 시계

(4) 온도

조리 조작과정 중 튀김, 구이, 찜, 젤화, 빵 발효 등을 위해서는 온도 관리가 필수적이다. 온도계는 100~300℃까지 측정할 수 있는 다양한 것이 있는데 식품의 내부온도를 측정할 것인지, 표면온도를 측정할 것인지 등 사용 목적에 따라 선택하는 것이 좋다. 최근에는 온도 측정과 조절이 가능한 가열기기와 조리기구를 사용하고 있다.

- **종류별**　화씨 온도계(Fahrenheit), 섭씨 온도계(Celsius), 절대 온도계(Kelvin)
- **원리별**　수은 온도계, 알코올 온도계

표 3-1 조미료의 중량

식품명	1ts (5cc)	1Ts (5cc)	1컵 (200cc)	식품명	1ts (5cc)	1Ts (5cc)	1컵 (200cc)
물	5.0	15.0	200	마늘(다진 것)	3.0	9.0	120.0
간장	5.7	17.0	230	파(다진 것)	3.0	9.0	120.0
식초	5.0	15.0	200	생강(다진 것)	3.0	9.0	120.0
술	5.0	15.0	200	간 마늘	–	–	110.0
소금(호염)	2.7	2.7	130	간 생강	–	–	115.0
소금(제제염)	2.7	2.7	130	화학조미료	3.5	10.5	140.0
설탕	4.2	12.5	150	고춧가루	2.0	6.0	80.0
꿀, 물엿, 조청	6.0	18.0	292	계핏가루	2.0	6.0	80.0
식물성유	3.5	11.0	180	겨자가루	2.0	6.0	80.0
참기름	3.5	12.8	190	후춧가루	3.0	9.0	120.0
고추장	5.7	17.2	260	통깨	3.0	7.0	90.0
된장	6.0	18.0	280	깨소금	3.0	8.0	120.0
새우젓	6.0	18.0	240	밀가루	3.0	8.0	105.0
멸치육젓	6.0	18.0	240	녹말가루	3.0	7.2	110.0

- 용도별 일반 온도계, 육 온도계, 튀김 온도계

2) 전처리

(1) 수세

수세(water washing)란 식품의 조리에 있어 중요한 전단계로 식품의 외부에 부착된 유해물질과 오물을 제거함으로써 외관을 보기 좋게 하고, 위생안전성을 보존하려는 목적을 가진다.

- 세제를 이용한 경우 반드시 헹구는 작업을 수회 반복하여 유해물질이 잔류하지 않게 한다.
- 수용성 물질인 수용성 단백질, 수용성 비타민, 향미물질 등의 손실을 최소화하기 위해 썰기 전에 큰 채로 씻는다.
- 수용성 비타민, 무기질 등의 용출을 방지하기 위해 단시간에 씻는다.

(2) 침수

침수는 식품, 특히 건조식품인 곡류, 미역, 건채소 등을 물에 담가서 팽윤시키는 것을 말한다. 식품을 침수시키는 목적은 다음과 같다.

- 침수에 의해 건조식품이 팽윤되므로 용적이 증대된다(곡류: 2.5배, 일반 건조식품: 5~7배, 한천: 20배의 용적 증대).
- 침수된 식품은 팽윤, 수화 등의 물성 변화를 촉진하여 조리시간을 단축시킨다.
- 단단한 식품이 연화된다.
- 식품, 특히 식물성 식품의 변색을 방지한다.
- 불미 성분의 제거 등의 목적을 가진다(식품 중의 쓴맛, 떫은맛 성분, 염장품의 소금기 제거).
- 조미료가 침투(조미액에 담근 경우)된다.

(3) 썰기

식품을 썰거나 자르는 조작은 조리에 있어 중요한 과정 중 하나로서 다음과 같은 목적을 가진다.

- 식품 속의 식용 불가능한 부분(채소의 껍질, 뿌리, 지느러미, 아가미 등)과 유해 · 변질 부분을 제거한다.
- 식재료의 표면적을 크게 하여 조리 시 열전도율을 높임으로써 조리시간을 단축하며 조미료의 침투를 좋게 한다.
- 식재료의 크기와 모양을 조절하므로 먹기 쉽게 하고 입안의 느낌도 좋게 한다.

(4) 분쇄와 마쇄

분쇄란 주로 건조된 식품을 가루로 만드는 것으로 쌀가루, 미숫가루, 고춧가루 등을 만드는 것을 일컫는다. 최근에는 마른 표고버섯, 다시마, 멸치 등을 분쇄하여 조미료로 사용한다.

마쇄는 일반적으로 수분이 있는 식품의 절단조작을 더욱 진보시킨 것으로 식품을 갈거나, 으깨거나, 짜거나, 체에 받치는 등의 방법이다. 이 방법은 식품재료의 조직을 균일화하고 표면적을 넓히므로 소화율 향상, 조리시간 단축 등의 이점이 있으나 산화효소의 활성화로 갈변이 촉진되기도 한다. 그러므로 주스 등을 갈아 생식으로 먹을 때는 바로 갈아서 먹는다. 마쇄할 때는 소금이나 비타민 C, 과즙 등을 첨가하거나 소량의 물을 첨가하여 변색을 방지할 수 있다.

(5) 교반과 혼합

재료를 젓거나 섞는 방법으로는 혼합(mixing)과 폴딩(folding), 교반(beating), 휘핑(whipping)이 있으며 이들은 주로 병용되어 사용되는 경우가 많다. 특히 폴딩과 교반은 공기 유입으로 제과·제빵 시 용적 팽창에 필수적이다. 또한 휘핑은 유지방 함량이 높은 헤비크림(heavy cream, 유지방 36~45%)을 거품 내어 용적을 증대시켜 과일샐러드를 만들 때나 케이크 장식 등으로 많이 사용한다. 그러므로 헤비크림을 휘핑크림 또는 제과용 생크림이라고 부르기도 한다. 교반과 혼합의 목적을 살펴보면 다음과 같다.

- 식품재료를 균질화한다.
- 전도체를 균질화한다.
- 조미료의 침투를 균질화한다.
- 제과·제빵 시 용적을 증대시킨다.
- 점탄성, 유화성 등 물성을 증감시킨다.

(6) 냉각, 냉장

냉장고 사용 시 내부의 위치에 따라 온도가 다르므로 식품의 종류와 목적에 맞게 저장하면 편리하다. 또한 식품의 표면적, 조리품의 농도, 용기의 재질 등에 의해서도 냉각효과가 다르다. 냉각 중에도 미생물의 발아 번식, 유지산패, 전분의 노화 등 품질 저하가 일어나므로 단기간 저장을 한다. 젤라틴이나 족편 등은 냉각시키면 젤화를 돕고 냉채, 냉국, 음료 등은 맛이나 질감이 좋아진다.

(7) 냉동

냉동은 빙점 이하의 온도에서 식품을 장기간 저장하는 것이다. 동결시킬 때는 급속 동결을 한다. 서서히 동결시키면 세포액이 팽창하여 터지므로 조직이 손상된다. 따

표 3-2 냉동어류의 저장한계

어종	온도	저장한계
대구	-12℃	2~3개월
가자미	-22℃	10~11개월
넙치	-11℃	6~7개월

라서 해동 시 액의 유출량이 많아진다. 동결시간 중에 미생물 번식과 전분의 노화는 억제될 수 있으나 유지의 산패 및 단백질의 변성 등이 일어나므로 지나치게 오래 보관하는 것은 바람직하지 않다.

(8) 해동

냉동은 식품 내의 자유수뿐 아니라 단백질과 수화된 일부 결합수도 동결하므로 급속해동 시 유출되는 액(drip)의 양이 많다. 또한 일단 분리된 수화수는 다시 단백질과 수소결합하기가 어려우므로 유출액이 많아져 맛이 저하되고 조직의 변화로 질감이 나빠진다. 따라서 표면과 내부온도의 차가 적도록 완만해동, 냉장해동을 시키는 것이 바람직하다.

공기해동 실온해동(자연해동)은 냉장해동보다 시간은 빠르나 육조직의 변화로 맛이 나쁘고 유출액이 많다. 미생물의 번식도 빠르다. 저온해동(냉장해동)은 2~4℃ 냉장에서 완만히 해동시키는 것으로 동물성 식품의 해동 시 가장 이상적인 방법이다.

수중해동 물은 공기보다 열이동률이 크므로 실온해동보다 수중해동이 빠르다. 수중 침적에 의한 해동과 흐르는 물에 해동시키는 유수해동이 있다. 냉동식품을 흐르는 물에 담그면, 빨리 해동된다.

전기해동 전자레인지를 이용하여 식품 자체 수분의 발열에 의해 해동하는 것으로 빠르고 간편하며 겉모양과 맛의 변화가 거의 없다.

가열해동 냉동한 조리된 식품이나 데친 채소는 바로 가열 조리한다.

2 본조리조작

1) 비가열조리

생식으로 이용하는 채소, 과일류의 생채, 쌈, 샐러드, 절임, 장아찌, 김치와 생선회, 육회가 있다. 일반적으로 조리는 가열에 의한 것이 대부분이나 생식품재료를 그대로 또는 간단한 조미료나 소스를 첨가하여 식용하기도 한다.

(1) 생식의 특징
- 가열조리에 비해 영양가의 손실이 적다(단백질 변성, 수용성 비타민 파괴 등).
- 식품재료의 색과 향미를 그대로 유지한다.
- 식품 고유의 풍미와 질감을 살릴 수 있다.
- 주로 채소, 과일류를 사용하고, 어패류와 육류의 생식도 많이 이용된다.
- 생선회, 육회의 동물성 식품의 회는 단백질가수분해효소가 있어 소화하기 쉽다.
- 가열하지 않는 조리시간의 단축이 있다.

(2) 생식에서 유의할 점
- 식품재료의 선택부터 취급, 담기까지 위생적이어야 한다.
- 적절한 조미료나 소스를 가하여 생식품의 불쾌한 맛과 이취(off flavor)를 제거해야 한다(특히 생선회, 육회).
- 만든 직후 식용하며 샐러드나 회의 저장은 가능한 제한한다.

2) 가열조리

가열조리는 소화율을 높이고 식품의 안전성이 증가되며 질감을 연화시키고 향미가 증가되며 불미성분이 제거되는 등의 장점이 있으나, 지나치게 가열되면 향미와 질감이 떨어지고 영양 성분이 파되되기도 한다. 그리므로 식품의 종류에 따라 가열조리시간을 적절하게 조절해야 한다. 가열은 열원에서 발생한 에너지가 전도, 대류, 복사 등의 방법으로 식품에 전달되는 것으로, 표 3-3과 같이 분류할 수 있다.

표 3-3 가열조리법의 비교

열의 전달방식	가열법	조리법	특징
전도 · 대류 · 복사	습식가열	끓이기, 삶기	물의 대류에 의한 열의 이동
		찌기	수증기의 기화열 이용
	건식가열	굽기	전도(철판구이), 대류 및 복사(오븐)
		볶기, 튀기기	비열, 비중이 낮아 열전도율이 좋은 기름 이용
전자파에 의한 발열	전자레인지 가열		식품의 물 자체가 발열물질 → 적은 양의 수분으로 조리 가능

　가열조리법은 물을 열전달매체로 이용하는 습열조리법(moist heat method)과 공기나 기름을 이용하는 건열조리법(dry heat method), 초단파를 조사시켜 식품 내부에서 발생하는 열을 이용하여 조리하는 초단파조리로 나눌 수 있다.

(1) 습열조리법

물을 열 전달 매체로 가열하는 방법이다.

특징

- 조리법이 간단하며 경제적이다.
- 물의 비열은 $1cal/g℃$ 여서 수증기(0.5), 기름(0.47~0.48)보다 높다. 가열시간은 오래 걸리나 끓는 물에 식품을 넣어도 온도의 저하가 적게 일어나 골고루 익힐 수 있다.
- 점도와 밀도가 낮으므로 대류에 의한 열의 이동이 용이하여 식품의 온도를 균일하게 유지할 수 있다.
- 기화열이 크므로(539cal/g) 수증기가 식품에 닿으면 방출하는 에너지에 의해 가열효과가 크다(특히 찌기의 경우).
- 온도가 100℃를 넘지 않으므로 타거나 눌지는 않으나 기름에 비해 시간이 오래 걸리므로 식품의 형태상 변형이 온다.
- 압력솥을 이용할 경우 가열온도를 높이므로 조리시간의 단축이 가능하다. 예를 들면 1.5~2.0kg/cm 기압의 경우 비점 115~120℃ 유지로 5분 정도면 밥 짓기가 가능하다(일반솥 15분 정도).

■ 가열 도중에 가미가 가능하여 조미료의 확산이 일정하게 일어난다(찌기는 제외).

종류

■ **데치기** 데치기(blanching)는 끓는 물에 재료를 넣어 순간적으로 익혀내는 조리법으로 주로 채소나 어패류에 이용하여 색을 고정시켜 주거나 좋은 질감을 유지시켜 준다. 특히 채소를 냉동 저장하거나 건조채소를 만들 때 전처리과정으로 이용하며 효소의 불활성화로 변색을 억제하고 채소류 특유의 불쾌한 냄새나 불순물을 제거할 수 있다.

■ **끓이기, 삶기** 끓이기(boiling)는 물속에서 가열하는 조리법으로 식품에 함유된 맛 성분을 우려내어 국물까지 이용하고, 조직의 연화, 전분의 호화, 단백질의 응고, 콜라겐(collagen)의 젤라틴화 등이 되어 소화 · 흡수를 돕는다. 또한 끓는 온도를 100℃로 유지할 수 있어 음식물을 고르게 익힐 수 있고, 조리온도의 조절이 가능하며 가열 시에도 조미할 수 있는 특징이 있다. 예로 국, 찌개, 전골 등이 있다.

■ **삶기** 삶기는 같은 조리법으로 하되 건더기를 주로 쓴다. 예로 수육, 편육, 마른 국수 삶기, 죽순이나 연근 같은 단단한 채소 삶기 등이 있다.

■ **조리기** 조리기는 음식 재료에 양념을 넣은 다음, 센 불로 가열하여 조미액이 잘 침투되게 하는 것이다. 거의 익으면 낮은 온도로 서서히 조리하는 방법으로 생선을 조리거나 육류 및 콩을 조릴 때 이용한다. 서양조리에서는 뚜껑이 있는 냄비에 육류나 채소, 과일찜을 낮은 온도에서 은근하게 비교적 오랜 시간 조리하는 것을 스튜잉(stewing)이라 한다.

■ **시머링** 물의 끓는점 이하에서 은근하게 끓여주는 방법을 시머링(simmering)이라 한다. 단백질을 응고시키고 조직을 연화시켜 감칠맛 성분을 증가시키므로 국물을 이용하는 음식에 적합한 조리법으로 곰국, 백숙, 스톡 끓이기, 뭉근하게 하는 고음 등이 있다.

■ **찌기** 찌기(steaming)는 물이 100℃로 끓을 때 발생하는 수증기의 기화열(539.7kcal/g)을 이용하여 식품을 가열하는 조리법이다. 찌는 조리법은 식품의 모양을 그대로 유지할 수 있고 식품에 직접 물을 첨가하지 않으므로 식품 자체의 맛 성분이나 수용성 성분의 손실이 적다. 떡이나 만두, 달걀, 어패류 조리에 많이 이용한다. 찌는 음식은 가열 도중 조미할 수 없으므로 미리 간을 하여 찌거나 쪄낸 다음 간을 한다.

(2) 건열조리법

기름을 열 전달매체로 가열하거나 열원으로부터 더운 공기의 이동, 전도체 등에 의해 가열하는 방법이다.

특징

- 습열조리의 100℃보다 150~250℃의 높은 온도에서 조리한다. 따라서 식품 표면의 수분은 증발되고 내부의 수분은 함유되어 부드럽고, 맛이 농축된다.
- 식품 자체의 성분이 용출되지 않으므로 식품 고유의 맛을 살릴 수 있으며 당질의 캐러멜화와 지방이 용출되고 마이야르반응으로 색과 복합적인 향미가 생긴다.
- 수용성 비타민 파괴가 적다.
- 고구마를 구우면 수분 증발로 질감을 좋게 하고 천천히 온도가 상승하여 아밀레이스 활성온도 50~60℃를 유지하는 시간이 길어지므로 단맛이 증가된다.

종류

- **굽기** 구이방식에는 직접구이, 간접구이, 오븐구이가 있다. 직접구이는 열원으로부터 복사되는 열에 의한 직화구이 가열법으로 숯불구이, 바비큐(barbecue), 석쇠구이(grlling) 등이 있으며, 간접구이로는 금속제 조리기구의 열전도에 의한 가열방식으로 철판구이가 있다. 오븐구이(backing, roasting)는 열원에 의해 데워진 오븐 내 공기와 수증기의 대류 및 복사열과 담는 용기에서의 열전도에 의한 혼합방식이 있다. 오븐구이는 적접구이에 비해 시간은 걸리나 골고루 가열되는 장점이 있다.
- **볶기** 볶기(satueing)는 고온에서 달군 팬에 소량의 기름을 사용하여 교반하면서 익히는 조리법이다. 볶는 과정에서 식품의 수분이 빠져나오는 대신 기름이 흡수되므로 풍미를 증가시킬 수 있다. 비타민의 파괴도 적다. 중국 조리에서는 저으면서 볶는 방법(stir frying)으로 무거운 금속으로 만든 둥근 바닥을 가진 웍(work)을 사용하여 뜨거운 기름으로 조리한다. 이때 재료의 양은 조리용기의 반을 넘지 않도록 한다.
- **지지기** 지지기(pan frying)는 넓고 두꺼운 팬에 약간의 기름을 사용하여 재료를 익혀 내는 방법이다. 지지는 재료에 따라 재료를 그대로 지지는 경우도 있고 밀가루 물이나 달걀물을 입혀 지진다. 전유어 조리법이다.
- **튀기기** 튀기기(deep fat frying)는 기름을 열 전달매체로 이용하여 고온의 기름에 식

품을 넣고 가열하는 조리법이다. 기름의 끓는 점(150~220℃)이 높아 단시간에 조리되어 영양소의 파괴가 적다. 튀김은 식품재료 중의 수분과 튀김 기름의 교환이 이루어져 풍미를 증가시키며 튀기는 도중에는 조미가 불가능하므로 가열 전후에 조미를 하여야 한다.

■ 식품을 튀길 때는 튀김옷을 입히거나 식품 그대로 튀기는 방법이 있고 식품의 종류와 식품재료의 성분에 따라 튀기는 온도와 시간이 달라진다(p.256 참조).

(3) 초단파조리법

초단파조리법(microwave cooking)은 외부로부터 열이 전달되는 것이 아니라 초단파를 조사시켜 식품 자체에 있는 물분자가 급속히 진동하여 열이 발생되는 원리를 이용한 조리법으로 유전가열조리법이라고도 한다. 초단파를 이용한 조리기구로는 전자레인지 등이 있으며, 이를 이용하면 식품의 내부에서 동시에 가열되므로 가열시간이 매우 짧고 물의 이동이 빨라 조리가 완성된 후에도 건조가 진행되어 딱딱하게 마르기도 한다(p.33 참조).

4 양념

양념은 음식을 만들 때 재료의 맛과 풍미를 더욱 향상시키기 위하여 쓰이는 재료이다. 종류로는 짠맛, 단맛, 신맛, 매운맛, 만난맛과 고소한 맛을 내는 조미료와 독특한 향미를 부여하는 향신료가 있다.

조미료와 향신료는 식품의 기호를 높이는 데 필요하다. 또한 육류, 생선류의 불쾌한 냄새를 제거하거나 향미를 부여할 때, 조직감을 좋게 할 때도 영향을 미친다.

1 조미료

1) 짠맛 조미료

(1) 소금

소금은 음식의 맛을 내는 가장 기본적인 조미료이다. 짠맛을 내는 소금의 주성분은 염화나트륨($NaCl$)으로, 이 밖에도 염화칼륨(KCl), 염화마그네슘($MgCl_2$), 황산칼슘($CaSO_4$), 황산마그네슘($MgSO_4$) 등의 불순물이 섞여 있으며, 약간의 쓴맛을 낸다. 소금은 불순물을 제거하는 정도에 따라 호염, 재염, 재제염, 식탁염, 맛소금으로 나눌 수 있다.

호염 호염(천일염 또는 굵은 소금)은 염전에서 갓 산출된 불순물이 많은 소금이다. 주로

표 4-1 조리 시 적당한 소금의 농도

종류	염도(%)	종류	염도(%)
국	1	물김치, 생채 · 숙채나물	3∼4
찌개, 생선 비린내 제거	1∼2	장류	10∼15
구이류	2∼3	젓갈류	20∼30
조림	2∼5	사람의 입에서 간이 맞다고 느끼는 염도	2∼3

장을 담그거나 생선 · 채소 절임용, 젓갈, 기타 절임 등에 사용한다.

재염 재염은 호염에서 불순물을 제거한 것으로 장을 담그거나 채소 · 생선 절임용 등으로 사용한다

재제염 재제염(꽃소금)은 색이 희며 결정이 고운 것으로, 적은 양의 채소 절임 등에 많이 이용한다.

식탁염 식탁염은 정제도가 아주 높고 입자가 고운 소금이다.

맛소금 맛소금은 소금에 글루탐산나트륨(monosodium glutamate)을 약 1% 첨가한 것이다.

(2) 장류

간장 간장은 대두(大豆) 발효제품으로서 음식의 맛을 내는 중요한 조미료이다. 메주를 소금물에 담가 숙성시키는 동안 당화작용, 알코올 발효작용, 단백질 분해작용 등에 의하여 여러 가지 맛과 향이 생성되어 감칠맛이 생성된 것이다.

간장의 맛은 메주와 소금물의 비례, 소금물의 농도, 숙성 중의 관리 여부에 따라 달라진다. 간장의 색은 아미노산과 당이 반응하여 생긴 아미노카보닐(amino carbonyl) 반응에 의해 결정된다.

간장의 종류는 재래식 간장(국간장)과 개량식 간장(진간장)으로 나누어진다. 재래식 간장은 대두로 메주를 만들어 숙성시켜 만든 것으로, 개량식 간장은 대두, 종국을 섞어 염수에 담가 숙성시킨 후 간장을 짜서 살균한 것이다. 재래식 간장에 비해 짠맛이 약하고 색이 진하며 단맛이 강하다. 특유의 강한 향미가 있어 찜이나 조림용으로 많이 사용한다.

된장 된장은 간장을 걸러내고 남은 건더기를 숙성시켜 만든 재래된장과 대두에 밀

표 4-2 소금 1g(나트륨 400mg)에 해당하는 양

종류	양(g)	종류	양(g)
멸치다시다	2.5	쌈장	12.2
조미료	5.0	청국장	18.0
국간장	5.5	토마토케첩	30.3
양조간장	6.7	버터	54.2
된장	9.0	마요네즈	87.9
고추장	12.1	마가린	88.3

이나 보리 등의 전분질을 섞어 종국을 접종시켜 만든 개량 된장이 있다. 10~15% 정도의 식염을 함유하고 있고 단백질이 풍부하며 국, 찌개, 무침 등에 이용된다. 간장과는 다르게 단백질 분자의 대부분이 분해되어 펩타이드(peptide) 상태이다. 펩타이드는 아미노산에 비해 분자량이 큰 콜로이드(colloid) 입자 상태로 여러 물질을 흡착하는 성질이 있어 어육의 비린 냄새, 수육의 누린 냄새를 제거하는 작용을 한다. 시판되는 개량 된장은 잠깐 끓여야 제맛이 나고, 재래식 된장은 오래 끓여야 제맛이 난다. 오래 가열하면, 향미 성분이 약해지고 쓴맛이 강해지므로 가열시간에 유의한다.

청국장 청국장은 삶은 콩에 볏짚을 넣어 납두균(*Bacillus subtilis*)을 번식시켜 40~42℃에서 2~3일간 띄운다. 납두균이 번식하면서 콩이 더 연해지며 실 같은 점질이 생기고, 콩이 분해되면서 생긴 아미노산 당으로 인하여 구수한 맛의 청국장이 된다. 소금양념을 첨가하여 찧어서 냉장·냉동하여 사용한다.

고추장 고추장은 매운맛을 내는 복합발효 조미료이다. 찹쌀, 밀, 보리 등의 곡물가루에 고춧가루, 메줏가루를 섞어 발효·숙성시킨 후 사용한다.

(3) 젓갈

새우, 멸치, 갈치 등의 해산물에 소금을 20~30% 정도 첨가하여 발효시켜 만든 것으로 짠맛을 내는 재료로 사용된다. 또한 감칠맛도 낸다.

2) 신맛 조미료

식초는 음식에 신맛을 내는 조미료로서 식욕을 돋운다. 생선의 살을 단단하게 하기

도 하고 방부작용도 한다. 쉽게 휘발하며 엽록소와 접촉하면 녹황색으로 변하기 때문에 나물에 사용할 때는 먹기 직전에 넣고, 가열 조리 시에도 휘발성을 고려하여 나중에 첨가한다. 식초의 맛을 느낄 수 있는 적당한 온도는 20~50℃이다.

(1) 양조식초

양조식초는 초산균을 이용하여 알코올 또는 당을 발효시킨 것이다. 초산발효의 원재료에 따라 곡물초, 과실초, 알코올초로 나눌 수 있다. 초산 외에 유기산류, 당류, 아미노산류 기타 향기 성분이 함유되어 있어서 맛과 방향이 다르다. 발사믹식초(balsamic vinegar)는 포도식초를 나무통에 넣고 4년 이상 숙성시킨 것으로 대개 해물요리에 사용한다.

(2) 합성식초

합성식초는 화학적으로 합성된 빙초산을 원료로 하여 희석시킨 것이다. 빙초산을 사용할 때는 3~5%의 물을 타서 사용한다.

(3) 신맛 나는 과일

유자, 레몬, 라임 등의 과즙에 있는 유기산을 양조식초 또는 합성식초 대신 사용할 수 있다.

3) 단맛 조미료

(1) 천연감미료

설탕　설탕(sugar)은 사탕수수와 사탕무를 원료로 만든 단맛을 주는 백색 결정체이다. 황색의 설탕결정체는 백색의 결정체에 당밀을 가한 것으로 칼슘, 철, 인 등을 함유하고 있다.

꿀　꿀(honey)은 꿀벌이 꽃의 꿀을 따와 벌집에 저장한 것을 꽃가루, 밀납 등을 제거하고 정제한 것이다. 밀원에 따라 아카시아꿀, 싸리꿀, 밤꿀, 유채꿀 등이 있으며 종류에 따라 향과 맛이 다르다. 꿀의 향을 느끼려면 가열은 되도록 피한다. 보습성이 강하여 떡이나 약과 등을 건조되지 않게 하고 부드러운 질감이 오래 유지되게 한다.

조청 조청(malt syrup)은 쌀, 수수, 조, 고구마 등 여러 가지 곡류의 전분을 맥아(엿기름)로 당화시켜 수분 함량 18% 정도로 농축시킨 맥아당, 포도당의 혼합물이다. 단맛의 강도는 약하지만 여러 가지 양념을 혼합할 때 젤상으로 잘 유지시켜준다. 드레싱이나 소스를 만들 때 효과적이다.

올리고당 올리고당(oligosaccharides)은 설탕에서 얻는 프럭토올리고당, 유당에서 얻는 갈락토올리고당, 전분에서 얻는 이소말토올리고당, 대두로부터 얻는 대두올리고당 등이 있다. 소화효소에 의해 분해되지 않기 때문에 소화ㆍ흡수가 되지 않아 저열량 (2kcal/g) 감미료로 사용된다. 과일청을 만들 때 올리고당을 재료의 10% 사용하면 설탕 사용량을 줄일 수 있다.

과일청 과일과 설탕을 동량으로 혼합하여 20일에서 90일 정도 두었다가 그대로 사용하여도 되고 과육과 과일청을 분리하여 청은 냉장보관하고 과육은 잼 등으로 이용한다. 주로 생으로 먹기 힘든 매실, 오미자, 레몬, 유자 등을 이용한다.

(2) 합성감미료

아스파탐, 사카린 등이 있다. 감미는 설탕의 수백배이고 열량은 거의 없다. 천연감미료에서 느끼지 못하는 청량감이 있어 가공식품산업에 많이 쓰인다.

4) 만난맛 조미료

만난맛을 내는 성분은 글루탐산나트륨, 이노신산나트륨, 구아닐산나트륨 등으로 다시마, 조개, 버섯, 다시멸치 등에 함유되어 있다. 만난맛과 더불어 다른 맛을 풍부하게하는 향미증진제로 사용된다.

(1) 모노소디움 글루타메이트

모노소디움 글루타메이트(monosodium glutamate, MSG)는 아미노산의 일종인 글루탐산에 나트륨(Na)이 결합된 염으로 화학명 엘-글루탐산소듐제제(monosodium L-glutamate)의 머리글자를 따서 MSG라고 부른다. 다시마의 열탕 추출물에서 분리해낸 감칠맛 성분이다. 최근에는 세계적인 조미료로서 포도당과 당밀을 원료로 하는 발효법이 개발되었다. 식초, 소스 등 산성이 강한 식품에서는 정미(呈味)가 떨어지고 알칼리성에서의 가열은 지미 성분(旨味成分)을 분해하므로 먹기 직전에 사용하는 것이 좋다.

(2) 핵산계 조미료

핵산계 조미료에는 이노신-5-모노포스페이트(inosine-5-monophosphate)와 구아닌-5-모노포스페이트(guanine-5-monophosphate)를 동량 혼합제조한 것으로 그 머리글자를 따서 IMP와 GMP라고 부른다. IMP는 주로 육류나 어류에 들어 있는 만난맛을 내는 성분으로, 발효공정을 거쳐 대량생산된다. MSG는 농도가 높아지면 맛의 강도가 커지나 IMP는 농도가 높아져도 거의 맛의 증가가 없다. 그러나 MSG와 IMP가 함께 쓰이면 맛의 상승효과를 낸다.

GMP는 버섯 등에 함유된 만난맛 성분의 하나로 IMP와 같은 맛을 내는 물질이나, 맛의 강도는 IMP보다 2~3배 더 강하다. 단독으로 사용하지 않고 MSG, IMP와 함께 사용하며 사용량은 IMP의 50% 정도이다. 핵산계 조미료라고 하여 시중에 판매되고 있는 것은 핵산계 단독인 경우는 없고 대부분 복합조미료로서 핵산계 물질이 10% 내외 첨가된 MSG이다. 이는 MSG와 핵산계 조미료를 혼합했을 때 미량으로도 독특한 감칠맛을 얻을 수 있기 때문이다. 입자의 형태는 과립형과 결정형 2가지를 제조하여 판매한다.

(3) 천연만난맛 조미료

핵산 및 글루탐산이 풍부한 새우, 멸치, 다시마, 북어, 버섯 등을 말린 후 가루내어 찌개, 육수, 조림, 나물 등에 사용한다.

5) 매운맛을 내는 조미료

(1) 고추

고추는 매운맛을 내는 조미료로서 적당량 섭취하면 식욕을 촉진하고 소화를 돕는다. 고추의 매운맛 성분은 캡사이신(capsaicine)이다. 고추의 빨간 색소는 캡산틴(capsanthin), 카로텐(carotene) 등이다. 고추는 살이 두껍고 윤기가 있는 것이 좋다. 방부효과가 있어 김치에 사용하여 저장성을 주고 생선찌개의 비린내 제거에 효과가 있다.

(2) 후추

검은 후추와 흰 후추가 있는데, 흰 후추보다 검은 후추가 매운맛이 더 강하다. 통후추는 피클, 수프, 육류요리, 스튜와 수정과 배숙 등의 음료에 쓰이고 가루는 음식의 색에 방해되지 않게 사용한다. 이외에 마늘, 파, 생강 등 매운맛이 강한 향미채소가 쓰인다.

6) 고소한 맛을 내는 조미료

(1) 참깨, 참기름

참깨는 볶아서 통깨로 쓰거나 가루를 내어 나물양념으로 쓰인다. 참기름은 고기의 잡냄새 제거에 쓰이고 약과 약식, 나물 등 사용범위가 넓다.

(2) 들깨, 들기름

들깨는 주로 거피하여 조림, 찌개, 전골에 쓰이고 들기름은 주로 무침나물에 쓴다. 독특한 향이 있고 참기름보다 오메가 3 지방산이 풍부하다. 산패되기 쉬우므로 저온에서 저장하며 빠른 시일 내에 사용하는 것이 좋다.

7) 조미 순서

조미료가 가지고 있는 고유의 맛을 식품에 고루 스며들게 하기 위해서는 설탕, 소금, 식초, 간장의 순으로 첨가하는 것이 좋다. 단맛과 짠맛이 골고루 잘 스며들게 하기 위해서는 분자량이 큰 설탕을 소금보다 먼저 넣어주어야 분자량이 적은 소금이 먼저 침투되어 식품이 수분이 빠져나와 질겨지며 설탕의 단맛이 흡수되기 어렵게 하는 것을 방지할 수 있다. 식초와 간장은 가열로 맛과 향이 희석되므로 조미 마지막에 넣는 것이 좋다.

2 향신료

향신료는 방향성 식물의 뿌리, 열매, 꽃, 종자, 잎, 껍질 등에서 얻으며 독특한 향미를 지니고 있다. 이들은 수조육류, 생선류의 불쾌한 냄새를 제거하거나 음식에 향미를 주어 식욕을 촉진시키는 작용과 방부제의 역할도 한다.

향신료는 스파이스와 허브로 구분할 수 있다. 사용하는 순서는 향신료의 종류에 따라 첨가시간을 달리하여야 요리의 맛을 최대화할 수 있다.

1) 스파이스

스파이스(spices)는 라틴어로 '특별한 종류'란 뜻으로 통째로 또는 가루로 만들어 사용하며 특유의 향이 잘 보존되도록 밀봉하여 냉장보관한다.

표 4-3 스파이스 종류와 사용방법

종류	사용방법	종류	사용방법
올스파이스 (allspice)	고추의 일종으로 진한 갈색을 띠는 씨앗이다. 향은 클로브(clove), 넛멕(nutmeg), 시나몬을 섞은 향미가 있으며, 육류, 생선요리, 피클, 케이크, 푸딩, 후식 등에 열매를 그대로 또는 가루로 만들어 이용한다.	아니스 (anise)	파슬리과 식물의 열매로 감초 맛이 나며 쿠키, 캔디, 케이크, 피클, 양조산업에 쓰인다.
아루굴라 (arugula)	잎이 부드럽고 독특한 맛과 향을 가지고 있다. 로켓(roket), 로큐테(roquette)라고 불리며 여름철 샐러드로 많이 이용된다.	보리지 (borage)	푸른 꽃과 털이 보송보송한 잎을 가진 식물이다. 어린잎은 샐러드로 이용되며 꽃은 식초의 색을 내거나 디저트의 장식용으로 사용하고, 말린 잎은 야채요리에 사용된다.
버닛 (burnet)	맛이 오이와 비슷하여 오이꽃이라고도 한다. 샐러드, 수프, 야채·생선요리의 맛을 내며, 뿌리는 약초로 사용된다.	케이퍼 (caper)	케이퍼 줄기에 달리는 꽃봉오리로 샐러드 드레싱이나 생선요리의 소스에 이용된다.
캐러웨이 (caraway)	열매를 말려 사용한다. 케이크, 빵류, 국수류, 스튜, 수프, 캐비지 요리에 이용된다.	카다몸 (cardamom)	생강과 비슷한 식물의 열매로 그대로 또는 가루로 만들어 사용한다. 쿠키, 빵, 데니시페이스트리(danish pastry), 커피케이크, 피클, 포도젤리 등을 제조하는 데 이용된다.
카엔(cayenne)	작고 매운 고추로 곱게 가루로 만들어 사용한다. 육류, 생선, 달걀요리, 샐러드드레싱이나 소스 등에 이용한다.	셀러리시드 (celery seeds)	셀러리와 같은 방향을 갖는 열매이다. 통째로 또는 가루 상태로 만들어 생선요리, 채소요리, 셀러리, 피클 등에 사용된다.

〈 계속 〉

종류	사용방법	종류	사용방법
시나몬 (cinnamon)	계피나무 껍질을 통째로 우려서 사용하거나 가루로 만들어 사용한다. 피클, 과일조리, 푸딩, 음료, 케이크 등에 사용된다.	클로브 (clove, 정향)	꽃이 개화하기 전 꽃봉오리를 건조시킨 것이다. 향이 매우 강하고 다갈색을 띤다. 생선, 육류, 케이크, 푸딩, 수프, 스튜, 과일피클 등에 이용한다.
코리앤더 (coriander, 고수)	파슬리과에 속하는 식물로 '고수' 또는 중국 파슬리라고도 불린다. 코리앤더의 열매를 말려서 사용하며 케이크, 조류의 스터핑(stuffing), 피클, 채소, 소시지 등에 사용한다.	커리 (curry)	커리파우더는 주로 카더멈, 칠리, 시나몬, 클로브, 코리앤더, 진저, 머스터드, 메이스(mace), 페퍼, 터머릭(turmeric) 등 여러 향신료가 섞여 만들어진 복합향신료이다. 커리의 맛은 생강과 고추의 함량에 따라 순한맛, 중간맛, 매운맛 등으로 나누며, 노란색을 띠는 것은 터머릭의 함량에 따라서 많을수록 색이 진해진다. 커리라이스, 커리치킨, 소스 등에 사용된다.
딜시드 (dill seed)	딜(dill) 식물의 작고 까만 씨로 소스, 피클, 수프, 스튜, 샐러드 등 주로 가벼운 향을 원하는 요리에 사용된다.	펜넬 (fennel)	아니스 또는 딜처럼 작은 열매로 향기가 좋고 독특한 냄새를 가지고 있다. 생선, 피클, 캔디, 패스트리 등에 사용되며, 줄기는 샐러드에 이용된다.
메이스 (mace)	향은 육두구보다 더 미세하며 매우 높은 방향성을 지닌다. 생선, 소스, 피클, 케이크, 빵, 푸딩, 달걀요리, 디저트 등에 사용된다.	머스터드 (mustard)	매운맛을 가지고 있으며 씨는 분말로 하여 양념, 소스, 샐러드, 피클, 육류, 그레이비(gravy) 등에 사용된다.
넛멕 (nutmeg)	육두구라고도 하며 넛멕 열매의 핵(核)을 이용하는 것으로 독특한 방향과 깊은 맛을 지니고 있다. 피클 등에는 통째로 사용하고 케이크, 푸딩, 커스터드, 에그노그(eggnog) 등에는 가루로 만들어 이용한다.	파프리카 (paprika)	붉은색을 띤 고추의 일종으로 단맛, 순한맛, 매운맛을 낸다. 어패류, 육류, 조류, 채소류, 샐러드, 피클, 그레이비 등에도 사용된다.
후추 (pepper)	검은 후추와 흰 후추가 있는데, 검은 후추가 매운맛이 더 강하다. 통후추는 피클, 수프, 육류요리, 스튜 등에 이용되고, 가루는 육류, 어류, 조류, 채소류 등 음식의 조미료로 사용된다.	양귀비씨 (poppy seed)	파피(poppy)의 종자로 작고 어두운 회색이며 단맛이 있다. 제빵에 이용하며, 동부 유럽에서는 조미료로 많이 사용한다. 미성숙한 양귀비의 씨방 속에는 우유 같은 흰 액즙이 들어 있는데 이것이 아편의 원료로 사용되는 것이고, 성숙한 씨 속에는 기름이 함유되어 있는데 박하와 비슷한 향을 가지고 있다. 패스트리, 쿠키, 케이크, 롤 등에 넣거나 샐러드 오일, 누들 등에도 이용한다.
샤프란 (saffron)	붓꽃의 일종으로 암술을 말린 것이다. 쓴맛과 단맛을 가지고 있고, 밝고 투명한 노란색을 띤다. 스파이스 중에서 가장 비싸지만 소량으로 독특한 향기를 낸다. 쌀요리, 감자요리, 빵, 소스, 수프, 패스트리에 사용한다.	참깨 (sesame seed)	참깨를 볶아서 사용하거나 착유하여 육류, 채소류 등에 첨가하여 고소한 향기와 맛을 내는 조미료로 사용되며, 외국에서는 쿠키, 캔디, 롤, 빵 등에 첨가물로 사용된다.

〈 계속 〉

종류	사용방법	종류	사용방법
터머릭 (turmeric)	생강과에 속하는 식물의 뿌리로서 독특한 방향과 쓴맛을 가지며 노란색을 띤다. 커리파우더와 머스터드의 재료로 쓰이며 육류, 생선, 달걀요리, 샐러드드레싱, 피클, 렐리시(relish) 등에 사용된다.	파	파는 육류와 어패류의 냄새, 채소류의 풋내를 제거한다. 황화합물을 함유하여 매운맛이 있다. 이들 황화합물은 조리 후 황화수소나 디메틸 설파이드로 분해되어 불쾌한 냄새를 내므로 오래 끓이면 좋지 않다.
마늘	마늘에는 알린(alliin)이 함유되어 있는데, 썰거나 다지면 효소에 의하여 매운맛 냄새물질인 디알릴 디설파이드로 변한다. 마늘의 향미를 유지하기 위해서는 조리가 거의 끝날 무렵에 넣어야 한다.	생강	생강의 매운맛은 진저론, 쇼가올, 진저롤에 의한 것이다. 생강의 매운맛과 향기는 생선, 돼지고기 등의 냄새를 제거하며, 식욕 촉진과 연육효과가 있다.
고추	고추의 매운맛 성분은 캡사이신이다. 고추의 빨간 색소는 주로 캡산틴이며 카로틴 등도 있다. 고추는 주로 가루로 만들어 이용한다.	산초	특유의 강한 향미가 있다. 제라니올, 리모넨이 향미 성분이고 매운맛은 산시올, 에스트라골 때문이다. 열매는 가루 내어 추어탕 등에 사용하거나 어린 잎과 미숙과는 장아찌를 담가 사용한다.

2) 허브

허브(herbs)는 푸른 풀을 의미하는 라틴어 'herba'에서 유래된 말로 향과 약초라는 뜻으로 사용하였다. 허브는 신선한 것을 그대로 또는 말려서 사용한다.

표 4-4 허브의 사용방법

종류	사용방법	종류	사용방법
앤젤리카 (angelica)	미나리과 식물로, 잎과 줄기를 설탕에 절여 저장하여 두었다가 케이크의 장식에 사용된다.	바질 (basil)	박하(mint)과에 속하는 식물로 어린잎과 줄기를 생으로 쓰거나 말려서 사용한다. 토마토 요리에 첨가되는 중요한 조미료이며 스튜, 수프, 달걀요리, 드레싱, 소스, 특히 램촙(lamb chop)에 많이 사용한다.
월계수잎 (bay leaf)	월계수의 잎으로, 방향이 좋다. 일명 로리에(laurier)라고도 한다. 피클, 로스트, 스튜, 소스, 수프, 생선요리, 토마토요리 등에 사용한다.	처빌 (chervil)	미나리과 식물의 잎으로, 파슬리와 비슷한 향기를 가지고 있으며, 달걀, 치즈요리, 생선, 닭요리, 수프, 샐러드에 사용하며 소스에 잎을 그대로 썰어서 사용한다.
호스래디시 (horseradish)	서양고추냉이로, 뿌리를 갈아서 소스, 생선, 육류 등에 사용한다. 강한 매운맛을 가지고 있다.	마조람 (marjoram)	꽃박하의 향료로 식초나 머스터드 제품에 방향제로 이용하고, 육류, 어류, 조류, 달걀, 토마토요리, 소스, 샐러드 등에도 사용한다.

〈 계속 〉

종류	사용방법	종류	사용방법
민트 (mint)	민트는 매운맛을 내는 페퍼민트, 향을 내는 스피어민트와 상큼한 사과향이 나는 애플민트가 있는데, 음식에 가장 많이 사용되는 것은 스피어민트이다. 육류, 생선, 수프, 소스, 케이크, 음료, 아이스크림 등에 사용한다.	오레가노 (oregano)	박하과의 다년생 식물로 마조람 맛과 유사하지만 방향성이 강하다. 오레가노는 주로 말린 것을 사용하며 피자, 토마토요리, 파스타, 스튜, 소스, 채소, 달걀요리 등에 사용된다.
파슬리 (parsley)	파슬리는 독특한 방향 성분을 가지고 있으며, 모양 그대로 또는 생것을 다지거나 음식의 장식으로 많이 이용된다. 샐러드, 수프, 소스, 육류, 생선요리, 야채요리 등에 쓰인다.	로즈메리 (rosemary)	박하과에 속하는 식물로 주로 잎을 사용하지만 줄기를 이용하기도 한다. 향이 강하여 음식의 향미를 살리려면 소량 사용하는 것이 좋다. 쇠고기, 돼지고기, 양고기, 생선, 수프, 스튜 등에 사용한다.
세이지 (sage)	향이 강하고 씁슬한 맛이 있다. 잎을 따서 말리거나 신선한 상태로 가금류나 육류의 내용물, 양고기, 생선, 달걀요리, 수프, 스튜 등에 사용한다.	사보리 (savory)	향이 좋고 잎은 녹갈색을 띤다. 육류, 닭, 생선, 달걀, 야채, 수프, 그레이비, 샐러드 드레싱, 스튜, 스터핑, 사우어 크라우트 등에 사용된다.
타라곤 (tarragon)	국과(菊科) 식물로 아니스와 맛이 비슷하고 잎은 녹색을 띠고 단추 모양의 꽃봉오리를 피운다. 향신료의 여왕이라 불린다. 생것이나 말려 쓰고, 식초나 오일에 저장하였다가 사용하기도 한다. 샐러드, 소스, 수프, 피클, 토마토요리에 많이 이용한다.	타임 (thyme)	오래 가열해도 향이 유지되므로 닭, 생선, 토마토요리, 로스트, 소스, 수프 등에 사용된다.

3) 혼합조미료

(1) 칠리시즈닝

칠리시즈닝(chili seasoning)은 칠리페퍼에 오레가노 또는 다른 조미료(캐러웨이 씨, 검은 후추, 카옌페퍼, 양파, 커민 씨 등)를 섞은 것이다. 주로 멕시코 음식에 많이 이용하며 어패류의 칵테일소스, 달걀요리, 그레이비, 스튜 등에 이용한다.

(2) 커리파우더

커리파우더(curry powder)는 인도 음식에서 많이 사용하는 중요하고 독특한 향신료이다. 혼합재료에 따라 방향에 차이가 있으며 코리앤더, 터머릭, 클로브, 후춧가루, 고춧가루, 마늘, 커민(cumin), 호로파(fenugreek), 생강 등을 혼합한다.

(3) 허브시즈닝

허브시즈닝(herb seasoning)은 바질, 마조람, 파슬리, 타임, 셀러리, 타라곤, 오레가노의 7가지 허브를 혼합한 것으로 수프, 소스, 스튜, 샐러드, 캐서롤(casserole) 등에 사용된다.

(4) 이탤리언시즈닝

이탤리언시즈닝(italian seasoning)은 오레가노, 마조람, 타임, 사보리, 로즈메리, 세이지, 바질 등을 혼합한 것으로 이탈리아 음식에 많이 이용한다. 스파게티, 피자, 육류, 이탤리언드레싱, 생선, 토마토요리, 가지요리 등에 사용된다.

(5) 포울트리시즈닝

포울트리시즈닝(poultry seasoning)은 세이지, 타임, 마조람, 사보리, 코리앤더, 올스파이스(allspice), 후춧가루, 로즈메리 등을 혼합한 조미료이다. 조류, 어류의 스터핑(stuffing), 돼지고기, 송아지고기 등에도 사용한다.

(6) 믹스트피클링스파이스

믹스트피클링스파이스(mixed pickling spice)는 머스터드 씨, 카시아(cassia), 올스파이스, 블랙페퍼, 카다몸, 메이스, 베이리프, 진저, 칠리, 페넬 씨, 딜 씨, 클로브, 터머릭 등을 혼합하여 적당한 크기로 잘라 만든 것이다. 피클링 이외에 포트로스트(pot roast), 스모크텅(smoked tongue), 생선스튜 등에도 이용한다. 그 밖에도 혼합향초에 야채나 과일을 이용하여 파이를 만들어 후식 요리에 이용할 수 있다.

4) 추출물

과일 중의 방향성 물질이나 방향유를 알코올에 용해시킨 것이다. 바닐라는 바닐라 열매에서 추출하여 얻으며, 디저트, 차가운 과일수프, 쿠키, 케이크, 아이스크림, 캔디 등에 이용한다.

　　레몬과 오렌지는 레몬과 오렌지 껍질에서 짠 방향유에 알코올을 혼합한 것으로 향료로 사용한다. 아몬드는 아몬드 열매 추출물에 알코올을 섞은 것으로 과자나 음료를 만들 때 사용한다. 이외에도 바나나, 딸기, 코코넛, 복숭아, 파인애플 등의 합성향료를 만들어 각종 요리, 음료, 후식 등에 널리 사용한다.

5) 향신료의 사용 및 보관

향신료는 생것이나 건조한 것을 그대로 또는 가루내어 사용한다. 너무 많은 양을 사용하면 식재료의 맛과 향을 느낄 수 없으므로 조절하여 사용한다. 건조한 것을 통째로 사용할 때는 향신료 주머니나 말린 향신료의 줄기나 대를 한데 모아서 묶은 향신료 다발인 부케가르니 형태로 이용한다. 건조 향신료는 밀봉하여 저온보관하거나 냉동한다. 허브 생잎은 오전 중 채취하고 꽃이 피기 직전에 따는 것이 향이 좋다.

음식의 평가 5

식품이나 음식의 가치와 기호도는 그 식품의 영양적 가치보다는 사람의 오감에 의한 감각적인 요소와 심리적인 상태가 평가의 중요한 인자가 된다. 따라서 식품에 대한 조리과학적 연구를 하거나 새로운 가공품이나 음식물을 개발하려 할 때 관능평가와 기기를 이용한 객관적 데이터의 수집, 통계 처리 및 적절한 해석을 하는 객관적 평가를 하게 된다.

1 관능평가

음식의 관능평가(sensory evaluation)란 음식의 특성을 시각, 후각, 미각, 촉각 및 청각으로 느껴지는 반응을 평가 분석하여 해석하는 과학의 한 분야이다. 최근 사람의 감각에 의하여 이러한 항목을 검사하려는 관능평가의 중요성에 대한 인식이 점차 높아지고 있다. 한 기업에게 새로운 상품 개발 및 합리적인 관리는 상품 개발에 있어 필

표 5-1 관능검사의 이용

소비자 기호도 조사	품질 관리
품질기준 설정	평균 수명의 예측 및 저장 유통조건 설정
품질 개선	제품의 색, 포장 및 디자인의 선택
원가 절감 및 공정 개선	–

표 5-2 음식평가의 요소

요소	감각		비고	
외관	시각	색깔, 빛깔, 모양		
풍미	미각 취각	맛, 온도 냄새	기호도	가치성 부여
질감	청각 촉각	소리 씹는 느낌, 혀와 구강 내에 닿는 느낌		
영양가	열량소, 구성소, 조절소		–	

수적인 과정이다.

　그러나 이러한 관능평가는 같은 사람이라도 개개인의 조건에 따라, 당시의 심리적·생리적 상태나 주위 환경에 따라 결과가 달라질 수 있다. 그러므로 신빙성 있는 관능평가를 위해서는 평가원의 선정부터 훈련, 평가, 심사까지 정확하고 합리적으로 이루어져야 한다.

　식품(음식)의 관능적 요소로는 색과 광택(시각), 냄새(후각), 맛(미각), 입안에서의 감촉(촉각)과 씹을 때 나는 소리와 느낌 등이 있다. 이들 요소는 독립적으로 느껴지기도 하지만 많은 경우 상호 관련성을 가진다.

1) 음식의 외관

관능검사로 평가될 수 있는 항목 중 외관(appearance)은 식품의 색, 빛깔, 형태, 표면의 상태 및 잘랐을 때의 내부 상태 등에 의해 평가된다. 특히 색은 음식의 기호도에 크게 영향을 미치는데, 식욕을 자극하고 기호성이 큰 색은 황색, 적색, 갈색 등이며 회색, 보라색, 녹색 등은 기호성이 낮은 색이다.

2) 음식의 맛

음식의 맛(taste)은 그 식품 속의 정미물질이 가진 화학적 성분 때문이며, 이들이 갖는 정미성과 다른 정미물질과의 혼합효과, 향기와의 관계, 온도 및 포함된 음식물의 성상 등에 의해 결정된다. 그러므로 맛 성분에 대한 관능검사 시에는 식품의 온도, 성상(고상, 액상, 젤상)을 일정하게 하는 것이 바람직하며 정미물질 간의 대비효과를 없

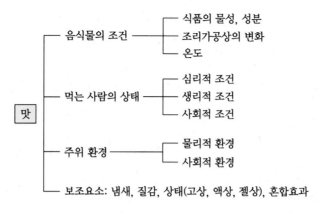

그림 5-1 맛에 영향을 주는 인자들

표 5-3 주요 정미물질의 역치 (단위: %)

정미성	정미물질	역치	정미물질	역치
단맛	설탕	0.01~0.4	알라닌	0.06
	과당	0.27~0.39	글리신	0.13
	포도당	0.8	스래오닌	0.26
	용성사카린	0.006~0.00	새린	0.50
신맛	초산	0.0018	석신산	0.0032
	젖산	0.0016	구연산	0.0012
	사과산	0.0016	주석산	0.0023
짠맛	NaCl(상온)	0.05	NaCl(0℃)	0.025
쓴맛	카페인	0.0007	염산키니네(상온)	0.0001
	니코틴	0.000019	염산키니네(0℃)	0.003
	유산마그네슘	0.0046		
감칠맛	L-글루탐산-Na	0.03	트리고로민산	0.005
	L-아스파라진산-Na	0.16	5-이노신산 2-Na	0.025
	이보텐산	0.005	5-구아닐산 2-Na	0.125

애기 위해 2가지 이상의 다른 시료를 동시에 맛보거나(동시성 대비, 강화 및 억제) 한 시료를 맛본 후 곧이어 다른 시료를 맛볼 때의 혼합효과(계시성 대비, 맛의 변조효과)에 유의해야 한다.

3) 음식의 냄새

음식의 냄새(flavor)는 휘발성이므로 가공품이나 조리식품의 경우 검사시기가 문제가

표 5-4 냄새의 분류

분류	냄새의 종류
아무어	장뇌냄새, 사향냄새, 꽃냄새, 박하냄새, 에테르냄새, 매운 냄새, 썩은 듯한 냄새
헤닝	꽃향기, 과일향기, 매운 냄새, 수지냄새, 탄 냄새, 썩은 냄새

되며, 후각은 특히 역치가 낮고 민감도가 높은 감각이므로 평가원(panel) 선정 시 민감성 테스트를 통해서 후각이 예민한 사람을 뽑는 것이 좋다. 또한 후각은 미각, 청각 등과 같이 연결되어 있으므로 감기 등 귀, 코 질환으로 민감도가 떨어진 경우 평가를 삼가야 한다. 식품의 냄새는 헤닝(Henning)의 7분류, 아무어(Amoore)의 6분류 등이 있으나 일반적으로는 수많은 냄새 성분들이 혼합되어 휘발되므로 이들의 배합률에 따라 기호도가 크게 달라질 수 있다.

4) 음식의 질감

음식의 질감(texture)은 식품의 구성 성분이 갖는 물리적·구조적 특징에 의해 나타나는 여러 가지 성질, 즉 점성, 유동성, 탄성, 점탄성, 응집성, 부착성 등에 의해 좌우되며 또한 검사자의 경험·심리·생리적 상태도 영향을 준다. 특히 질감에 대한 표현은 단어로 묘사해야 하는 경우가 많으므로 사전에 평가원에게 질감의 묘사법에 대한 훈련을 시키는 과정이 필요하다.

5) 관능평가의 실제

(1) 패널요원

효과적인 관능검사를 수행하기 위해서는 개별적인 특성과 목적하는 관능검사를 수행하는 데 있어서의 잠재적인 능력을 파악하여 관능검사원(test panel)을 선정해야 한다. 대체로 평가원의 수는 10~30인이며 다음과 같은 조건을 갖추어야 한다.

- 맛, 냄새 등에 대한 민감도가 뛰어나야 한다.
- 신체적으로 건강하고 심리적으로 안정된 사람이어야 한다.
- 판단력이 빠르고 표현력이 좋아야 한다.

- 질문의 의미와 실험의 의의를 알고 바르게 답할 수 있어야 한다.
- 관능검사에 대해 관심과 흥미가 있어야 하며, 자발적으로 참여해야 한다.
- 특정식품에 대한 편견이나 편식이 없어야 한다.
- 나이는 20~50세 정도가 적당하다. 그러나 가공식품의 경우 판매 대상의 나이를 중점적으로 할 수 있다.

(2) 검사환경과 조건

평가할 시료와 주위 환경을 쾌적하고 일정하게 하여 평가원이 생리적·심리적 스트레스 없이 검사에 임하도록 해야 한다.

- 시료를 담는 용기는 색, 모양, 크기, 질감이 같아야 한다.
- 시료의 온도는 보통 일상생활에서 먹고 있는 온도와 같아야 한다.
- 자극이 강한 시료를 1회에 3~4개(보통 8~10개) 정도로 제한하고 입을 헹굴 물을 준비하도록 한다.
- 시간은 오전 10시 또는 오후 3시로 하고 배가 부르거나 고픈 시간은 피한다.
- 정확한 판단과 정신 집중을 위해 개인부스(individual booth)를 준비하는 것이 좋다.
- 조용하고 직사광선이 비치지 않는 밝은 곳에서 검사하는 것이 좋다(검사면의 조도 30~50 촉광 정도 유지).
- 온도, 습도 조절 및 공기정화시설이 완비된 곳이어야 한다(실내온도 20~25℃, 습도는 50~60%).

(3) 검사 시 주의사항

- 검사하고자 하는 시료에 대한 정보를 최소화시킨다.
- 검사와 직접 관련된 사람은 배제시킨다.
- 검사 전 향기가 없는 비누로 손을 씻도록 한다.
- 향이 강한 화장품, 입안 세척제 사용은 금한다.
- 검사 30분 전에는 껌이나 음식물의 섭취, 흡연을 제한한다.
- 검사물의 평가 요령 및 평가속도를 명확히 이해시키고 동일한 방법으로 각 시료를 평가하도록 한다.

■ 모든 시료를 동일한 조건(온도, 크기, 형태, 양, 수)으로 제시한다.

6) 관능검사의 종류

(1) 단일시료법
단일시료법(single sample test)은 상품 개발 시험단계에서 단일시료에 대해 판매 대상, 생산량 조절, 광고 대상 결정 등을 위한 자료 제공 시 사용한다.

(2) 2점비교법
2점비교법(paired comparison test)은 표준시료와 시험하고자 하는 시료 2개를 동시에 제시하여 특정한 특성이 더 강한 것을 지적하게 하는 방법으로 정답이 나올 확률은 50%이다. 이 방법은 조리가공법의 비교, 품질관리, 소비자 기호조사 등에 사용된다.

(3) 1 · 2점비교법
1 · 2점비교법(duo-trio test)은 2점 비교법의 변형으로 먼저 1개 시료를 맛보게 한 후, 2개 시료를 제시하여 같은 것을 찾아내는 방법으로 평가원의 훈련 시에 이용된다. 우연히 맞출 확률은 33%이다.

(4) 3점시험법
3점시험법(trianle test)은 2개의 같은 시료와 1개의 다른 시료, 전체 3개를 제시하여 같은 것을 찾아내는 것으로 우연히 맞출 확률은 33%이다. 2점 비교, 1 · 2점비교와 같은 용도에 쓰인다.

(5) 순위시험법
순위시험법(rank-order test)은 여러 가지 시료를 제시하고 어떤 특정한 항목에 맞도록 강도 또는 기호도에 따라 순위를 정하는 방법이다. 이것은 종합적인 검사법이 아니므로 기호도 조사 시에는 항목별로 따로 평가해야 한다.

(6) 채점척도시험법

채점척도시험법(scalar scoring test)은 다양하게 사용되며 통계 처리가 간단하므로 많이 쓰이는 방법이다. 정확한 평가를 위해서는 평가척도를 정확히 작성해야 하는데, 예를 들면 표 5-5에서와 같이 람스버텀(Ramsbottom)과 홉킨스(Hopkins)는 평가척도를 11 등급으로 적용하였다.

표 5-5 평가표의 예

점수 술어(Ramsbottom, 1947)		점수 술어(Ramsbottom, 1947)	
10	Excellent	+5	Gross excess
9	Very good	+4	Very decide excess
8	Good	+3	Decide excess
7	Slightly good	+2	Moderate excess
6	Borderline plus	+1	Slight excess
5	Borderline	0	Ideal
4	Borderline minus	−1	Slight deficiency
3	Slightly poor	−2	Moderate deficiency
2	Poor	−3	Very decide deficiency
1	Very poor	−4	Gross deficiency
0	Excellent poor	−5	−

(7) 묘사시험법

묘사시험법(descriptive test)은 숙련된 평가원들이 시료의 질감, 풍미, 외관, 종합적인 평가 등에 대해 상세하게 묘사하면서 기록하는 검사법으로 평가원은 식품에 대한 기초지식을 가지고 관능검사에 대한 경험과 전문적인 지식을 가진 사람이어야 한다.

(8) 다시료비교검사

다시료비교검사(multiple comparison test)는 어떤 주어진 특성이 기준 시료와 비교하여 얼마나 차이가 있는지 조사하거나 시료 간 여러 특성의 차이 정도를 자세히 평가할 수 있는 방법이다.

7) 관능검사의 결과 해석

(1) 차이식별 검사

3점시험법 평가원이 3점시험법에 의해 검사·평가한 결과를 검정하여 유의성 유무 판정과 평가원의 식별능력 판정에 이용할 수 있다.

다시료비교법 여러 시료를 동시에 검사하여 각 검사원마다 표준시료와 비교하여 차이가 없을 때는 5, 훨씬 좋을 때는 1, 아주 나쁠 때를 9로 하여 그 정도에 따라 1~9까지를 쓴 후 합계를 내어 분산분석법에 의해 검정하며 각 시료 간의 유의성을 검정하는 방법이다.

(2) 기호순위 조사

순위시험법 동일한 맛을 가진 시료를 맛보게 하고 그 정도를 순위로 정하여 각 패널의 평가를 합하여 검정하는 방법이다.

2점기호시험법 두 종류의 시료에 대하여 맛을 비교하고 질문에 답한 후 그 결과를 2점 기초시험검정표에 의해 검정한다.

2 객관적 방법에 의한 음식평가

인간의 감각이 아닌 기기에 의해 계수화시킴으로써 보다 객관적이고 정확한 데이터를 얻을 수 있는 객관적인 음식평가법을 사용한다. 하지만 기기에 의해 측정된 데이터는 사람의 감각에 의한 관능검사법과 그 결과가 일치하지 않을 때도 있다.

음식의 색은 색차계(colorimeter)를 이용하며, 특수 색소나 맛 성분은 정량·정성분석을 통해 그 함량을 측정할 수 있다. 특히 냄새의 성분을 평가할 때는 기체 크로마토그래피(gas chromato-graphy)를 이용하고, 맛 성분과 색소 성분 등은 HPLC 등을 이용하

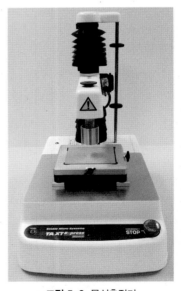

그림 5-2 물성측정기

기도 한다. 최근에는 질감의 측정에 기기를 사용하는 객관적 방법이 많이 이용되고 있다. 질감을 측정하는 용어에는 다음 항목들이 있다.

1차적 특성으로는 경도(hardness), 응집성(cohesiveness), 점성(viscosity), 탄력성(elasticity), 부착성(adhesiveness)이 있으며, 2차적 특성으로는 부서짐성(brittleness), 씹힘성(chewiness), 질깃거리는 정도(gumminess)가 있는데 물성측정기로 사용하여 측정한다.

물성을 측정하는 객관적인 평가에는 다음과 같은 여러 기기를 사용한다. 자세히 살펴보면 액체·반고체 식품의 점성측정기(viscometer), 밀가루 반죽의 신전성과 탄력성측정기(extensograph), 밀가루 반죽의 점탄성측정기(farinograph), 밀가루의 점성측정기(amylograph), 경도측정기(hardmeter), 팽윤도측정기(penetrometer), 과자나 파이의 쇼트닝성측정기(shortmeter) 등이 있다. 최근에는 이들 물성을 종합적으로 측정하는 텍스처로미터(texturometer)나 레오미터(rheometer) 등을 사용하기도 한다.

PART 2

식품별
조리원리

6 곡류

곡류(穀類, cereal)는 전분질을 주성분으로 하며, 식물학상 화본과(禾本科)에 속하는 열매를 식용으로 하는 식물이다. 식용으로 중요하게 이용되는 곡류는 쌀, 맥류(보리, 밀, 호밀, 귀리), 잡곡류(조, 피, 기장, 수수, 옥수수, 메밀)로 분류되며, 전분 함량이 많아 중요한 열량원으로 쓰인다. 곡류는 알갱이 자체로 먹기도 하지만 전분, 가루, 가공품으로도 이용된다.

1 쌀과 쌀가루

1) 쌀의 구조

모든 곡류는 비슷한 구조를 가진다. 곡류의 구조는 크게 겨층(bran), 배유(胚乳, endosperm), 배아(胚芽, embryo)로 나눌 수 있다.

(1) 겨층

겨층이란 가장 바깥쪽에 있는 외피와 그 안쪽에 있는 외배유와 호분층을 말한다. 이는 배유와 배아를 보호하는 부분이다. 주된 성분은 섬유소이고 철과 티아민, 리보플래빈, 나이아신, 소량의 단백질이 함유되어 있다. 도정과정에서 호분층은 외피와 함

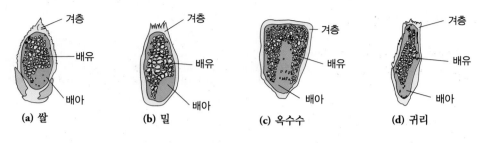

그림 6-1 곡류의 단면도

께 떨어져나간다.

(2) 배유

다량의 전분(澱粉)과 원형질을 가지고 있는 세포로 구성되어 있으며 우리가 주로 먹는 부분이다. 탄수화물이 많고 단백질이 적으며 지방, 회분, 비타민은 극히 적다.

(3) 배아

적당한 온도와 수분이 주어지면 발아하여 잎과 뿌리가 되는 부분으로 배아는 도정과정에서 쉽게 제거되며 지질, 단백질, 무기질, 비타민 등의 함량이 높다.

2) 쌀의 성분

쌀은 도정도(搗精度)에 따라 성분에 차이가 나는데 도정을 많이 할수록 단백질, 지방, 회분, 섬유 및 무기질과 비타민의 함량이 감소하고 당질의 함량은 증가한다. 찹쌀은 멥쌀보다 단백질과 지방이 약간 많다.

(1) 당질

쌀의 주성분은 당질이며 75% 이상이 전분으로 구성되어 있다. 그 밖에 덱스트린(dextrin), 펜토산(pentosan), 섬유소 등이 소량 함유되어 있다.

(2) 단백질

단백질은 주로 글루텔린(glutelin)으로 오리제닌(oryzenin)이라 하며 아미노산 중 페닐

표 6-1 곡류의 일반 성분(가식부 100g당)

곡류명	성분	열량 (kcal)	수분 (%)	단백질 (g)	지질 (g)	회분 (mg)	탄수화물		무기질					비타민				
							당질 (g)	섬유 (g)	칼슘 (mg)	인 (mg)	철 (mg)	칼륨 (mg)	나트륨 (mg)	A (RE)	B₁ (mg)	B₂ (mg)	나이아신 (mg)	C (mg)
미곡	백미	363	13.4	6.4	0.4	0.4	79.5	-	7	87	1.3	170	8	1	0.23	0.02	1.2	0
	7분도미	368	12.3	6.9	1.1	0.6	79.1	0.9	24	179	0.9	170	2	0	0.19	0.05	2.7	0
	현미	374	10.6	9.6	4.6	1.9	73.3	-	4	327	2.8	396	26	0	0.26	0.11	3.6	0
	찹쌀	373	9.6	7.4	0.4	0.7	81.9	0.6	4	151	2.2	191	3	0	0.14	0.08	1.6	0
	귀리	373	9.4	11.4	3.7	2.0	73.5	24.1	16	175	6.6	574	2	0	0.13	0.21	2.3	0
맥류	밀	333	10.6	10.6	1.0	2.0	75.8	8.2	52	254	4.7	538	17	0	0.43	0.12	0	0
	보리	334	13.8	10.6	1.8	2.7	71.1	19.8	43	360	5.4	480	3	0	0.31	0.1	5.5	0
	호밀	334	10.1	15.9	1.5	1.8	70.7	13.3	10	378	6.4	501	2	0	0.26	0.16	1.8	0
잡곡	기장	367	11.3	11.2	1.9	1.0	74.6	1.7	15	226	2.8	233	6	0	0.42	0.09	2.9	0
	메밀	374	9.8	11.5	2.3	1.7	74.7	5.0	18	308	2.6	477	14	17	0.46	0.26	1.2	0
	수수	364	12.5	9.5	2.6	1.3	74.1	4.4	14	290	2.4	410	2	0	0.1	0.03	3.0	0
	옥수수	109	71.5	3.8	0.5	0.8	23.4	-	21	106	1.8	314	1	26	0.23	0.14	2.2	0
	조	386	8.7	9.7	4.2	1.4	76.0	4.6	11	184	2.3	368	3	0	0.21	0.09	1.5	0
	피	367	13.1	9.7	3.7	1.1	72.4	26.3	7	280	1.6	240	3	0	0.05	0.03	2.0	0

자료: 농촌진흥청(2012). 2011 표준 식품성분표(제8개정판).

표 6-2 쌀과 밥의 일반 성분(가식부 100g당)

곡류명	성분	열량 (kcal)	수분 (%)	단백질 (g)	지질 (g)	회분 (mg)	탄수화물		무기질					비타민				
							당질 (g)	섬유 (g)	칼슘 (mg)	인 (mg)	철 (mg)	칼륨 (mg)	나트륨 (mg)	A (RE)	B₁ (mg)	B₂ (mg)	나이아신 (mg)	C (mg)
쌀(백미)		363	13.4	6.4	0.4	0.4	79.5	-	7	87	1.3	170	8	1	0.23	0.02	1.2	0
쌀밥(백미)		152	63.6	3.0	0.1	0.1	33.2	-	2	23	0.4	19	3	0	0.02	0.01	0.3	0

자료: 농촌진흥청(2012). 2011 표준 식품성분표(제8개정판).

알라닌 등은 풍부하나 라이신과 트립토판이 부족하다. 쌀에 라이신과 트립토판의 함량이 많은 콩을 섞어 섭취하면 필수아미노산의 균형을 이룰 수 있다. 쌀의 단백질은 다른 곡류에 비하여 영양적으로 양질의 단백질에 속한다.

(3) 지방

백미의 지방 함유량은 1% 정도에 불과하나 배아가 붙어 있는 현미에는 지방이 많아

표 6-3 곡류 단백질의 필수아미노산 조성

필수아미노산	쌀	밀가루	보리	옥수수	메밀	표준아미노산
트레오닌(threonine)	2.2	2.8	3.2	4.0	4.1	2.8
발린(valine)	8.8	4.2	4.8	5.2	5.5	4.2
루신(leucine)	6.7	7.1	6.5	13.2	6.2	4.8
아이소루신(isoleucine)	4.9	4.2	4.0	4.7	3.9	4.2
라이신(lysine)	3.2	1.9	3.2	2.9	5.9	4.2
메싸이오닌(methionine)	2.6	3.1	1.4	3.2	1.8	4.2
페닐알라닌(phenylalanine)	5.6	5.2	4.8	4.5	4.5	2.8
트립토판(tryptophan)	1.1	1.1	1.1	0.6	1.5	1.4

산패가 빠르다.

(4) 비타민과 무기질

현미의 쌀겨 부분에 비타민 B_1, B_2, 나이아신이 상당히 많이 함유되어 있으나 도정할 때 대부분이 제거되므로 백미에는 함량이 낮다. 쌀에는 인, 칼륨, 마그네슘이 풍부하고 칼슘이 부족하다.

3) 쌀의 분류와 종류

(1) 쌀의 분류

전분의 화학적 성질에 따른 분류

- 멥쌀 아밀로스(amylose)가 약 20~25% 함유되어 있고, 나머지는 아밀로펙틴(amylopectin)으로 되어 있다. 멥쌀은 반투명하며 찹쌀에 비해 점성이 약하다.
- 찹쌀 거의 아밀로펙틴으로 되어 있으며 유백색을 띠고 점성이 강하다.

도정도에 따른 분류

- 현미 벼 낟알에서 왕겨를 벗겨낸 것이다. 현미의 외부는 여러 층(과피, 종피, 호분층)으로 둘러싸여 있어 섬유질이 많고 수분 흡수가 잘 안 되어 전분의 완전한 호화가 어렵다. 따라서 조직감이 좋지 않고 소화도 잘 안 된다.
- 백미 현미의 겨층을 벗겨 도정한 배유만을 말하며 부드럽고 소화가 잘된다.

기능성 쌀

- 흑미 유색미로 향미가 있으며 현미 형태이다. 겨 부분에 안토사이아닌이 함유되어 있어 항산화기능이 높으며 장수미, 약미로도 불린다.
- 코팅쌀 기능성 물질을 코팅한 쌀로 홍국쌀 등이 있다.

(2) 쌀의 종류

자포니카형 자포니카형(단립종, 중립종)은 쌀의 입자가 짧고 동글동글하며 단단하고 밥을 지으면 점성이 높다. 주로 한국과 일본에서 이용한다.

인디카형 인디카형(장립종)은 쌀알이 길고 가늘며 부스러지기 쉽고 아밀로스 함량이 높으며 밥을 지으면 점성이 낮다. 볶음밥, 샐러드용으로 동남아 지역에서 많이 이용한다.

쌀의 구입과 저장

- **좋은 쌀을 구입하는 법**
  - 낟알이 균일하고 광택이 있으며 반투명하다.
  - 반점이나 유백색이 없다.
  - 쌀알에 금이 없다.
  - 싸래기나 이물질이 없다.
  - 도정일자를 확인한다.

- **쌀의 저장법**
  - 보관 장소: 건조한 쌀은 주변 습기에 민감하다. 곰팡이가 생기지 않도록 습한 곳이나 장마철에 유의한다. 직사광선을 피하고 휘발성이 강한 식품이나 세제 등 냄새가 강한 식품이나 물질과 함께 두면 냄새를 흡수하여 이취가 발생하므로 분리 보관한다.
  - 용기: 쌀이 호흡할 수 있는 종이봉투나 쌀독에 두는 것이 좋다. 플라스틱 용기는 부적당하다.

---

4) 쌀의 조리

(1) 흰밥

쌀 씻어 불리기 쌀은 물을 부어 가볍게 비벼 씻어 헹군다. 지나치게 으깨어 씻으면 비타민 B_1의 손실이 많다. 쌀은 물과 열의 침투력을 빠르게 하기 위하여 불린다. 쌀은 씻는 동안 10% 정도의 수분을 흡수하고 일반적으로 상온(20℃)에서 최소 30분 정

표 6-4 쌀의 조리 시 물의 양

쌀의 종류 \ 물의 양	쌀 중량에 대한 물의 분량	체적(부피)에 대한 물의 분량
백미	1.5배	1.2배
햅쌀	1.4배	1.1배
찹쌀	1.1~1.2배	0.9~1배

- 불린 쌀로 밥을 지을 경우는 불린 쌀과 물의 양을 동량으로 한다.
- 쌀과 부재료를 섞어 밥을 짓는 경우에는 부재료의 수분 함량에 따라 물의 양을 가감한다.
- 마른 잡곡을 섞어 지을 경우에는 잡곡의 건조도(수분 함량)에 따라 콩, 보리, 수수 등은 충분히 불리고 팥 등은 삶아서 사용한다.
- 수분이 많은 채소류(콩나물, 무, 산나물)을 섞어 밥을 지을 경우에는 채소의 수분함량에 따라 밥 물량을 줄여 짓는다.

도 담가두면 20% 정도의 물을 흡수한다. 1~2시간 두면 좀 더 흡수하지만 30% 이상은 흡수하지 않는다. 온도가 높으면 흡수속도가 빠르고 온도가 낮으면 흡수속도가 느리다. 보통 찬물에서 멥쌀은 30분, 찹쌀은 50분 정도 지나면 포화 상태가 된다. 쌀을 불리면 물과 열이 골고루 전달되어 전분호화가 신속하고 완전하게 일어나게 하므로 맛있는 밥이 된다.

밥 짓기 밥을 지을 때는 우선 끓여서 전분을 호화시키고 불을 줄이면서 수분이 잦아들도록 계속 가열한 후 불을 끄고 잠시 뜸을 들인다. 즉, 끓이기와 찌기, 뜸 들이기의 3가지가 조화롭게 이루어져야 잘 지은 밥이 된다.

- **온도 상승기** 센 불로 가열하여 비등점에 도달하도록 한다.
- **비등 지속기** 중불로 5분 정도 끓이면 쌀이 물을 계속 흡수·팽창하여 전분의 호화가 활발해지고 점성이 증가한다.
- **증자기** 약불로 15분 정도 가열한다. 수증기로 찌는 시기로 쌀 입자 표면에 있던 수분이 증기가 되어 쌀 입자가 쪄진다. 쌀 입자의 전분이 완전히 호화, 팽윤하도록 한다.
- **뜸 들이기** 불을 끄고 뚜껑을 열지 않고 그대로 뜸을 들인다. 쌀알 중심부의 전분이 완전히 호화되어야 밥맛이 좋아진다.

밥 뒤적이기 다 지은 밥을 그대로 방치하면 솥의 벽면이 식어 물방울이 생기거나 밥의 중량으로 밥알이 눌리게 된다. 따라서 주걱으로 밥알이 으깨지지 않도록 주의하여 위아래로 가볍게 뒤적인다.

보온　일반적으로 전기밥솥은 70℃ 전후에 밥의 온도를 유지하지만, 보존시간이 길어지면 갈변현상이 일어나고 밥맛은 떨어진다.

밥맛

밥의 맛에 관여하는 것은 쌀의 종류, 전분 내 아밀로스 함량, 유리아미노산, 수분 함량, 가열조건, 조리기 등의 영향을 받는다.

- **쌀의 종류**　자포니카형
- **전분 내 아밀로스 함량**　아밀로스 함량이 적을수록 찰지고, 윤기가 돌며 밥맛이 좋다.
- **수확시기**　햅쌀밥은 유리아미노산이 구수한 맛을 내어 좋은 향미가 있다. 수확한 후 시일이 오래 지난 쌀은 지방이 산패되고 맛을 내는 물질들이 감소하여 밥맛이 나빠진다. 지나치게 건조된 쌀은 갑자기 수분을 흡수하므로 불균등한 팽창을 하고 조직이 파괴되며, 공간이 생겨 질감이 나빠진다.
- **물의 산도와 소금물**　pH가 7~8일 때 밥맛과 외관이 좋으며, 산성이 높을수록 밥맛이 나빠진다. 0.5% 정도의 소금 첨가 시 맛이 좋아진다.
- **밥 짓는 솥**　열전도가 작고 열용량이 큰 무쇠나 돌로 만든 것이 좋다.

---

(2) 흰죽

쌀에 물을 많이 넣고 푹 무르게 끓인 걸쭉한 유동식이다. 낟알의 형태에 따라 옹근죽(낟알을 통째로 쑨 죽), 원미죽(낟알을 반쯤 굵게 갈아 쑨 죽), 무리죽(낟알을 곱게 갈아 쑨 죽)으로 나눌 수 있다. 흰죽을 만드는 과정을 정리하면 다음과 같다.

쌀 씻어 불리기　쌀은 물과 열의 침투력을 빠르게 하기 위하여 불린다.

죽을 쑤는 솥과 물의 양　솥은 바닥이 두껍고 깊은 냄비가 좋다. 물의 양은 쌀의 경우 6배 정도가 적당하다.

죽 쑤기　처음부터 필요한 양의 물을 넣고 끓인다. 끓이는 도중에 물이 부족하여 더 넣게 되면 죽 전체가 잘 어우러지지 않고 맛이 없다. 죽을 쑤는 동안에 너무 자주 젓지 않도록 하며, 쌀이 잘 익어 퍼지면 더 이상 가열하지 않는다. 너무 오래 가열하면 죽이 풀어지기 쉬우므로 낟알로 쑬 경우에는 20분 남짓 가열하면 걸쭉하게 잘 어우러진다.

녹두, 팥 등을 섞어 쑬 경우에는 앙금을 가라앉혀 두었다가 윗물에 쌀을 넣고 먼저 끓인 후 익어 퍼졌을 때 가라앉혔던 앙금을 넣고 잠시 끓이면 눋지 않는다. 앙금을 먼저 넣고 끓이면 눋기 쉽다.

죽의 간 죽에 간을 할 때는 곡물이 완전히 호화되어 부드럽게 퍼진 후에 하거나 먹을 때 한다. 간을 하여 오래 두면 삭기 쉽다. 기호에 따라 간장, 소금, 설탕, 꿀 등으로 간을 맞추도록 한다.

기타 제품

• **팽화미** 팽화미(puffed rice)는 쌀을 고온·고압으로 유지하다가 급히 상온·상압으로 조절하여 팽창시킨 것으로 상당량이 호정화되어 소화가 잘 된다. 주로 쌀, 보리, 옥수수 등이 이용된다.

• **알파화미** 알파(α)화미는 쌀 전분에 물을 넣고 가열하여 알파화시킨 후 고온에서 수분을 15% 이하로 급속 건조하여 α전분 상태를 유지하도록 만든 것이다. 뜨거운 물을 부으면 팽윤한다. 보존성이 좋고 간편하여 비상용, 휴대식으로 이용하며, 즉석미 또는 건조밥이라고도 한다.

• **아침식사용 곡류** 아침식사용 곡류는 곡물의 종류와 가공방법에 따라 날것, 부분 조리한 것, 완전 조리한 것이 있고 시럽, 당밀, 꿀 등을 입힌 것도 있다. 날것은 물이나 우유에 끓여 먹고, 이미 호화된 것은 조리할 필요 없이 물이나 우유를 부어 먹을 수 있다.

---

5) 쌀가루와 조리

쌀가루는 쌀을 분쇄하여 얻으며, 쌀을 분쇄하는 방법으로는 건식제분법과 습식제분법이 있다. 떡을 만들 때는 습식제분으로 얻은 가루를 사용한다. 대부분의 상업용 쌀가루는 건식제분을 이용한다.

(1) 떡

떡은 곡물을 가루를 내어 가루형태로 찌거나 곡물가루를 반죽하여 빚어서 익힌 전분성 식품이다. 찌거나 삶거나 기름에 지져 익히기도 한다.

쌀가루 상태로 쪄서 만들 경우 쌀가루 상태로 쪄서 만드는 떡으로는 백편, 설기떡 등이 있다. 만드는 방법은 다음과 같다.

- **씻어 불리기** 쌀은 물과 열의 침투력을 빠르게 하기 위하여 불린다. 불리는 시간은 온도에 따라 차이가 있으나 수시간 이상에서 10시간 남짓 불린다. 이때 수분 흡수율은 최대 30% 정도이다. 현미나 잡곡은 쌀보다 더 긴 시간이 소요된다.

- **롤러에서 간하여 빻기** 불린 쌀은 소쿠리에 담아 물 빼기를 한 후 1% 정도 소금을 넣고 롤러에서 한번 내린다. 1번 내린 쌀 입자 크기로 호화도는 충분하다. 찹쌀은 점성이 강하여 입자 사이로 수증기가 통과하기 어려워 굵게 빻고, 멥쌀로 고운 떡을 할 경우만 2번 내린다.

- **물 주어 체에 내리기** 찹쌀은 수분 흡수율이 멥쌀보다 약 10% 더 흡수하므로 물을 더 주지 않아도 쉽게 익는다. 멥쌀은 가루를 낼 때 10% 정도 물을 더 보충해주어야 한다. 빻은 쌀가루는 물(설탕물, 꿀물)을 뿌려주어 비벼 체에 내린다. 가루를 손으로 쥐어 보아 덩이로 뭉쳐져 있는 상태면 호화되기 알맞다.

- **시루에 앉히기** 시루 밑을 깔고 쌀가루를 부어 앉히는데 공기를 함유할 수 있도록 가볍게 부어내린다. 시루 구멍을 막는 것을 시루 밑을 깐다고 한다. 시루 밑은 증기가 통과할 수 있는 식물성 재료로 만든 발 종류나 한지 또는 무를 편 썰어도 가능하다. 쌀가루를 앉힌 시루는 흔들지 않는다. 가루가 눌러지면 증기 통과가 어렵다.

- **찌기** 스팀기에서 찌거나 끓는 물 위에 얹어 놓고 찔 경우는 시루를 얹고 김이 오르는 것을 확인한 후에 뚜껑을 한다. 쌀가루 사이사이에 고물을 깔아주는 것은 증기의 이동을 빠르게 해준다. 찹쌀가루로 떡을 앉힐 경우는 점성과 젤의 세기가 강하여 수분 통과가 쉽지 않으므로 멥쌀가루를 섞어 사용하거나 켜 사이에 고물이나 메떡을 한 켜씩 앉혀 찌면 수분의 이동을 좋게 한다.

- **찌는 시간** 젓가락으로 찔러보아 가루가 묻어나오지 않으면 익은 상태이다. 잠시 뜸을 들여 쏟아 뜨거운 김을 빨리 내보낸다. 너무 오래 가열하면 수증기는 물이 되어 떡 주변을 질척하게 하므로 떡의 식감이 나빠진다. 보통 증기에서 20분 정도면 쌀가루 설기떡이 익을 수 있으나 크기와 양, 가열조건에 따라 주의가 필요하다.

쌀가루를 반죽하여 빚어 만들 경우 쌀가루를 반죽하여 빚어 만드는 떡으로는 송편, 화전 등이 있다. 만드는 방법은 다음과 같다.

- **쌀가루 반죽하기** 뜨거운 물로 치대어 반죽한다. 쌀가루는 점성이 있는 덩어리 반

죽이 어렵다. 따라서 뜨거운 물로 전분을 일부 호화시켜 점성을 이용하여 반죽덩이를 만든다.

- **성형하기** 갈라지지 않게 꼭꼭 쥐어가며 빚고, 빚은 다음 건조되지 않게 한다.
- **찌기** 빚은 떡끼리 서로 붙지 않게 솔잎 등을 이용하여 찐다. 찐 다음 빨리 식힌다. 찬물을 뿌리거나 찬물에 담갔다가 건지고 참기름을 바르면 건조가 지연된다. 화전, 부꾸미 등은 기름에 지져 익힌다.

(2) 쌀국수

대부분의 쌀국수는 전분을 가열하여 형성된 젤구조를 이용하거나 압출성형과정을 거치면서 일어나는 전분의 아밀로스에 의한 젤화를 이용한다. 아밀로스 함량이 높은 고아밀로스 쌀가루를 사용하면 젤화 능력이 좋아지므로 인디카형의 동남아시아 쌀이 쌀국수 재료로 이용된다.

(3) 튀김과 부침가루용 쌀가루

쌀가루는 기름 흡수가 적어 밀가루로 튀김했을 때 보다 지방을 덜 섭취하게 되며 글루텐이 없어 점도가 낮으나 글루텐 알러지가 있는 사람들은 안심하고 섭취할 수 있다.

2 밀과 밀가루

밀알은 껍질이 질겨 낱알로 이용하기보다는 제분하여 밀가루로 만들어 국수, 빵, 과자, 만두피, 수제비, 튀김옷 등에 다양하게 이용되고 있다. 밀은 배유의 경도에 따라 경질밀, 연질밀, 듀럼밀 등으로 분류된다. 경질밀은 강력분 원료로 제빵용으로 사용하고, 연질밀은 박력분 원료로 과자, 파이, 케이크, 국수용으로, 듀럼밀은 초경질밀로 단백질 함량이 높아 마카로니, 스파게티용으로 사용된다.

1) 구조와 성분

밀은 일반 곡류의 낱알처럼 겉껍질에 싸여 있다. 그 안에는 종피, 배아 및 배유로 구

표 6-5 밀과 밀가루의 일반 성분(가식부 100g당)

종류	성분	열량 (kcal)	수분 (%)	단백질 (g)	지질 (g)	회분 (mg)	탄수화물		무기질					비타민			
							당질 (g)	섬유 (g)	칼슘 (mg)	인 (mg)	철 (mg)	칼륨 (mg)	나트륨 (mg)	A (RE)	B₁ (mg)	B₂ (mg)	나이아신 (mg)
밀		333	10.6	10.6	1.0	2.0	75.8	8.2	52	254	4.7	538	17	0	0.43	0.12	2.4
밀가루	강력분	364	13.0	12.7	0.5	0.4	73.4	2.7	25	97	2.0	151	32	0	0.37	0.02	1.5
	중력분	370	12.8	8.7	0.8	0.2	77.5	2.5	17	81	1.4	145	2	0	0.13	0.04	0.7
	박력분	369	12.4	9.4	1.0	0.2	77.0	2.8	19	78	1.9	129	3	−	0.11	0.02	2.2

자료: 농촌진흥청(2012). 2011 표준 식품성분표(제8개정판).

성되어 있고, 배유는 쉽게 부서져 가루가 되므로 밀가루로 만든다. 밀의 약 75%가 전분이며 밀의 단백질은 글리아딘(gliadin)과 글루테닌(glutenin)이다. 밀의 지방은 2~3%이나, 밀가루에는 1% 정도이다. 밀은 2% 내외의 무기질을, 껍질과 배아에 인과 칼륨을 함유하고 있으며 배유에 비타민 B_1(thiamine)이 있다.

우리나라에서는 경질밀과 연질밀을 혼합하여 글루텐 함량에 따라 강력분, 중력분, 박력분으로 구분하여 사용하고 있다.

2) 밀가루의 종류

(1) 제분율에 따른 종류

밀가루의 종류를 제분율에 따라 나누면 다음과 같다. 여기서 제분율이란 밀의 중량에 대한 밀가루의 중량비를 말한다.

- 전밀가루   whole wheat flour, 껍질과 배아가 포함된 밀가루
- 98% 밀가루   껍질만 제거한 것
- 85% 밀가루   약간의 껍질이 포함된 것
- 72% 밀가루   straight flour, 껍질, 배아가 제거된 다목적용 흰색 밀가루
- 박력분   short patent flour, 배유의 중심 부분에서 얻은 것

표 6-6 밀가루의 종류

종류	글루텐(%)	성질	용도
강력분	13 이상	• 경질의 밀로 만들며, 탄력성과 점성이 강하다. • 수분흡착력이 강하다.	식빵, 마카로니, 스파게티
중력분	10~13	• 글루텐 함량이 강력분과 박력분의 중간 정도이다. • 다목적용으로 사용된다.	면류, 만두피, 칼국수, 크래커
박력분	10 이하	• 연질의 밀로 만들며, 탄력성과 점성이 약하다. • 수분흡착력이 약하다.	과자, 비스킷, 카스텔라, 튀김옷

(2) 단백질 함량에 따른 종류

밀가루는 글루텐 함량에 따라 강력분, 중력분, 박력분으로 나눌 수 있다. 밀가루의 종류별 성질과 용도를 정리하면 표 6-6과 같다.

3) 밀가루의 글루텐

밀가루에 물을 가하여 반죽하면 밀가루에 존재하는 글리아딘(glidian)과 글루테닌(glutenin)이 물과 결합하여 3차원의 망목구조(網目構造)인 글루텐(gluten)을 형성한다. 반죽에서 글리아딘은 점성을, 글루테닌은 탄성을 강하게 한다. 반죽을 오래 하면 질기고 점성이 강한 글루텐이 생성된다. 이 반죽을 흐르는 물에서 전분을 완전히 씻어 내면 글루텐이 남는다. 강력분은 탄력이 있는 많은 양의 글루텐이 남고(wet gluten 35% 이상) 박력분은 부드러운 소량의 글루텐이 남는다(wet gluten 19~25% 이하). 글루텐은 총 밀가루 단백질의 80~85%로 다른 곡류가루에는 없다.

반죽의 사용용도에 따라 수분이 포함되어야 하는데, 첨가하는 수분의 양에 따라

> **밀가루 음식이 부푸는 원리**
>
> 밀가루에 물을 넣고 반죽하면 글루텐은 여러 개의 단백질 분자가 결합되어 망의 형태를 이룬다. 이 글루텐 표면에 수분이 흡착되어 있고 글루텐 사이에 전분과 지방입자가 끼어 벽을 형성하고 있으며, 벽 사이에 많은 공기와 가스가 들어 있다. 밀가루 반죽을 굽거나 찌기 위해 가열하면 반죽 속에 있는 공기와 가스가 열에 의해 팽창함에 따라 탄력성과 점성이 있는 글루텐은 이들 기체를 보유한 채 늘어난다.

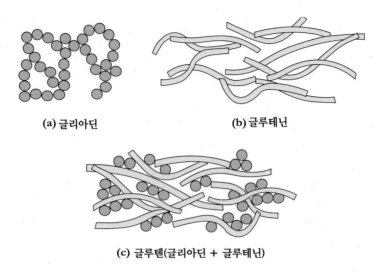

(a) 글리아딘   (b) 글루테닌

(c) 글루텐(글리아딘 + 글루테닌)

그림 6-2 글루텐의 형성

단단한 정도, 점탄성, 늘어나는 정도가 다르게 된다. 도우(dough)는 밀가루에 50~60% 물을 가한 단단한 상태의 반죽으로 빵, 국수, 비스킷, 만두피, 도넛을 만들 때처럼 밀가루에 물을 섞어 반죽한 상태를 말한다. 배터(batter)는 도우보다 수분 함량이 많아서 반죽에 가수량을 100~400%로 하여 용기를 비스듬히 하면 흘러내릴 정도의 유동성을 가진 반죽으로 스펀지케이크, 튀김옷, 머핀, 크레페 등을 만들 때의 반죽 상태이다.

4) 밀가루 제품에 영향을 주는 물질

(1) 지방

지방은 물을 넣어 반죽하는 동안 형성된 글루텐 섬유 표면을 덮어 글루텐 섬유가 길게 성장되는 것을 억제하거나, 글루텐끼리 서로 결합하여 질기고 탄력이 강한 긴 망상구조의 형성을 방해하여 짧은 섬유가 되도록 하는 연화능력이 있다. 이것을 쇼트닝파워(shortening power)라고 하는데 쇼트닝파워는 지방의 특성, 첨가량, 반죽온도와 방법에 따라 차이가 있다.

액체지방은 고체지방보다 유연성이 크고 불포화결합부분이 물이나 단백질 표면에 접촉하는 성질이 커지므로 쇼트닝파워가 높다. 지방 첨가량이 많을수록 쇼트닝파워가 높으나, 지방을 과량 사용하면 제품의 형체가 부서진다. 냉장에서 꺼낸 고체지방은 유연성이 적으므로 실온에 두어 액체지방 형태가 되면 밀가루를 먼저 섞은 다음, 물을 첨가하여 반죽하면 쇼트닝파워가 높아진다.

유지를 교반하면 공기를 함유하는 크리밍(creaming)과정에서 제품의 부피가 증가되는 팽창작용(leavening)을 한다. 가열하면 표면이 갈색으로 변화되는 갈변작용(browning effect)이 있어 풍미를 좋게 하고 노화를 방지한다. 크림성은 쇼트닝, 마가린, 버터 순으로 높다.

(2) 액체

물, 우유, 과일즙, 달걀에 포함된 수분을 사용한다. 액체는 설탕과 소금을 용해하고 지방을 고루 분산시키며, 화학적 팽창제와 반응하여 이산화탄소(CO_2) 가스 형성을 촉진하고 글루텐의 형성에 꼭 필요하다. 가열 시 수증기(steam)를 형성하여 전분을 호화시킨다.

(3) 달걀

달걀은 기포를 포집하므로 열팽창하면 제품의 부피를 크게 하고, 난황의 레시틴(lecithin)은 유화성이 있으므로 조직이나 질감을 좋게 한다. 달걀 단백질의 열 응고성은 구조를 형성하는 글루텐을 도와주며 수분을 공급할 뿐만 아니라 색과 풍미를 좋게 한다.

(4) 설탕

감미제로 단맛을 부여한다. 주로 설탕을 사용하나 포도당, 전화당(물엿), 맥아당 등도 쓰인다. 글루텐을 연화하여 팽창가스에 의해 쉽게 팽창되게 하고, 고온처리에 의해 질겨진 달걀 단백질을 연하게 한다. 갈색 반응을 일으켜 색과 향을 부여하고, 수분보유력이 있어 노화를 지연하고 신선도를 오래 지속시킨다. 또한 효모(yeast) 첨가물에서는 효모의 영양원으로 성장을 촉진한다.

(5) 소금

적당량의 소금은 맛을 향상시키고 효모 사용 시 발효작용을 조절하며 글루텐의 강도를 높여준다. 과량의 소금은 글루텐을 지나치게 강화시켜 빵을 질기게 한다.

(6) 이스트푸드

이스트푸드(yeast food)는 무기염 혼합물로 효모의 영양원을 함유하고 있어 발효 촉진과 반죽 개량에 이용한다.

5) 팽창제

팽창제(leavening agents)란 식품을 다공질(多孔質)로 하여 가볍게 부풀게 하는 물질로서 종류로는 공기, 증기, 탄산가스 등이 있다.

(1) 공기

반죽하는 과정에서 혼합된 공기가 가열하면 팽창하여 용적을 증가시킨다. 공기가 함유되는 과정은 다음과 같다.

- 체에 내림 가루를 체에 내리는 과정
- 크리밍(creaming) 설탕과 지방을 섞는 과정(공기가 함유되면 색이 엷어지고 부드러워짐)
- 폴딩(folding) 크리밍한 혼합물에 우유와 밀가루를 넣고 섞는 과정
- 비팅(beating) 난백을 거품 내기 위해 젓는 과정

(2) 증기

반죽에 함유되어 있는 수분이 가열에 의해 증기로 변할 때 팽창하는 원리를 이용하여 음식을 부풀게 한다. 증기를 팽창제로 이용할 때는 빠른 시간 내에 고온을 유지해야 한다. 증편, 팝오버(pop-over), 크림 퍼프(cream puff) 등이 있다.

(3) 탄산가스

생물학적 팽창제 효모(yeast)의 작용으로 반죽 중의 당을 분해하여 이산화탄소와 알코올을 생성한다. 반죽에 효모를 작용시켜 팽창하기까지의 과정은 다음과 같다. 빵을 만드는 데 주로 사용하는 효모는 사카로미세스 세레비시에(*Saccharomyces cerevisiae*)이며, 발효하여 CO_2 가스와 에틸알코올(ethyl alcohol)을 생성한다. 이때의 CO_2가 팽창제 역할을 한다. 생물학적 팽창제로 활용되는 효모의 종류는 다음과 같다.

- 압착효모(compressed yeast) 효모 생세포를 전분과 혼합하여 압착한 것이다. 수분 함량 65~75%로 쉽게 변패하므로 반드시 냉장보관해야 한다.

- 건조효모(dry yeast) 효모 생세포를 그대로 고운 입자로 말린 것이다. 수분 함량 8% 정도로 공기와 접촉이 없으면 수개월간 보관이 가능하다. 일단 뚜껑을 연 것은 냉장고에 보관하고 단시일 내에 사용해야 된다.

- 인스턴트 퀵 라이징 액티브(instant quick rising active)건조효모 효모 생세포를 신속히 탈수시켜 활성의 손실이 없도록 건조한 다공성의 막대기형 입자이다. 매우 곱고 표면적이 넓고 가벼워서 재수화가 잘되기 때문에 녹일 필요 없이 마른 성분 그대로 사용할 수 있다. 재수화가 쉬우므로 일단 뚜껑을 연 것은 밀봉하여 냉장보관해야 한다.

- 스타터(starter) 발효를 시작시킬 수 있는 것으로 효모를 발효시킨 반죽의 일부를 남겨두었다가 사용한다.

- 액체효모(liquid yeast) 감자, 물, 설탕, 효모를 혼합하여 만든 것으로 쉽게 상하므로 냉장보관하여야 한다.

효모작용에 영향을 주는 요인

- **반죽의 온도** 최적온도는 27~29℃이다.
- **반죽의 농도** 반죽이 너무 되면 지체된다.
- **효모의 분량** 많을수록 촉진되나 밀가루의 1~3%가 적당하다.
- **영양물** 적당량의 설탕, 요소, 암모니아 등은 발효를 촉진시킨다.

효모는 다음과 같은 당을 이용한다.

- 밀가루에 원래 함유된 1% 정도의 당
- 밀가루 반죽에 함께 넣은 설탕
- 밀가루에 함유되어 있는 전분
- 그러나 반죽에 사용한 우유에 들어 있는 락토스는 이용하지 않는다.

화학적 팽창제 밀가루 반죽에 탄산가스를 생성할 수 있는 물질을 첨가하여 화학적으로 CO_2를 발생하게 하는 것이다. 종류로는 중탄산소다, 중탄산암모늄, 베이킹파우더가 있다.

- 중탄산소다(중조, 탄산수소나트륨) 반죽에 탄산소다가 남기 때문에 씁쓸한 맛이 나고 밀

가루의 플라본(flavone) 색소가 탄산소다와 반응하여 갈색 반점이 나타난다. 플라본은 산 용액에서는 백색이나 알칼리에 의해 황색으로 변한다. 식소다를 넣은 찐빵은 황록색을 띤다. 이는 밀가루의 플라보노이드(flavonoid)계 색소가 알칼리에 의해 황록색으로 변했기 때문이다.

■ 중탄산암모늄 분해되지 않고 남아 있거나 암모니아 가스가 완전히 없어지지 않을 경우 맛이 나쁘게 된다. 반죽에 소다나 암모니아를 중화시킬 수 있는 유기산을 함유한 물질, 즉 버터우유(butter milk), 신우유(sour milk), 당밀, 꿀, 황설탕, 과일즙 등을 첨가하면 무색·무미·무취의 중성염을 만들어 제품의 질이 좋게 된다.

■ 베이킹파우더 중탄산소다나 중탄산암모늄에 산 또는 산을 형성하는 물질과 전분 등을 첨가하여 만든 것이다. 따라서 베이킹파우더를 사용한 제품은 색이 희고 쓴 맛도 없다. 전분은 산과 알칼리가 습기에 의해 쉽게 반응하는 것을 방지하고 12% 정도의 CO_2가스를 생성하기 위해 조절하는 역할을 한다. 베이킹파우더의 종류는 포함된 산의 종류에 따라 아래와 같이 분류된다.

– 단일반응(single-acting) 베이킹파우더 물과 함께 혼합되자마자 CO_2가 발생되어 반죽을 오래하면 가스 손실이 많다. 주석산염 베이킹파우더, 인산염 베이킹파우더, 황산염 베이킹파우더가 있다.

– 이중반응(double-acting) 베이킹파우더 마른 재료에 수분이 가해지면 실온에서 소

표 6-7 베이킹파우더의 종류와 반응 형태

반응 형태	종류	반응식
단일반응	tartarate powder	$H_2C_4H_4O_6 + 2NaHSO_3 \longrightarrow Na_2C_4H_4O_6 + 2CO_2 + 2H_2O$ (tartaric acid)　　　　　　　　　(sodium tartarate)
	phosphate powder	$3CaH_4(PO_4)_2 + 8NaHCO_3 \longrightarrow Ca_3(PO_4)_2 + 4Na_2HPO_4 + 8CO_2 + 8H_2O$ (calcium acid　(sodium 　phosphate)　bicarbonate) 　　　　불용성
이중반응	SAS-phosphate powder	$2Na_2SO_4Al_2(SO_4)_3 + 6H_2O \xrightarrow{가열} Na_2SO_4 + 2Al(OH)_3 + H_2SO_4$ SAS(sodium aluminum sulfate) (sodium　　(aluminum　(sulfuric 　　　　　　　　　　　　　　sulfate)　hydroxide)　acid)
		$3H_2SO_4 + 6NAHCO_3 \xrightarrow{가열} 6CO_2 + 3Na_2SO_4 + 6H_2O$ (sulfuric　baking soda　　(sodium acid)　(sodium bicarbonate)　sulfate)

량의 CO_2가 발생하고, 굽는 과정에서 열이 가해지면 다시 본격적으로 반응한다. 오래 보존할 수 있으며 탄산가스의 발생량도 많아 경제적이다. 종류로는 황산염-인산염 베이킹파우더가 있다.

6) 밀가루와 조리

밀가루 조리 시 성분 변화를 보면 밀을 제분할 때 비타민 B_1은 30~50%가 제거되고, 국수를 삶을 때 물에 용출된다. 빵을 만드는 과정에서 15~20% 소실되고, 구우면 다시 10%가 더 감소된다. 중조나 탄산암모니아 등의 알칼리성 팽창제를 사용하면 거의 남지 않는다.

(1) 면류

면류는 건조한 것(국수, 파스타, 라면)과 건조하지 않은 생면으로 나눌 수 있다. 국수는 밀가루(또는 곡물가루)에 소금과 물을 넣고 반죽하여 정형한 것이다. 소금은 밀가루 반죽의 점탄성을 높이고 건조 시 건조속도를 조절하며 미생물의 번식을 억제하는 방부효과가 있다. 곡류가루에 따라 밀국수, 메밀국수, 보리국수, 쌀국수, 도토리국수, 칡국수 등이 있다. 파스타는 스파게티(spaghetti), 마카로니(macaroni), 누들(noodles), 라자니아 등의 제품을 뜻하며 달걀노른자를 넣고 반죽하여 성형한 것이다. 라면은 면을 만들어 증기로 알파(α)화시킨 후 기름에 튀기거나 그대로 건조시킨 것이다. 국수의 종류별 삶는 방법을 살펴보면 다음과 같다.

마른 국수 마른 국수는 센 불로 충분한 양의 끓는 물에 펼쳐 넣어 서로 달라붙지 않게 휘저으며 삶는다. 삶는 동안 소량의 찬물을 2~3회 더 붓고 잠시 동안 뜸을 들여서 국수 중심부의 호화를 완전하게 한다. 끓는 물속에서는 국수의 표면은 급속하게 호화가 일어나 국수끼리의 접착은 일어나지 않는다. 물의 분량이 적거나 물의 온도가 낮으면 호화된 국수 표면의 전분이 물에 녹아 걸쭉해지므로 서로 붙거나 냄비 바닥에 붙게 된다. 국수를 삶은 후 찬물에 헹구어 건져 물기를 빼는 것은 여열에 의해 호화가 진행되는 것을 막고 표면의 점성을 제거하여 쫄깃한 식감을 주기 위해서이다. 씻을 때 장시간 물에 있거나, 건진 후에도 오래두면 수분이 흡수되어 퍼져 국수발의 씹힘성과 식감이 나빠진다.

파스타 파스타(pasta)는 다른 국수에 비해 수분 함량이 적고 단백질 함량이 많아 단단함으로 국수 중심부로의 수분 침투가 느리다. 마른국수 삶기와 같이 소량의 찬물을 몇 번 더해가며 20분 이상 삶는다.

라면 라면은 끓는 물에 스프를 첨가하여 2~3분 끓이거나 간편한 컵라면은 끓는 물을 용기에 부어 잠시 둔다.

(2) 빵, 케이크, 과자류

빵은 밀가루나 호밀가루에 물, 소금 등을 첨가하고 만든 반죽을 팽창시킨 다음, 굽거나 튀겨서 익혀 다공질 해면상의 조직으로 만든 것이다. 케이크, 과자류는 빵보다는 글루텐의 함량이 적은 밀가루를 사용하여 난백의 기포성이나 지방을 많이 사용하는 팽창방법 등으로 굽는다.

팽창방법에 따른 종류

- **탄산가스를 이용한 제품** 발효빵(효모빵, yeast bread)과 무발효빵(속성빵, quick bread)이 있다. 발효빵은 효모의 발효로 생긴 CO_2를 이용하여 만든 빵으로 식빵, 롤빵, 과자빵(단팥빵, 크림빵, 브리오슈 등) 등이 있다. 무발효빵은 베이킹파우더, 소다 등을 사용하여 만든 빵으로 팬케이크, 파운드케이크, 비스킷, 머핀, 와플 등이 있다.
- **난백기포를 이용한 제품** 난백을 휘젓고 거품을 내어 공기를 형성시켜 만든 스펀지케이크, 에인절푸드케이크, 시폰케이크, 머랭, 거품형 반죽 쿠키 등이 있다.
- **기름반죽을 이용한 제품** 밀가루에 유지를 넣고 싸서 접은 후 밀대로 민 다음 또 접어서 밀기를 반복하여 굽는 동안 유지층이 들떠 부풀도록 한 방법으로 퍼프(puff) 패스트리 등이 있다.
- **증기압을 이용한 제품** 반죽 속의 수증기압에 의해 팽창시켜 만든 쿠키, 비스킷, 파이크러스트 등이 있다.

기타 제품

수분이 30% 이상인 과자를 생과자라고 하며, 수분이 5% 이하인 과자를 건과자라고 한다. 과자는 다음과 같이 지역에 따라 나눌 수 있다.

- **한과** 한국의 전통과자이며 그중에서도 약과와 매작과가 밀가루로 만든 것이다.
- **화과자** 일본의 전통 과자이다.
- **중화과자** 중국의 전통 과자이다.
- **양과자** 서구 여러 나라의 과자이다.

3 잡곡

1) 보리

보리(대맥, barley)는 성숙해도 껍질이 자실에 밀착하여 분리되지 않는 겉보리(피맥)와 성숙 후 껍질이 자실에서 잘 분리되는 쌀보리(나맥)로 나눈다. 보리쌀을 고열증기로 쪈 후 기계로 눌러 만든 것을 압맥이라 하고, 보리쌀을 2등분 한 것이 할맥이다.

보리의 주성분은 전분이며 탄수화물이 71%, 단백질이 11% 정도이다. 단백질의 주성분은 프롤라민(prolamin)인 호르데인(hordein, 3.5~4.0%)과 글루텔린(glutelin, 3.0~ 3.5%) 등이 함유되어 있으며, 아미노산의 조성은 트립토판(tryptophane), 트레오닌(threonine), 라이신(lysine)이 부족하다. 칼슘과 비타민 B군의 함량이 높다. 섬유소는 정백해도 홈에 껍질의 일부가 남아 보리의 소화 · 흡수율은 쌀보다 좋지 않다. 쌀과 함께 혼식하면 비타민 B_1을 보충할 수 있으며, 특히 식이섬유의 일종인 β-글루칸이 다량 함유되어 있어 콜레스테롤 저하 및 변비 예방에 도움이 된다. 보리에는 쌀이나 밀에 없는 미량 성분으로 타닌(tannin)과 플라보노이드(flavonoid) 등도 함유하고 있다. 보리는 식량외에 보리차, 엿기름, 식혜, 엿, 맥주, 장류의 원료로 쓰인다.

2) 호밀

호밀(호맥, rye)은 백미에 비하여 단백질, 지방, 무기질, 식이섬유 양은 많고 당질은 적다. 곡류에 부족한 라이신이 함유되어 있다. 수분 흡수력이 높아 반죽이 된다. 또 다당류에 의해 제빵이 가능하나 글루텐에 비해 점탄성과 기체 보유력이 약하다. 밀가루 빵에 비해 거칠고 질기면서 팽창이 잘되지 않은 단단한 유럽식 흑빵이 된다.

3) 귀리

귀리(oat)는 다른 곡류에 비하여 단백질(11.4%), 지방질(3.7%)이 풍부하고 식이섬유와 비타민 B군도 많다. 수분 보유력과 점탄성이 약해 빵을 만들 수는 없다. 오트밀(oatmeal)을 아침식사용으로 이용하고 있으며 최근 귀리의 혈중 콜레스테롤 저하효과가 알려지면서 제과제빵에서도 사용이 늘고 있다.

4) 옥수수

옥수수(corn)의 탄수화물은 주로 전분(85%)이며 아밀로스와 아밀로펙틴이 20 : 80의 비율로 되어 있으나 찰옥수수의 전분은 거의 아밀로펙틴으로 되어 있다. 단백질은 프롤라민(prolamin)이 많으며 이 프롤라민을 제인(zein)이라고 한다. 제인은 라이신과 트립토판이 부족하여 아미노산 조성은 좋지 않다. 나이아신이 부족하여 장기간 섭취 시 펠라그라병이 생길 수 있다. 배아에 다량의 지방을 함유하고 있어 식용유로 이용하며 옥수수기름, 전분, 물엿, 제과제빵, 타코(나초), 콘플레이크, 팝콘 등을 만들 때도 이용한다.

5) 메밀

메밀(buckwheat)가루에는 단백질이 11.5% 함유되어 있으며 곡물에 부족한 트립토판, 라이신이 많다. 나이아신, 티아민, 리보플라빈 등 비타민 B군이 상당량 함유되어 있다. 혈압 강하작용이 있는 루틴(rutin)이 들어 있다. 메밀은 국수, 떡, 묵을 만드는 데 쓰인다.

전분과 감자류 7

1 전분

전분은 식물의 저장물질로서 세포질(cytoplasm)에 존재하는 색소체 속에 입자 형태로 존재한다. 전분은 곡류(쌀, 밀, 옥수수 등), 근경·괴경류(감자, 고구마, 칡, 마, 토란, 타피오카) 등의 주성분이며 중요한 에너지 공급원이다. 다당류의 일종으로 산 또는 효소로 가수분해하면 포도당으로 된다. 비중은 1.55~1.65의 무미·무취의 백색 분말로서 냉수에는 녹지 않고 열수에 녹는다. 일반적으로 곡류에서 얻은 전분입자들은 크기가 2~10μm(1μm =10^{-3}mm) 정도이다. 감자, 고구마 등 근경류(roots and tubers)에서 얻어지는 전분입자들은 5~150μm 정도이다.

1) 전분의 구조

전분의 분자는 수백 개 또는 수천 개 이상의 포도당이 결합되어 있는 다당류로, 전분의 분자에는 직쇄상인 아밀로스(amylose)와 직쇄상의 기본구조에 가지가 있는 분지상의 아밀로펙틴(amylopectin)이라는 두 형태가 있다.

전분은 조밀하게 분자가 결합된 미세한 결정 부분과 비교적 엉성한 비결정 부분이 있는데, X선 회절도로 보면 결정 부분의 분자배열은 규칙성이 있는 배열을 나타내며, 이 부분을 마이셀(micelle)이라고 한다.

표 7-1 곡류 전분입자의 크기, 아밀로스와 아밀로펙틴의 함량

식품명	전분입자의 크기(μ)	아밀로스 함량(%)	아밀로펙틴 함량(%)
메밀	–	28	72
보리	25~50	27	73
수수	–	27	73
옥수수	4~26	26	74
밀	2~38	25	75
감자	15~100	23	77
칡의 일종	7~75	21	79
고구마	15~55	20	80
타피오카	5~36	18	82
찰옥수수	–	0~6	100~94
쌀	2~10	20	80
찹쌀	–	0	100
찰보리	–	3	97

전분의 형태에는 원형, 다각형, 타원형, 조개껍데기형 등이 있고 현미경으로 본 입자의 크기도 곡류의 종류에 따라 다르다. 이와 같은 형태적 특성은 전분의 조리 시 호화 양상, 식었을 때의 조직감, 투명도, 점도 등에 영향을 미친다.

2) 전분의 특성

(1) 전분의 호화

호화(gelatinization)란 전분에 물을 가하고 가열하여 전분이 완전히 팽창되어 점도와 투명도가 증가하는 물리적인 변화이다. 전분입자는 결정질의 부분과 비결정질의 부분이 다 같이 인접하는 분자 사이에는 수많은 수소결합에 의하여 전체적으로서는 빽빽한 구조를 이루고 있다. 생 전분은 마이셀(micelle)구조 때문에 소화효소의 작용을 받기 어렵다. 이런 마이셀 구조를 가진 전분을 β-전분이라고 하며, 찬물에 녹지 않으나 어느 정도 흡수·팽윤한다. 그러나 물을 첨가하고 가열하면 전분분자는 열에너지를 받아 격렬하게 움직이게 되며, 이로써 분자 사이의 수소결합이 끊어지고 물이 전분입자 속에 침입하여 전분분자의 일부와 물이 결합한다. 전분분자와 물이 결합

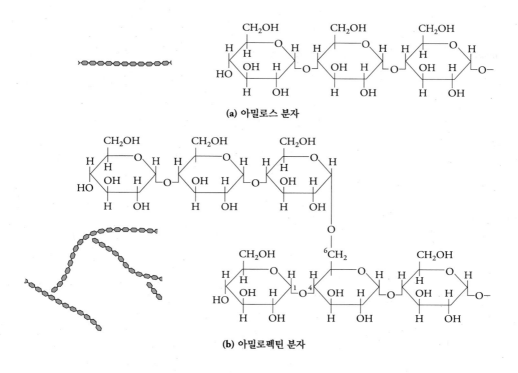

(a) 아밀로스 분자

(b) 아밀로펙틴 분자

그림 7-1 아밀로스와 아밀로펙틴 분자의 구조

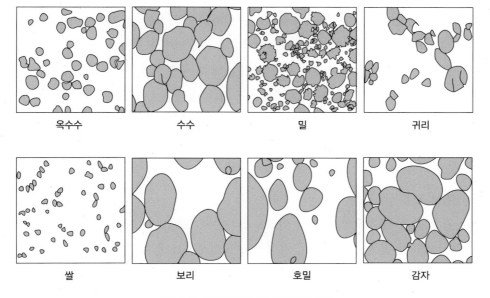

옥수수	수수	밀	귀리
쌀	보리	호밀	감자

그림 7-2 여러 가지 곡류의 전분입자 형태

표 7-2 아밀로스와 아밀로펙틴의 특성 비교

특성	아밀로스	아밀로펙틴
결합양식	α-1, 4 결합	• α-1, 4 결합(94~96%) • α-1, 6 결합(4~6%)
모양	직쇄상	분지상
요오드반응	청색	자주색
분포	• 대부분의 전분에 20~25% 함유 • 찰품종에 거의 없음	• 대부분의 전분에 75~80% 함유 • 찰품종에 97~100% 함유
호화, 노화	호화도 쉽고 노화도 잘됨	호화와 노화 모두 어려움

하여 전분입자가 크게 팽창하는 것을 호화현상이라 한다.

전분입자는 20~30℃에서 팽창하기 시작하며, 60~65℃에서 급속히 팽창하고 70~75℃에서 전분입자 형태가 없어지고 전체가 점성이 높은 반투명의 콜로이드 상태가 된다. 호화된 전분을 α-전분이라 한다.

전분의 호화현상은 주로 아밀로스에 의해 이루어지며 전분입자의 크기가 작고 단단한 구조를 가지고 있는 곡류전분의 호화온도가 높은 편이고, 전분입자의 크기가 큰 감자나 고구마 등 서류에 들어 있는 전분은 호화가 낮은 온도에서 시작된다.

전분은 가열하는 온도가 높아질수록 빠른 시간 내에 호화되며, 전분의 농도가 높으면 저온에서도 높은 점도를 나타낸다. 가열하는 초기에는 잘 저어주어야 하나 너무 지나치게 계속 저어주면 팽윤한 전분입자가 파괴되어 점도가 오히려 저하된다.

수분 함량이 많을수록 호화가 용이하고, 물에 대한 용해성이 매우 큰 성질을 가진 설탕의 농도가 높아질수록 전분의 호화가 잘된다. 설탕은 투명도는 증가시키고 점도는 감소시킨다. 또한 알칼리성에서는 전분의 팽윤과 호화가 촉진되며 대부분의 염들은 팽윤을 촉진시켜 전분의 호화를 촉진한다.

(2) 전분의 노화

호화된 전분을 방치하면 내부의 아밀로스와 아밀로펙틴 분자들의 재배열에 의하여 분산되었던 전분분자가 다시 결정구조를 형성하는데 이를 노화(retrogradation)라고 한다.

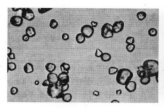 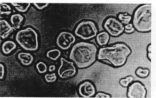 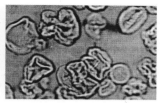

조리하지 않은 옥수수전분　　　팽윤한 옥수수전분　　　전분입자가 파괴되어 점도가
　　　　　　　　　　　　　　　(72℃까지 가열)　　　　저하된 옥수수전분(90℃까지 가열)

그림 7-3 조리에 의한 옥수수전분의 호화과정

노화에 영향을 주는 인자

- **수분 함량**　30~70%일 때 노화가 잘 일어난다. 15% 이하로 낮아지거나 너무 온도가 높을 때는 잘 일어나지 않는다.
- **온도**　0~4℃의 냉장온도일 때 노화가 잘된다. 60℃ 이상이거나 빙점 이하에서는 노화가 잘 일어나지 않는다.
- **호화가 불충분한 경우**　저온에서 호화되었거나, 가열시간이 짧은 경우에는 노화가 빠르다.
- **전분의 종류**　아밀로스 함량이 높은 전분은 노화가 빠르다. 아밀로펙틴의 함량이 많을수록 노화가 잘 일어나지 않는데, 이것은 아밀로펙틴의 가지 구조가 복잡하여 마이셀이 형성되는 것을 방해하기 때문이다.
- **pH**　산을 첨가하면 노화속도가 증가하며, 알칼리성에서는 노화가 잘 일어나지 않는다.
- **염류**　무기염류는 호화는 촉진하고 노화를 억제하는 경향이 있으나, 황산마그네슘($MgSO_4$) 같은 황산염만은 노화를 촉진하고 노화를 억제한다.
- **전분입자의 크기**　전분입자가 클수록 단시간에 호화된다. 전분입자가 작은 쌀, 밀, 옥수수 등의 전분은 노화되기 쉬우나, 전분입자가 큰 감자, 고구마, 타피오카, 찰옥수수의 전분은 잘 노화되지 않는다.

노화의 억제방법

- **수분 함량 조절**　수분 함량을 15% 이하로 하면 노화가 억제되고, 10% 이하에서는 노화가 거의 일어나지 않는다. 비스킷류, 건빵류, 라면류, 쿠키, 밥풀튀김, 볶은

쌀, 강정 등의 전분은 α-전분 형태로 존재하는데, 이들 식품을 장기간 두어도 β-화되지 않는 이유는 수분 함량이 낮기 때문이다.

- **온도 조절** 80℃ 이상 또는 0℃ 이하의 온도에서는 노화가 일어나지 않는다. 그러므로 밥, 빵, 떡류를 저장할 때는 냉동고에 보관하는 것이 좋다.

- **첨가물의 영향** 설탕은 수용액 중에서 수화되기 때문에 탈수제로 작용한다. 따라서 전분식품 속의 설탕의 농도가 높을수록 탈수작용이 커져 전분의 유효수분 함량을 감소시키므로 노화를 억제하게 된다. 또한 모노글리세라이드(monoglycerides), 디글리세라이드(diglycerides) 같은 유화제의 첨가는 전분교질용액의 안정도를 증가시키며, 전분분자들의 침전 내지는 부분적인 결정질 영역의 형성을 방지하기 때문에 노화를 억제하여준다.

(3) 전분의 호정화

전분에 물을 가하지 않고 160~170℃ 이상으로 가열하면 전분분자가 함유하는 수분에 의해 결합이 끊어져 가용성 덱스트린(dextrin)이 생성된다. 이를 호정화(dextrinization)라 하며, 호정화의 결과 생성된 수용성 전분(soluble starch)과 덱스트린류는 자연전분보다 그 분자량이 비교적 작아서 물에 녹기 쉽고 효소작용도 받기 쉬우며 점성이 낮아진다. 전분의 호정화는 빵을 구워 만들 때 빵의 껍질에서, 또 빵을 썰어서 구운 토스트에서 볼 수 있다. 미숫가루, 누룽지, 브라운 루(brown roux), 보리차 등도 호정화를 이용한 것이다.

(4) 전분의 젤화

전분에 찬물을 넣고 잘 섞은 후 가열하여 죽을 쑤면 호화가 일어나고, 그대로 상온에서 식히면 죽 표면에 얇은 막이 형성되면서 걸쭉한 젤이 형성된다. 호화된 모든 전분입자는 뜨거울 때 흐를 수 있으며 점성을 가지나 단단하지 못하다. 이 젤화(gelation)는 아밀로스가 부분적으로 결정을 만들어 이루어지는 것으로 메전분은 쉽게 젤이 형성된다. 아밀로펙틴으로만 구성되어 있는 찰전분은 젤화가 늦게 일어난다.

곡류전분(메밀, 녹두, 동부)은 젤을 잘 형성하나 근경류(고구마, 감자, 타피오카)의 전분은 젤을 형성하지 못한다. 젤의 강도는 전분의 농도가 높을수록, 전분액을 충분히 가열할수록 높아져 단단한 젤이 형성된다. 산을 첨가하는 경우에는 가수분해가 일어나 짧은 사슬의 아밀로스가 많아지므로 젤화가 잘 일어나지 않는다. 설탕은 교질용액의 점도를 감소시켜 젤이 약해진다. 지질 성분을 첨가하면 젤의 세기는 감소된다. 소스, 그레이비를 만들 때 이용된다.

(5) 전분의 가수분해

효소에 의한 가수분해 효소에 의한 전분의 당화는 전분 분해효소인 아밀레이스를 이용하여 전분을 당화시킨 것이다. 식혜 제조 시 밥에 엿기름(아밀레이스)을 넣어 아밀레이스 활성온도 60℃ 정도에 두면 당화가 일어나 식혜가 된다. 식혜를 끓여 물을 증발시키면 조청이 되고 조청을 더 가열하면 갱엿이 된다. 엿기름은 겉보리 싹을 틔운 것을 말려 빻은 것이다. 싹이 겉보리 길이의 1.2~1.5배일 때 효소 함량이 많다.

산에 의한 가수분해 물엿을 만들기 위해서 전분을 당화할 때 가장 적당한 pH는 1.8~2.0이며 염산, 황산, 수산(oxalic acid) 등이 사용되고 있다. 시럽은 덱스트린, 올리고당(oligosaccharide), 말토스(maltose), 글루코스(glucose)의 혼합물이다.

덱스트로스당량(dextrose equivalent, DE)은 전분의 가수분해 정도를 나타내는 것으로 DE 63이란 63% 글루코스에 해당하는 당도의 시럽을 일컫는 것이다.

3) 전분과 조리

생 전분은 물과 함께 가열하면 호화되어 점도가 증가하고 투명해져서 풀이 된다. 이 걸쭉한 교질용액을 냉각시키면 젤화되거나 생 전분과는 다른 형태가 된다. 젤을 만들 때는 첫째 생 전분이 완전히 분산되어야 하고, 둘째 호화가 완성될 때까지 저으면서 일정하게 가열하여 완전히 교질된 상태로 일정한 점도를 유지해야 한다. 묵을 만들거나, 소스, 케이크 토핑 등에 사용한다.

(1) 묵

묵은 전분의 젤화를 이용하여 만든 것으로 메밀, 녹두, 도토리, 동부 등의 전분에 물을 넣어 가열한 후 식혀 굳힌 것이다. 묵의 질에 영향을 주는 중요한 요인의 하나는 전분의 농도이다. 농도가 낮으면 호화시킨 후 식혔을 때 젤화가 되지 않고, 농도가 너무 높으면 쉽게 젤화되기는 하나 단단하여 맛이 없다. 묵을 쑬 때는 전분가루의

표 7-3 전분의 기능

기능	식품의 예	기능	식품의 예
농후제	소스, 수프, 그레이비, 파이 속	젤 형성제	묵, 푸딩, 젤리
안정제	샐러드드레싱, 청량음료, 시럽	결착제	소시지 등의 육가공식품, 웨이퍼(wafer)
보습제	케이크 토핑	광택제	캔디
희석제	베이킹파우더	–	–

5배 정도의 물로 하고, 기온이 낮거나 높을 때는 물의 양을 증감한다. 전분은 표 7-3에서와 같이 다양하게 사용되고 있다.

(2) 소스

소스는 지방, 밀가루, 액체로 전분을 호화시켜 점도가 증가하는 성질을 이용하여 만든다. 잘 만들어진 소스는 부드럽고 덩어리진 것이 없다. 먼저 지방을 녹이고 밀가루를 넣어 잘 저어 루(roux)를 만드는데, 여기에 우유나 육수(stock)를 가하면서 끓을 때까지 계속 저어주면 된다.

2 감자류

1) 감자

(1) 감자의 구조

감자는 그림 7-4에서 보는 바와 같이 가장 바깥쪽 주피(외피 또는 표피)는 얇은 코르크층으로 색소를 포함하고 있으며, 그 내부 두꺼운 후피(피층, cortex)에는 주로 전분입자가 저장된다. 감자의 대부분은 수심부(medulla)로서, 조직이 치밀하고 전분 함량이 많은 외수심부와 수분 함량이 많고 전분 함량이 적어 투명도가 높은 내수심부로 구분되며, 내수심부의 단면이 별 모양인 것이 특징이다.

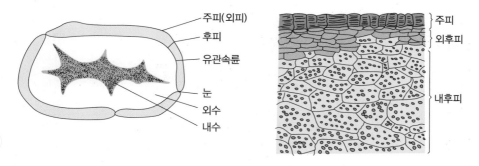

주피(외피)
후피
유관속륜
눈
외수
내수

주피
외후피
내후피

그림 7-4 감자의 단면구조

(2) 감자의 일반 성분

감자의 주성분은 전분이다. 고구마에 비해서 수분 함량이 약간 높은 반면 전분의 함량이 약간 낮으며 당 함량은 적어 덜 달다. 단백질은 글로불린의 일종인 투베린 (tuberin)이 대부분이다. 투베린은 영양이 풍부한 유리아미노산과 염기 등을 함유한다. 아미노산 조성은 대체로 양호하다. 감자의 살이 노란 것일수록 전분 함량은 낮으며 단백질, 무기질 함량이 높아 맛이 진하다. 비타민 함량은 비교적 많은 편이며, 그중 비타민 C(ascorbic acid)는 가열 시 열 손실율이 20~30% 정도로 낮아 열안정성이 높다. 무기질은 약 1%가량 함유되어 있으며, 그중 칼륨(K)과 인이 많아 알칼리성 식품이다. 유기산에는 수산염(oxalic acid), 능금산(malic acid), 주석산(tartaric acid)과 구연산 (citric acid) 등이 함유되어 있다.

(3) 감자의 유해 성분

감자는 햇빛에 노출되어 녹색으로 변한 외피부와 싹에 당알칼로이드인 솔라닌 (solanin, $C_{45}H_{73}O_{15}N$)이 들어 있는데, 싹이 난 감자에는 100g당 80~100mg가량의 솔라닌 이 들어 있다. 솔라닌은 20~40mg 섭취했을 때 두통, 어지러움 등의 유독증상이 나타나므로 발아 중인 싹과 껍질을 두껍게 깎아 이용하는 것이 좋다. 또한, 감자가 썩기 시작하면 셉신(sepsin)이란 유독물질이 생성되므로 주의하여야 한다.

(4) 감자와 조리

감자의 선택 감자는 다양한 음식에 이용되는데 감자를 조리할 때는 그 목적에 적합

표 7-4 감자류의 일반 성분(100g당)

성분 / 서류명	열량 (kcal)	수분 (%)	단백질 (g)	지질 (g)	회분 (mg)	탄수화물 당질 (g)	탄수화물 섬유 (g)	무기질 칼슘 (mg)	무기질 인 (mg)	무기질 철 (mg)	무기질 칼륨 (mg)	무기질 나트륨 (mg)	비타민 A (RE)	비타민 B₁ (mg)	비타민 B₂ (mg)	비타민 나이아신 (mg)	비타민 C (mg)
감자	63	82.7	2.4	0	1.0	13.9	0.7	14	117	4.0	556	21	1	0.26	0.04	0.4	8
고구마	131	66.3	1.4	0.2	0.9	31.2	2.6	24	54	0.5	429	15	19	0.06	0.05	0.7	25
토란	61	83.0	2.9	0.1	1.0	13.0	2.4	16	58	0.5	317	1	0	0.06	0.03	0.5	tr
마	67	82.3	1.7	0.2	0.9	15.0	−	14	28	0.2	550	5	0	0.12	0.01	0.2	6
돼지감자	68	81.2	1.9	0.2	1.6	15.1	2.0	13	55	0.2	630	2	0	0.07	0.05	1.7	12

자료: 농촌진흥청(2012). 2011 표준 식품성분표(제8개정판).

한 성질의 원료를 선택하는 것이 중요하다.

- **식용가**(PF, palatability factor) 전분과 단백질의 함량에 따라 감자의 점질 또는 분질을 나타내는 정도로 다음과 같이 표시한다. 즉, 단백질이 많을수록 또는 전분이 작을수록 식용가(PF)는 커지며 점질을 나타내 기름을 사용하는 조리에 적합하다. 또한, 식용가가 낮은 것은 분질로 구운 감자, 찐 감자에 이용한다.

$$(단백질량 / 전분량) \times 100 = 식용가$$

- **분도**(mealiness) 감자를 가열하였을 때의 육질 상태를 말한다. 즉, 가열하였을 때 희고 불투명하며 건조한 외관을 가지고 작은 입상조직이 명백하게 보이는 것이 분도가 높다. 분질(mealy)의 감자가 이에 해당된다. 전분 함량이 높은 분질의 감자는 좋은 향기가 있으나 점질의 것은 향기가 없다. 분질감자는 전분 함량이 높고 비중이 큰 편이다. 조리 후 보슬보슬하여 쉽게 떨어지며 먹었을 때 마른 것 같은 느낌을 주는 성질이 있으므로 굽거나 찌거나 으깨어 먹는 매시트포테이토(mashed potato)에 적합하다. 점질(waxy)감자는 수분 함량이 높고 비중이 낮아 가열하면 약간 투명한 외관을 나타내며 먹었을 때 촉촉하고 입자들이 잘 떨어지지 않아 끈끈하게 느껴진다. 따라서 샐러드나 기름을 사용하여 조림, 튀김 등을 만드는 데 적합하다.
- **보형도** 감자를 가열할 때 모양을 헝클어뜨리지 않는 정도를 보형도라 한다. 모양이 부서지는 것은 세포 내용의 팽창과 가용성 펙틴의 용출현상이며, 소금물로 삶

표 7-5 감자를 삶을 때의 비타민 C 변화

비타민 가열시간	잔존율(%)	용출률(%)
5분	82.8	8.1
10분	68.4	16.8
20분	53.2	24.5
30분	42.5	27.0

으면 모양의 붕괴를 방지할 수 있다.

■ **흑변도** 가열처리 후 방치하면 까맣게 변하는 현상이다. 감자의 눈 근처 단백질이 가수분해되어 티록신이나 그 밖의 아미노산이 생성되기 때문이다.

(5) 가열에 의한 변화

전분의 호화 감자전분은 가열조리하면 건조했을 때보다 40배 팽창하며, 호화되어 맛과 소화율이 증가되고 포도당 등의 가용성 당이 증가되어 단맛도 증가한다. 가열 후 물이 끓기 시작해서 10분이 경과되면 당의 함량이 최고에 달해서 생감자의 2~3배가 된다.

당질의 캐러멜화 감자를 굽거나 튀기면 아미노산과 당이 마이야르형 갈색화반응 (Maillard type browning reaction)에 의해 캐러멜(caramel)화되어 담황색에서 암갈색이 된다. 특히, 저온에서 저장한 감자는 당의 함량이 높아져서 갈변화가 더욱 심하게 일어난다.

펙틴의 용해 및 섬유소의 연화 감자를 가열·조리하면 세포의 팽창으로 섬유소가 연화되고 세포 중의 가용성 펙틴(pectin)이 증가하기 때문에 조직이 부드러워진다.

비타민 C 감자 조리 시 비타민 C의 손실을 줄이기 위해서는 껍질째 익힌 후 먹는 것이 가장 좋다. 샐러드에 사용할 때도 껍질째 익힌 후 사용하면 맛도 좋다. 감자의 비타민 C는 조리과정 중 전분이 호화되면서 피막을 형성하여 안정화시키므로 비교적 손실이 적다.

(6) 갈변

감자를 절단했을 때 갈변하는 것은 타닌의 일종인 클로로겐산(chlorogenic acid)과 아미노산인 타이로신(tyrosine)이 폴리페놀옥시데이스(polyphenol oxidase) 효소의 작용을 받아 멜라닌 색소를 형성하기 때문이다. 이 효소는 수용성이므로 절단한 감자를 물에 담가두거나, 0.25% 아황산에, 또는 pH 3 정도의 산성용액에 담그면 갈변을 막을 수 있다. 감자 중의 플라본올(flavonol)이 미산성일 때는 흰색을 띠지만, 조리 시 철제 용기를 사용하거나 조리수로 경수를 이용하여 알칼리와 접하게 되면 갈색이 되기도 한다.

(7) 감자의 저장

감자는 수분이 70~80%로 수분 함량이 많아 냉해에 약하고 발아되기 쉬우므로 저장성이 낮다. 감자는 저온(4℃)에서 저장하면 발아를 막을 수 있으나 호흡작용의 억제와 당화효소에 의해 전분량의 변화가 생기므로 10~13℃ 정도에서 저장하는 것이 좋다. 주식 및 다양한 부식으로 사용되며 감자가루로 가공하여 조리용·가공용·과자 제조용으로, 전분·엿 등의 제조원료로 이용된다.

2) 고구마

(1) 고구마의 구조

고구마는 주피, 피층, 중심주로 되어 있다(그림 7-5). 주피는 얇고 전분립이 없으며 색소에 따라 껍질색이 다르고 표면에는 많은 근흔(根痕, root scar)이 있다. 피층은 약간 두껍고 전분립이 있으며 타닌이 함유되어 공기와 접촉하면 갈변한다. 중심부는 전분이 풍부한 대형의 유세포로 되어 있고, 중앙에 도관(목질세포)이 산재해 있다. 같은 품종이라도 생육조건에 따라 모양, 껍질의 색, 육질이 다르고 성분의 차이가 있다.

(2) 고구마의 성분

고구마의 주성분은 전분이며 그 외에 소량의 포도당, 자당, 펜토산, 마니톨, 이노시톨 그리고 점성물질을 함유하고 있으며, 저장 중 전분의 가수분해로 단맛이 더욱 증가한다. 전분의 아밀로스(amylose)와 아밀로펙틴(amylopectin)의 비율은 품종에 따라 다르며, 아밀로스 함량과 전분의 결정도에 따라 분질 및 점질의 텍스처가 결정된다. 아밀로펙틴이 많을수록 가열했을 때의 점도가 높다. 고구마는 점성물질과 셀룰로

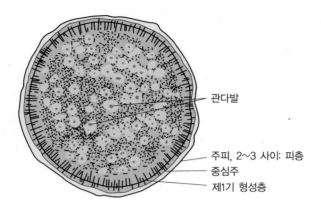

관다발

주피, 2~3 사이: 피층
중심주
제1기 형성층

그림 7-5 고구마의 단면구조

스 함량이 많아 장(腸)의 연동운동을 촉진하여 변비를 예방해준다. 단백질은 4%로 감자보다 적으며 글로불린의 일종인 이포메인(ipomain)이 약 70%를 차지하며 나머지는 비단백태 질소화합물이다. 무기질 중 칼륨(K)을 많이 함유한 알칼리성식품으로 산성식품인 곡류나 두류를 중화하는 역할이 크다. 안토사이아닌계 색소와 카로테노이드 색소가 공존하고 있으며 특히, 육질이 노란 고구마는 카로텐이 있고, 비타민 C가 25mg% 정도로 많은 양 함유되어 있고 가열해도 70~80%가 남는다.

(3) 고구마의 특수 성분

고구마 절단면에서 나오는 백색 유액의 성분인 얄라핀(jalapin) 수지배당체는 물에 녹지 않으며 점성을 띤다. 공기에 노출되면 흑변하는데 제거하기 어려우며, 미숙한 것에 많고 당화효소, 유산균 등의 발육을 억제한다. 고구마에 흑반병이 생기면 병원균에 대한 저항성 물질인 이포메아마론(ipomeamarone)이라는 물질이 생기는데, 이 물질은 특이한 냄새와 강한 쓴맛을 가지며 독성이 있다.

(4) 고구마의 관수현상

고구마를 수중에 오래 방치하면 익혀도 조직이 연화되지 않고 생고구마와 같은 질감이 되는 현상으로, 이러한 고구마를 관수저라고 한다. 관수저의 원인은 살아 있는 세포액에서 삼투작용을 맡고 있던 칼슘, 마그네슘 등의 금속이온이 세포막 중층의 성분인 프로토펙틴(protopectin)과 결합하여 칼슘 펙테이트(calcium pectate)를 형성함으로써 경화(硬化)되어 세포가 죽기 때문이다. 칼슘 펙테이트는 열에 의해서 용해되지 않으므로 아무리 가열해도 세포의 결합이 연화하지 않는다. 이외에도 관수저 현상은 -10℃, 24시간 냉동처리를 하거나 70℃, 1시간 동안 가열한 경우 혹은 고구마를 삶다가 불이 꺼져 방치했다가 다시 삶을 경우에 발생할 수 있다.

(5) 고구마의 갈변

고구마는 껍질을 벗기거나 썰어 공기에 노출되면 폴리페놀 산화효소(polyphenol oxidase)가 활성화되어 클로로겐산(chlorogenic acid)과 폴리페놀(polyphenol)을 산화시켜 갈변된다. 이 산화효소는 껍질층에 더 많이 함유되어 있으며 수용성이므로 1% 정도의 소금물에 잠깐 담가두거나 가열하면 파괴되고 혹은 아황산처리를 하여 산화효소를 불활성화하면 갈변을 방지할 수 있다. 클로로겐산은 알칼리 중에서 녹변하기도 한다. 또한 생고구마의 유백색 점액 성분인 얄라핀(jalapin: $C_{34}H_{65}O_{16}$)은 수지배당체로서 물에 녹지 않으며 공기에 노출되면 흑변하여 제거하기 어렵다. 얄라핀은 미숙한 것에 많고 당화효소, 유산균 등의 발육을 억제한다.

(6) 고구마와 조리

고구마 전분은 자체 내의 수분으로 충분히 호화될 수 있다. 화덕에서 구운 고구마가 맛있는 것은 복사열에 의해 고구마의 수분이 증산하고, 가열되는 동안 충분히 β-아밀레이스에 의해 당화되어 단맛이 많이 나기 때문이다. 이는 고구마를 햇볕에 말리면 단맛이 증가하는 것과 같은 이유이다. 고구마 전분이 호화되면 소화되기 쉽고, 가용성 펙틴의 증가와 섬유소의 연화로 조직도 부드러워진다.

　한편 고구마나 밤 등의 조리 시에는 명반수를 첨가하는데 그 이유는, 물의 삼투압을 높이고 단백질을 응고시켜 조직을 치밀하게 하며, 세포막에 존재하는 펙틴질이 명반과 결합하여 불용성 염을 형성하므로 조직이 뭉그러지거나 부스러지는 것을 방지하기 때문이다. 비타민 C는 가열조리 시 비교적 안정하여 70~80%가 잔존한다. 고구마 조리 후 나타나는 녹색은 안토사이아닌계 색소가 알칼리에서 청색을 나타내고 여기에 카로텐의 황색이 합해지기 때문이다.

(7) 고구마의 저장

고구마는 수분을 많이 함유하고 있는 살아 있는 세포이므로 저장성이 낮고 부패하기 쉽다. 고구마는 실온 32~34℃, 습도 90% 정도에서 4~6일간 두면 유상조직이 만들어져 상처 난 세포층이 코르크화하기 때문에 부패의 주 원인균인 연부병균과 흑반병균의 침입 방지 및 저온에 대한 내구력이 증가되어 저장성을 높일 수 있다. 이러한 처리를 큐어링(curing)이라고 한다. 또한 큐어링 처리 후 수분의 감소, 전분의 자당 혹은 덱스트린화, 펙틴의 가용성화 및 단백질의 분해로 맛이 좋은 고구마가 된다. 생고구마를 저장해두면 일반적으로 전분이 감소하고 당분이 증가하며 조직은 물러진다. 고구마는 9℃ 이하에서는 냉해, 18℃ 이상에서는 발아될 수 있으나 13℃, 습도 90% 내외에서는 오랫동안 저장이 가능하다.

고구마는 굽거나 쪄서 식용으로 하며, 썰어서 말리거나 고구마가루, 전분, 알코올, 물엿, 포도당, 과자 등의 가공원료로 이용한다.

3) 토란

토란(taro, eddoes)은 다년생 초본으로 잎과 줄기는 채소로 이용하고 있다. 뿌리의 주성분은 당질로서 주로 전분이고, 갈락탄(galactan), 펜토산(pentosan), 덱스트린과 자당이 함유되어 토란 특유의 단맛이 있다. 갈락탄이라는 당질과 당단백질 때문에 미끈미끈한 맛이 생긴다. 단백질, 지방, 비타민은 소량 존재하나 무기질이 풍부한 편이며 특히 칼륨(K)의 함량이 높다. 토란의 점질 물질은 갈락탄과 당단백질로 수용성 물질로 가열 조리 중 끓어 넘치는 원인이 되고 열의 전도나 조미료의 침투를 방해하므로 끓는 물에 데친 후 사용하거나, 1%의 식염수로 가열하면 응고되어 국물이 맑고 점성이 적어진다. 토란의 아린 맛 성분은 페닐알라닌(phenylalanine), 타이로신(tyrosine)에서 생성된 호모겐티스산(homogentisic acid)과 미량의 수산(oxalic acid)인데, 물에 담가 놓거나 소금물에 데치면 제거된다. 또한 토란의 껍질 내 즙액은 미량의 수산염과 알칼로이드(alkaloid)로 피부를 자극하여 가려운데, 이는 가열이나 산(식초)에 의해 활성이 감소된다.

4) 마

마(yam)의 주성분은 전분과 점질물인 뮤신(mucin)이며, 뮤신은 글로불린(globulin)과 만난(mannan)이 약하게 결합한 것이다. 참마는 공기 중에서 타이로신(tyrosine)이 티로시네이스(tyrosinase)의 작용을 받아 엷은 검은색으로 갈변한다. 마는 아미노산이 많아 강장식품으로도 인기가 좋으며, α-아밀레이스 등 각종 소화효소를 많이 함유하므로 갈아서 즙으로 먹거나, 밀가루나 메밀 등과 섞어 여러 가지 음식을 만들어 먹기도 하고, 가열에 의한 비타민류의 손실이 적으므로 삶아서 먹기도 한다.

5) 카사바

카사바(cassava)는 마니오크(manioc)라고도 불리며, 추출한 전분을 타피오카(tapioca)라고 한다. 감미종은 소형이고 맛이 좋아 식용으로 하며, 30% 내외의 전분을 함유하고 있으나 당분 함량이 적다. 고미종은 대형이지만 쓴맛이 강하여 전분의 제조 원료로 이용한다. 쓴맛은 수세로 제거된다. 타피오카는 전분의 제조원료, 주정용 및 사료용으로 사용되며 최근에는 우동을 제면할 때나 곡류 대용인 인조미 형태로 사용된다. 타피오카는 물에 불지 않아 음료 및 후식으로도 사용한다.

6) 곤약

곤약(konjac)은 토란과에 속하는 다년생 식물로서, 저칼로리 식품이며, 섬유와 무기질이 소량 함유되어 있다. 당질은 수용성 식이섬유인 글루코만난(glucomannan)이다. 특유의 젤 및 필름 형성력, 다른 검류 및 전분류와 상승작용, 유동적 특성을 가져 식품산업에 응용가능성이 높은 식품 소재이다. 체내에서 혈중 콜레스테롤 수치를 낮추는 작용을 한다. 곤약은 젤 상태로 판매되며 끓는 물에 데쳐낸 후 사용해야 한다.

7) 돼지감자

돼지감자는 뚱딴지라고도 불리며, 주성분은 이눌린(inulin)이고 전분은 없다. 이눌린은 분해효소가 없어 소화되지 못하며, 가수분해하면 과당이 생성된다. 생식이나 삶아서 먹기에는 부적합하지만 된장에 절여 먹으면 풍미가 개선된다. 과당, 엿, 알코올의 발효용으로 이용되며 잎과 줄기는 가축의 사료로 쓰인다.

당류 8

당류(sweetners)는 감미물질을 가지고 있는 천연감미료와 인공감미료를 총칭한다. 천연감미료에는 단당류(포도당, 과당), 이당류(설탕, 맥아당, 유당, 전화당)와 시럽(꿀, 당밀 등)이 있다. 인공감미료에는 당알코올(자일리톨, 소비톨, 마니톨)과 사카린, 아스파탐이 있다. 조리에서 주로 쓰는 감미료는 설탕, 꿀, 조청, 올리고당 등이다.

1 당의 종류

1) 천연감미료

(1) 설탕

설탕(sugar)의 주원료는 사탕수수와 사탕무이다. 사탕수수에서 즙을 짜고, 사탕무는 열탕으로 당을 추출하여 즙을 얻는다. 이 즙을 원심분리하여 설탕결정과 액즙을 분리한다. 설탕결정체를 서당, 액즙을 당밀(molasses)이라 한다. 당밀에는 아직 상당량의 설탕을 함유하고 있어 위 과정을 되풀이하여 설탕을 추출한다. 정제과정을 거치면 거의 100% 백색의 설탕결정체가 얻어진다. 황색의 설탕결정체는 백색의 결정체에 당밀을 가한 것으로 칼슘, 철, 인 등을 함유하고 있다.

(2) 시럽

시럽(syrup)의 종류로는 단풍나무에서 얻은 즙을 증발시킨 단풍나무시럽(maple syrup), 옥수수전분을 가수분해시킨 옥수수시럽(corn syrup), 사탕수수에서 설탕 정제과정에서 얻어지는 당밀, 그리고 설탕액을 가열(103℃)하여 만든 설탕시럽(sugar syrup) 등이 있다. 시럽은 독특한 향미를 갖고 있으며 핫케이크의 시럽, 음료의 감미료 등으로 이용된다.

(3) 꿀

꿀(honey)은 꿀벌이 꽃의 꿀을 따와 벌집에 저장한 것이다. 꿀을 채취한 꽃의 종류에 따라 꿀의 색과 향미가 다르다. 아카시아꿀, 싸리꿀, 밤꿀, 유채꿀 등이 있다. 꿀은 향이 소실되지 않도록 되도록 가열을 피한다. 꿀은 과당의 양이 많아 설탕보다 흡습성이 강해 오랫동안 수분을 유지할 수 있는 보습성이 있어 약과, 약식, 다식, 떡, 케이크 등을 건조하지 않게 하고 부드러운 질감을 준다.

(4) 조청

조청(malt syrup)은 쌀, 수수, 조, 고구마 등 여러 가지 곡류의 전분을 맥아(엿기름)로 당화시켜 수분 함량 18% 정도로 농축시킨 맥아당, 포도당의 혼합물이다. 이것을 수분 함량 10% 정도로 농축시키면 갱엿이 된다.

표 8-1 각종 감미료와 감미도

종류	Watson	Baul	Biester
자당	1.00	1.00	1.00
포도당	0.49	0.52	0.74
과당	1.03~1.50	1.03	1.73
젖당	0.27	0.28	0.16
맥아당	0.60	0.35	0.33
둘신	70~350	-	-
사카린	200~700	-	-

(5) 올리고당

올리고당(oligosaccharides)은 다당류를 효소로 가수분해하여 얻는 당이다. 설탕으로부터 얻어지는 프럭토올리고당, 유당으로부터 얻어지는 갈락토올리고당, 전분으로부터 얻어지는 아이소말토올리고당, 그리고 대두로부터 추출된 대두올리고당 등이 있다. 올리고당은 소화효소에 의해 분해되지 않기 때문에 소화·흡수가 되지 않아 저열량(2kcal/g) 감미료로 사용된다. 장내 유용균인 비피두스균의 증식을 촉진시키는 기능과 충치 예방효과가 있는 것으로 알려져 있다.

(6) 스테비오사이드

스테비아잎에서 추출한 것으로, 설탕의 약 300배 정도의 단맛을 낸다. 탄산음료 등을 만들 때 사용한다.

2) 인공감미료

(1) 당알코올

당알코올(sugar alcohol)은 당의 구조일부를 환원시켜 얻은 인공감미료이다. 설탕보다 감미도가 약하다. 청량감이 있고, 혈당을 높이지 않는 특징이 있어 식품에 다양하게 이용된다. 포도당이 환원된 소비톨은 비타민 C의 합성원료, 무설탕음료, 저열량 식품에 사용되고, 다시마에 함유된 흰 가루 성분인 마노스에서 환원된 물질이 마니톨이며, 자일로스에서 환원된 자일리톨은 충치 예방효과가 있다고 알려져서 껌, 아이스크림, 무설탕 제품 등에 단맛을 내기 위해 사용된다.

(2) 아스파탐

페닐알라닌(phenylalanin)과 아스파트산(aspartic acid)을 합성한 감미료이다. 설탕의 약 150~200배의 단맛을 낸다. 캔디, 시리얼, 냉동 디저트로 사용한다.

(3) 사카린

설탕의 200~700배의 단맛을 내는 인공감미료이다. 김치, 어묵, 뻥튀기 등을 만들 때 사용한다.

2 당의 성질

용해성   자당(설탕)은 친수기인 OH기를 가지고 있기 때문에 물에 쉽게 용해된다. 특정한 온도에서 설탕이 최대로 녹아 있는 상태를 포화용액, 더 녹을 수 있는 상태를 불포화용액, 그리고 녹일 수 있는 능력 이상으로 녹아 있는 상태를 과포화용액이라 한다. 과포화용액에서는 작은 충격에도 쉽게 결정화가 일어난다. 설탕의 물에 대한 용해도(solubility)는 온도 상승에 따라 높아진다. 당의 종류 중 단맛이 강한 과당이 가장 잘 녹고 단맛이 약한 유당이 가장 잘 녹지 않는다. 설탕의 용해도는 표 8-2와 같다.

캐러멜화   당류를 고온에서 가열하면 당의 탈수·분열에 의하여 푸르푸랄(furufural) 및 하이드록시메틸 푸르푸랄(hydroxymethyl furfural)이 생성되며 이들은 다시 중합하여 흑갈색의 캐러멜이 생성되는데, 이때 일어나는 현상을 당의 캐러멜화(caramelization)라고 한다. 캐러멜은 간장, 약식 등 흑갈색을 내는 무해색소로 식품 제조에 널리 이용된다.

전화   설탕용액에 산이나 산성염을 첨가하여 가열하거나 인버테이스(invertase)를 첨가하면 가수분해하여 포도당과 과당의 혼합물이 생성된다. 이러한 현상을 전화(inversion)라 하며 이때 생성된 혼합물을 전화당이라고 한다. 전화당이 생성되면 흡

표 8-2 설탕의 용해도

온도 (℃)	용액 100g당 설탕의 양(g)	물 100g에 용해되는 설탕의 양(g)	온도 (℃)	용액 100g당 설탕의 양(g)	물 100g에 용해되는 설탕의 양(g)
0	64.18	179.2	55	73.20	273.1
5	64.87	184.7	60	74.18	287.3
10	65.58	190.5	65	75.18	302.9
15	66.33	197.0	70	76.22	320.5
20	67.09	203.9	75	77.27	333.9
25	67.89	211.4	80	78.36	362.1
30	68.70	219.5	85	79.46	386.8
35	69.55	228.4	90	80.61	415.7
40	70.42	238.1	95	81.77	448.6
45	71.32	248.8	100	82.97	487.2
50	72.25	260.4	−	−	−

표 8-3 설탕용액의 농도와 비등점

설탕 농도(%)	10	20	30	40	50	60	70	80	90
비등점	100.4	100.6	101.0	101.5	102.0	103.0	106.5	112.0	130.0

표 8-4 설탕용액의 가열온도별 상태 및 온도

온도(℃)	상태	용도
105~107	투명한 용액으로 묽음(시럽)	전과, 약과, 매작과 등의 표면에 입힘
110~112	스푼으로 저으면 실이 생김(시럽)	전과, 약과, 매작과 등의 표면에 입힘
112~115	냉수에 떨어지면 함께 모임(소프트볼)	퐁당, 퍼지, 케이크 프로스팅
118~120	냉수에 떨어뜨리면 부드러운 볼이 됨(소프트볼)	캐러멜
121~130	냉수에 떨어뜨리면 단단한 볼이 됨(하드볼)	디비니티, 마시멜로
132~143	냉수에 떨어뜨리면 실 모양으로 단단해짐(소프트 크랙)	버터 스카치, 태피
149~154	냉수에 떨어뜨리면 실 모양으로 아주 단단해짐(하드 크랙)	브리틀(brittle)
160	담황색 투명한 액체가 됨(클리어 리퀴드)	단단한 캔디에 이용함
170	담갈색 액체가 됨(브라운 리퀴드)	커스터드, 푸딩의 캐러멜소스

습성과 감미가 높아진다.

점성 설탕용액은 순수한 점성유체로 뉴턴의 점성법칙에 따른 점성유동을 나타내는 대표적인 식품이다. 같은 온도에서 용액의 농도가 높을수록, 또 같은 농도에서 용액의 온도가 낮을수록 점성이 높다.

비등점 상승, 빙점 강하 설탕농도가 높아지면 비등점은 상승한다. 설탕용액의 농도와 비등점은 표 8-3과 같다. 비등점과 같은 원리로 설탕용액의 농도가 높을수록 빙점은 강하한다.

결정성 설탕용액을 농축하거나 냉각시키면 과포화 상태로 되어 설탕의 결정이 석출된다. 이 성질을 이용하여 만든 것이 퐁당, 퍼지, 디비니티 등이 있다.

젤리 형성 과실 중의 펙틴(pectin)과 유기산에 의해 잼이나 젤리를 만들 때 설탕은 젤리의 젤화를 촉진하여 한천이나 젤라틴 젤의 젤 강도를 높이는 역할을 한다. 설탕의 중량은 재료의 80~100%를 사용하나 기호, 보존기간, 과실의 종류나 질에 따라 다르다. 완성될 때의 온도를 105℃ 내외로 하면 설탕농도는 65% 정도가 된다.

방부성 설탕은 식품 중의 수분을 탈수하고 수분활성을 저하시켜 효모, 세균류의 증식을 저해하고, 고농도용액에서는 삼투압에 의해 미생물의 생육이 저해되어 식품 보존에 이용된다. 설탕조림, 잼, 젤리, 마멀레이드 등이 보존성이 높은 이유이다.

지방산의 항산화성 지방을 많이 함유한 식품 속에서 설탕은 수분과 친화하여 수분에 용해되는 산소의 양을 감소시켜 주므로 지방산의 산화를 억제하여 식품의 색, 향, 풍미를 보존하게 한다.

단백질의 열 응고 지연, 갈색화 두류, 육류, 난류 등 단백질식품에 설탕을 넣으면 단백질의 열 응고점이 높아져 부드럽게 된다. 커스터드푸딩의 난액 속에 넣은 설탕은 난단백의 열 응고를 지연시킴으로써 매끄러운 촉감의 푸딩을 만든다. 또 마이야르반응으로 표면이 갈색으로 된다.

효모발효 촉진 효모의 발효에 소량의 설탕을 넣으면 발효가 촉진되는데, 특히 빵제조 시 많이 이용된다. D-글루코스(D-glucose), D-마노스(D-mannose), D-프럭토스(D-fructose)는 다같이 이스트에 의하여 발효된다. 이스트에 의하여 발효되는 당을 자이모헥소스(zymohexose)라 한다.

삼투압과 조직감 삶은 콩에 설탕을 넣으면 콩 속 수분이 삼투압에 의해 밖으로 빠져나가 콩 표면에 주름살이 생긴다. 설탕을 식품에 첨가할 때 설탕농도가 5% 이상이 되면 2~3차례로 나누어 넣는 것이 좋다. 이는 설탕이 물에 대한 친화력이 크므로 재료를 고농도인 설탕액에 담그면 조직에서 수분이 침출하여 딱딱해져 버리기 때문이다.

3 당과 조리

1) 캔디

(1) 결정형 캔디

고농도의 설탕용액을 냉각시켜 과포화 상태에서 저어주면 미세한 설탕결정이 시럽 속에 있는 상태, 즉 결정형 캔디가 된다. 대부분의 결정형 캔디는 약 80% 이상의 설탕농도를 가지는데 캔디의 가열온도가 112~115℃(퐁당), 117℃(퍼지), 또는 127℃(디비니티)일 때 각각 다양한 형태의 캔디가 된다.

퐁당 퐁당(fondant)은 설탕, 물엿, 물을 넣고 설탕이 녹을 때까지 가열하여 만든다. 설탕용액의 온도가 112~115℃가 될 때까지 젓지 않고 가열하여 농축시킨다. 40℃ 정도로 식힌 다음 나무주걱으로 시럽이 하얗게 될 때까지 빠른 속도로 젓는다. 결정이 생성된 반죽에 주석염을 조금 섞으면 눈처럼 희게 되고, 옥수수시럽을 조금 넣으면 크림색을 띤다.

퍼지 퍼지(fudge)를 만들 때는 설탕, 우유, 초콜릿, 옥수수시럽을 함께 섞어 설탕이 녹을 때까지 가열한다. 설탕용액의 온도가 117℃에 도달하면 버터와 바닐라를 넣는다. 이후 과정은 퐁당과 동일하다.

디비니티 디비니티(divinity)는 설탕용액을 좀 더 농축시킨 후(127℃) 뜨거울 때 달걀흰자의 거품을 넣어 저은 것이다. 혼합물을 기름이 묻은 스푼으로 떠서 기름종이 위나 기름을 바른 팬에 떨어뜨리면 완성된다.

(2) 비결정형 캔디

높은 온도에서 처리하여 설탕시럽을 약 90%의 고농도로 하고 결정방해물질을 넣어 결정이 생기지 못하도록 해서 결정이 없는 상태로 만든 것이다. 단단한 것(브리틀, 태피), 끈적끈적한 것(캐러멜, 누가), 부풀린 것(마시멜로)의 3가지 형태로 나누어진다. 달걀흰자, 젤라틴, 시럽, 꿀, 우유, 크림, 초콜릿, 한천, 유기산, 전화당 등 설탕 이외의 물질이 과포화설탕용액 안에 들어 있으면 이 물질들이 핵 주위를 둘러싸서 결정 형성을 방해한다.

브리틀 브리틀(brittles)은 시럽이 다량 첨가된 당용액을 고온(135℃)으로 가열하여 땅콩버터를 넣고 143℃가 될 때까지 가열한 것이다. 불에서 내린 즉시 바닐라향과 탄산나트륨을 넣고 잘 섞어 기름을 바른 팬에 얇고 고르게 퍼지도록 부어 식힌 후, 사각형으로 자르거나 조각을 낸다. 캐러멜화와 탄산나트륨의 첨가로 특이한 방향을 내며 CO_2가 생성되기 때문에 다공질이 되어 빨리 식는 효과가 있다.

태피 태피(taffy)는 설탕시럽에 주석염, 식초, 레몬즙을 넣어 만드는 것으로 캐러멜보다 더욱 단단하고 높은 조리온도를 필요로 한다. 산 대신에 포도당, 옥수수시럽, 당밀을 넣을 수도 있다.

캐러멜 캐러멜(caramel)은 설탕, 옥수수시럽, 버터, 무당 또는 가당연유로 만든 것으로 끈적끈적한 텍스처를 가진다. 마이야르반응(maillard reaction)에 의해 특유한 향미를 가진다.

마시멜로 마시멜로(marshmallow)는 116℃까지 가열한 설탕용액에 젤라틴과 달걀흰자의 거품을 넣어 만든다.

누가 누가(nougats)는 설탕시럽에 꿀, 견과류, 달걀 흰자의 거품을 넣어 만든 것으로 쫄깃쫄깃하고 캐러멜보다 더 스펀지 같은 텍스처를 갖고 있다.

결정 형성에 영향을 주는 요인

- 용질의 종류에 따라 결정 형성에 영향을 받는다. 설탕은 포도당보다 빨리 결정을 형성하며 결정의 크기도 다르다. 포도당은 서서히 결정되며 결정의 크기가 크지 않다.
- 용액의 농도가 농축될수록 결정이 잘 형성된다.
- 농축된 설탕용액의 온도를 40℃ 정도로 식힌 후 저어주면 미세한 결정이 형성된다. 높은 온도에서 저어주면 핵의 생성과 핵 위에 용질부착이 쉬워 단시간에 큰 결정이 생성된다.
- 설탕시럽을 급속히 식히면 점성이 급격히 증가하여 설탕분자가 이동하지 못하고, 안정된 핵을 형성할 수 없기 때문에 유리 같은 비결정상태가 된다.
- 젓는 속도가 빠를수록 미세한 결정이 형성된다.
- 용질인 설탕 이외에 다른 물질이 존재하면 결정체의 크기가 작아진다. 즉, 가열하는 동안 설탕이 가수분해되어 전화당이 생기며 미세한 결정체가 생긴다.
- 이외에도 결정 형성을 방해하거나 미세한 결정을 형성하도록 하는 물질로 주석염, 전화당, 시럽, 꿀, 달걀흰자, 버터, 초콜릿, 우유 등이 있다.

---

2) 잼, 젤리, 마멀레이드

당 60~65%과 펙틴(1~1.5%) 및 산(0.3% 유기산)을 이용한 식품으로 과즙을 주로 이용한 것을 젤리, 과육과 과즙을 이용하여 만든 것을 잼, 감귤이나 오렌지의 잘게 썬 조각을 넣은 젤리 형태를 마멀레이드라고 한다.

3) 과일청

과일청은 과일과 설탕을 동량 혼합하여 20일에서 90일 정도 두었다가 그대로 사용하는 것이다. 과육과 과일청은 분리하여 청은 냉장고에 보관하고 과육은 잼 등으로 이용한다. 재료로는 매실, 오미자, 유자, 레몬 등을 많이 사용한다.

4) 양갱

양갱은 한천에 설탕을 첨가하여 물과 함께 가열한 후 40℃ 정도로 내려갔을 때 팥이나 고구마, 밤을 넣어 응고시킨 식품이다. 설탕의 농도가 높을수록 젤의 강도가 높아지나 75% 이상의 설탕을 첨가하면 젤의 망상구조 형성이 어려워 오히려 강도가 저하된다.

표 8-5 감미식품의 서당분
(단위: %)

식품명	서당분	식품명	서당분
음료(홍차, 커피)	8~15	양갱	40~60
아이스크림	12~18	잼	60~70
단팥죽	25~30	밀크캐러멜	75
수양갱	25~40	얼음사탕	100
팥소	30~50	–	–

9 콩류

콩류(豆類, legumes, pulse crops)는 콩과에 속하는 식물의 종자를 총칭하는 것이다. 콩(soybean)은 양질의 단백을 많이 함유하고 있으며 단백질은 동물성 단백질의 아미노산 조성과 비슷하다. 지방 함량도 높아 정제 대두유는 유지의 좋은 공급원이다. 콩에는 다양한 페놀화합물이 있는데 그중에서도 아이소플라본의 생리활성물질을 이용하는 콩의 수요가 세계적으로 증대되고 있다.

1 콩류의 구조

콩은 자엽부(90%), 종피(8%), 배아(2%)의 세 부분으로 구성되어 있다. 식용하는 부분은 주로 단백체와 지질체를 가진 자엽부로, 이곳에 대부분의 영양분이 저장되어 있다. 종피에는 물이 침투되지 않는 각피(cuticula)층의 표면이 있어 단단하고 내부조직이 치밀하며 조섬유가 많고, 세포막이 헤미셀룰로스(hemicellulose)로 되어 있어 소화가 잘되지 않는다.

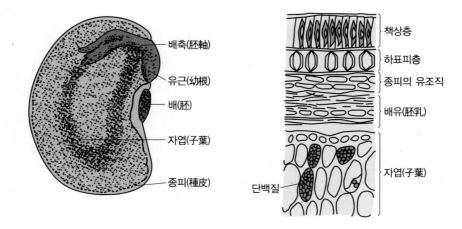

그림 9–1 콩의 구조

2 콩류의 분류와 성분

콩류는 다른 곡류에 비해 단백질과 지방이 많고 비타민 B군과 무기질 함량도 높다. 구성 성분에 따라 다음과 같이 나눌 수 있다.

- 단백질과 지방을 주성분으로 하는 것 콩(대두), 땅콩 등
- 단백질과 전분을 주성분으로 하는 것 팥, 녹두, 강낭콩, 완두, 동부 등
- 채소로서의 성질을 갖는 것 풋콩, 미숙한 청두

1) 대두의 성분

(1) 단백질

콩에는 40% 정도의 단백질이 함유되어 있으며 주단백질은 글로불린(globulin)인 글리시닌(glycinin, 84%)이 대부분이고 알부민(albumin)이 5% 정도 함유되어 있다. 콩의 알부민은 트립신억제제(trypsin inhibitor), 적혈구응집소(hemagglutinin), 리폭시제네이스(lipoxygenase) 등의 단백질이다.

표 9-1 콩류의 일반 성분(100g당)

성분\두류명	열량 (kcal)	수분 (%)	단백질 (g)	지질 (g)	탄수화물		무기질					비타민					회분 (mg)
					당질 (g)	섬유 (g)	칼슘 (mg)	인 (mg)	철 (mg)	나트륨 (mg)	칼륨 (mg)	A (RE)	B₁ (mg)	B₂ (mg)	나이아신 (mg)	C (mg)	
대두	421	9.2	41.3	17.6	21.6	4.7	250	490	7.6	6	1270	2	0.60	0.17	3.2	0	5.8
땅콩	567	6.5	25.8	49.2	11.3	4.9	92	376	4.6	18	705	0	0.64	0.14	12.1	0	2.3
강낭콩	357	10.3	20.2	1.8	60.9	3.2	139	317	6.7	4	620	2	0.54	0.20	1.8	0	3.6
녹두	331	15.6	21.2	1.0	54.9	3.5	189	471	3.4	5	1270	9	0.03	0.14	2.1	0	3.8
동부	336	15.5	23.9	2.0	50.3	4.7	75	400	5.6	4	805	2	0.50	0.10	2.5	0	3.6
완두	352	13.4	21.7	2.3	54.4	6.0	65	360	5.0	6	889	30	0.72	0.15	2.5	0	2.2
팥	336	14.5	21.4	0.6	56.6	3.7	124	413	5.2	4	1120	1	0.56	0.13	2.5	0	3.2

자료: 농촌진흥청(2012). 2011 표준 식품성분표(제8개정판).

(2) 지방

대두에는 약 18%의 지방을 함유하고 있어 식용유의 원료로 이용된다. 대두유에는 올레산(oleic acid)이 33% 함유되어 있고 고도 불포화지방산인 리놀레산(linoleic acid)이 51% 정도로 많아 지방산화가 쉽게 일어난다.

(3) 탄수화물

탄수화물은 콩의 20% 정도를 차지하는데 그중 반 정도는 수용성 다당류로 소화되지 않고 장 내 세균에 분해되어 가스를 발생시킨다. 불수용성 다당류는 섬유소와 펙틴이다. 불용성다당류는 단단하기 때문에 물과 함께 가열하여 수용성으로 연화시켜야 한다. 전분은 0.1~0.2% 정도가 들어 있다.

(4) 무기질과 비타민

무기질은 주로 칼륨(K)과 인(P)이며, 인은 대부분 피틴(phytin)과 결합 상태로 장 내에서 중금속의 흡수를 억제하는 효과를 가지나, 무기질의 이용이 제한될 수도 있다. 그 외 칼륨(K), 칼슘(Ca), 마그네슘(Mg)도 피틴과 결합한 상태로 존재한다. 비타민 B군의 급원이며, 비타민 E와 K도 다량 함유되어 있다.

(5) 색소와 페놀화합물

흰콩에는 플라본(flavon) 배당체가 함유되어 있으며, 검은콩에는 색소로 안토사이아닌(anthocyanin) 배당체의 일종인 크리산테민(chrysanthemin)이 들어 있다. 콩에는 다양한 페놀화합물(phenollic compound)이 들어 있는데, 그중 아이소플라본(isoflavone)인 제니스테인(genistein), 다이제인(daidzein) 등은 식물성 에스트로겐으로 작용하여 갱년기 여성에게 도움을 주고, 항암 및 항산화작용 등 여러 가지 생리활성을 나타낸다.

(6) 특수 성분

트립신억제제(trypsin inhibitor)와 아밀레이스억제제(α-amylase inhibitor)는 단백질의 소화·흡수와 녹말의 소화·흡수를 저해한다. 적혈구응집소(hemagglutinin)는 혈구 응집성 독소이지만 가열하면 파괴된다. 사포닌(saponin)은 물에 담그거나 가열할 때 거품을 형성하는 성질이 있고, 장을 자극하는 성질이 있어서 과식할 경우 설사의 원인이 된다.

2) 땅콩의 성분

낙화생이라고도 하는 땅콩(peanut)의 지방 함량은 약 50%이다. 그중 불포화지방산인 올레산(50%)과 리놀레산(20%)이 주요 지방산으로 땅콩기름은 불건성유(不乾性油)이다. 땅콩의 주단백질은 글로불린인 아라킨(arachin)과 콘아라킨(conarachin)이며 당질로는 녹말 외에 갈락토스(galactose)가 들어 있고, 비타민 B_1 함량이 많다. 우리나라에서는 땅콩기름을 많이 사용하지 않으나 샐러드유, 튀김기름에 이용할 수 있다.

3) 팥, 녹두, 강낭콩의 성분

(1) 팥

팥(small red bean)은 탄수화물 56%(전분 약 35%), 단백질 약 21%(글로불린 약 80%)이다. 지질은 함량이 매우 적으나 지질 중에 인지질이 약 24%를 차지한다. 팥의 종피는 주로 적갈색이며, 사포닌이 0.3% 정도 들어 있어 가열 시 거품이 생기고 떫은맛이 나며 소화하기 어렵다. 팥은 팥밥, 팥죽, 양갱 등에 사용하거나 전분 함량이 높으므로 소와 떡고물로 이용한다.

표 9-2 콩류 단백질의 필수아미노산 조성

종류	대두	팥	땅콩	완두	표준아미노산
트레오닌(threonine)	4.0	3.0	2.7	3.9	2.8
발린(valine)	5.3	6.1	5.0	5.5	4.2
루신(leucine)	7.8	8.2	6.0	7.0	4.8
아이소루신(isoleucine)	5.4	5.5	4.2	5.5	4.2
라이신(lysine)	6.3	6.5	3.5	6.5	4.2
메싸이오닌(methionine)	1.7	0.9	0.9	1.9	4.2
페닐알라닌(phenylalanine)	5.0	5.0	5.0	5.0	2.8
트립토판(tryptophan)	1.4	0.8	1.1	0.8	1.4

(2) 녹두

녹두(green gram)의 주성분은 전분이고, 단백질이 21% 함유되어 있다. 녹두는 떡의 소나 고물, 녹두죽, 녹두 빈대떡 등의 재료로 쓰이거나 발아하여 숙주나물로 이용하며, 녹두전분은 점성이 강하므로 청포묵을 만들기도 한다.

(3) 강낭콩

강낭콩(kidney bean)은 탄수화물 60%, 단백질 20% 정도 함유되어 있다. 강낭콩의 단백질은 글로불린이 많으며 라이신(lysine), 루신(leucine), 트립토판(tryptophan), 트레오닌(threonine)도 많다. 지방은 함량이 적으나 레시틴(lecithin)은 많다. 여물지 않은 푸른색 꼬투리에는 비타민 A, 티아민, 리보플라빈, 비타민 C가 풍부하여 채소로도 이용된다.

3 콩류의 특성

1) 흡수

대부분의 콩류는 수분 함량이 10~17%로 건조시켜 저장하므로 조리 전 물에 담가 흡수·팽윤시켜야 한다. 초기 5~6시간의 흡수량이 많고 그 이후는 완만하다(그림 9-2).

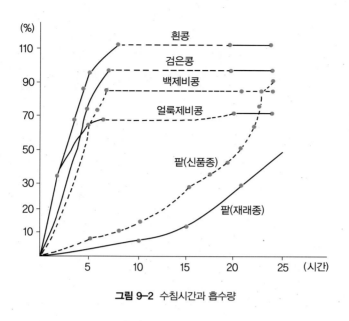

그림 9-2 수침시간과 흡수량

팥은 흡수성이 느려 전분과 단백질 등의 성분이 용출되어 최대흡수량에 도달하기 전에 부패하므로 물에 담그지 않고 바로 가열한다.

2) 콩의 연화방법

- 물에 담금　침지는 연화시간을 단축시키고 균일하게 연화되며, 온도가 높을수록 흡수 및 팽윤이 잘된다.
- 1% 정도의 식염수에 침지 가열하면　대두단백질인 글리시닌(glycinin)은 염용액에 가용성이므로 1% 식염수에 침지후 가열하면 연화가 촉진된다.
- 설탕, 간장, 소금 등의 조미료를 첨가한 물에 처음부터 침지시켜 그 액에 넣고 끓임　당 등의 조미료 농도가 높으면 삼투압의 영향으로 흡수·팽윤이 억제되나, 침지시간이 오래되거나 물의 양을 증가시켜 조미료의 농도를 낮추면 그 영향이 완화된다.
- 쇼크수를 가함　가열 중에 찬물을 첨가하면 표피를 수축시킴으로써 내부의 팽윤을 촉진시켜 주름을 펴는 효과가 있다.
- 알칼리용액 사용　콩을 가열할때 식소다와 같은 알칼리를 사용하면 콩 단백질의 용해성이 증가하고 섬유소가 분해되어 연화가 빠르다. 그러나 비타민 B_1의 손실이 크다.

표 9-3 콩류 제품의 일반 성분(100g당)

성분 두류 가공품	열량 (kcal)	수분 (%)	단백질 (g)	지질 (g)	탄수화물		무기질					비타민					회분 (mg)
					당질 (g)	섬유 (g)	칼슘 (mg)	인 (mg)	철 (mg)	나트륨 (mg)	칼륨 (mg)	A (RE)	B_1 (mg)	B_2 (mg)	나이 아신 (mg)	C (mg)	
대두	421	9.2	41.3	17.6	21.6	4.7	250	490	7.6	6	1270	2	0.60	0.17	3.2	0	5.8
두부	94	83.0	8.6	5.5	1.7	0.3	181	94	2.2	8	133	0	0.03	0.03	0.5	0	0.9
비지	81	82.7	3.9	2.1	9.6	1.7	103	35	4.6	3	120	0	0.05	0.01	0.5	0	–
두유	59	88.4	4.5	1.3	6.9	0	25	40	0.7	84	59	0	0.03	0.02	2.7	0	0.3
유부	338	44.0	18.6	33.1	2.8	0.1	300	230	4.2	575	130	0	0.06	0.03	0.1	0	1.4
콩나물	31	90.2	4.2	1.0	2.9	0.5	32	49	0.8	4	220	13	0.15	0.13	0.8	10	0.8
숙주나물	21	94.1	3.4	0.4	2.2	0.4	4	46	1.4	4	100	4	0.04	0.45	0.6	16	0.5
간장	38	71.7	4.3	0.4	4.4	0	62	38	5.2	13572	298	0	0.03	0.10	1.2	0	19.2
된장	142	51.5	12.0	4.1	10.7	3.8	122	141	5.1	4245	696	0	0.04	0.20	–	0	17.9

자료: 농촌진흥청(2012), 2011 표준 식품성분표(제8개정판).

- 연수로 조리 경수의 칼슘(Ca)과 마그네슘(Mg)은 콩의 펙틴(pectin)과 결합하여 연화를 저해하므로 연수로 조리한다.

3) 가열에 의한 변화

- 소화성이 좋아짐 가열에 의하여 단백질의 펩타이드(peptide) 사슬이 풀려서 조직이 연해지고 단백질분해효소가 분자의 내부구조까지 들어가기 쉬워져 소화성이 높아진다.
- 독성물질의 분해 가열에 의하여 트립신억제제(trypsin inhibitor)가 불활성화되고, 적혈구응집소(hema-glutinin)가 변성되어 효력을 잃는다.
- 색상의 변화 검은콩 껍질의 색소인 안토사이아닌(anthocyanin)계 크리산테민(chrysan-themin)은 철(Fe)이나 납(Pb) 이온과 결합하면 흑색이 되므로 철 냄비에 검은콩을 넣고 조리하면 좋다. 이는 알칼리성에서 적자색으로 변색된다.

4 콩류의 조리

1) 두부

콩 단백질인 글리시닌은 단백질의 80~90%를 차지한다. 글리시닌은 수용성이므로 물에서 90% 가까이 용출되며 칼슘과 마그네슘염에 의해 쉽게 응고하는 성질을 이용하면 두부(bean curd)를 만들 수 있다.

(1) 두부 만드는 방법

두유 만들기 콩을 충분히 불린 다음 갈거나 또는 일정량(약 2배)의 물을 첨가하여 곱게 갈아 약 10배의 물을 넣어 끓인 후 거른다. 콩의 침지시간은 온도에 따라 6~12시간으로 한다. 가열 시 심하게 거품이 나므로 소포제(식용유나 종실유에 약간의 석회를 첨가)를 소량 사용하여 거품을 제거한다.

응고 두유는 70~80℃ 정도가 되면 대두 중량의 2~4% 응고제를 넣고 대두 단백질(글리시닌)를 응고시킨다. 10~15분이 경과하면 응고가 끝난다. 응고제의 사용량이 많거나 가열시간이 길면 두부가 단단해지고 반면에 응고제가 부족하면 추출된 단백질 전량이 응고되지 못한다.

탈수 · 성형 두유에 응고제를 넣어 엉긴 상태가 순두부이다. 일반적인 두부는 응고물에서 수분을 제거하기 위해 눌러 성형한 것이다. 두부는 탈수 · 성형 후 물속에 넣었다가 꺼내는데, 그렇게 하는 이유는 두부의 모양이 부서지지 않게 하고, 두부와 결합하지 않은 과잉의 칼슘(Ca)을 용출하기 위해서이다.

표 9-4 응고제의 종류 및 특성

응고제	첨가온도(℃)	용해성	장점	단점
염화칼슘 (CaCl$_2$, 2H$_2$O)	75~80	수용성	응고시간이 빠르고 보존성이 양호하며 압착 시 물이 잘 빠진다.	수율이 낮고, 두부가 거칠며 견고하다.
황산칼슘 (CaSO$_4$, 2H$_2$O)	80~85	불용성	두부의 색상이 좋고, 조직이 연하며 수율이 좋다.	사용이 불편하다(더운 물에 희석해서 사용).
염화마그네슘 (MgCl$_2$, 6H$_2$O)	75~80	수용성	응고시간이 빠르고, 맛이 좋으며 압착 시 물이 잘 빠진다.	두부가 거칠고 수율이 낮다.
글루코노델타락톤	85~90	수용성	사용이 편리하고, 응고력과 수율이 높다.	신맛이 나며, 조직이 연하다.

(2) 두부를 부드럽게 조리하는 방법

두부를 물에서 가열하면 구멍이 생기면서 단단해지고 맛이 없어진다. 유리 형태의 칼슘(Ca) 일부가 용출되나 일부는 두부와의 결합이 촉진되기 때문이다. 그러나 국물 중에 소금(0.5~1%)이 있으면 나트륨(Na)의 길항작용으로 인하여 유리 칼슘이 두부와 결합하는 것을 방해하므로 연해진다. 따라서 두부찌개를 끓일 때는 조리 전 1% 소금물에 담가두거나 소금 등으로 간을 하면 좋다. 이미 간을 한 국물에서는 두부를 마지막에 넣어야 한다.

2) 튀긴두부, 동결두부

튀긴두부(유부)는 단단하게 만든 두부를 얇게 썰어서 110~120℃에서 튀긴 후 180~200℃에서 황갈색이 될 때까지 다시 튀겨 기호성과 보존성을 증가시킨 것이다. 튀긴두부는 공기와 접촉되면 산패되기 쉬우므로 뜨거운 물로 표면에 부착된 기름을 제거하고 사용한다.

동결두부는 두부를 냉동시킨 후 침수시키면 수분이 얼었다가 탈수되면서 조직이 치밀해지고 탄성과 스펀지와 같은 질감을 형성하게 되는데, 이것을 다시 건조시킨 것으로 10% 내외의 수분을 함유하며 풍미와 저장성이 좋다. 조리할 때는 물에 불려 삶은 후 스펀지를 짜듯 헹구어 뽀얀 물이 나오지 않을 때까지 이를 반복한 다음 조미한다.

3) 콩나물, 숙주

콩나물과 숙주는 콩과 녹두에 물을 주면서 싹을 틔워 생육시킨 것이다. 비타민 C를 다량 함유하고 있으며, 유리아미노산인 아스파트산(aspartic acid)이 풍부하다. 비타민 C의 함량은 발아와 함께 급격히 증가했다가 다시 감소하며, 재배 7일째에 최고 함량이 된다. 또 섬유소가 풍부하여 상습성 변비 방지에도 도움이 되는 식품이다. 콩나물과 숙주는 줄기의 길이가 짧고 굵으며 단단하고 색깔이 희며 싱싱한 것이 좋다. 콩나물국을 끓일 때 비타민 C와 비타민 B_2의 파괴를 방지하기 위해서는 소금을 약간 넣은 후 조리하는 것이 좋다.

4) 간장, 된장

간장은 콩, 소금, 물을 원료로 하여 콩을 삶아 메주를 만들어 3개월 정도 띄운 후 소금물에 담가 2개월 정도 숙성 발효시킨다. 숙성 후 액체는 간장이며 나머지는 된장이 된다. 간장에는 그해 담가 맑은 색을 내는 청장(국간장)이 있고, 해를 묵혀 색과 맛이 진해진 진간장이 있다.

5) 청국장

콩을 삶아서 볏짚의 발효균(납두균, *Bacillus subtilis*)을 이용하여 40℃ 정도에서 2~3일 두면 끈끈한 실이 생기는 청국장이 된다. 이것을 소금, 마늘, 고춧가루 등을 넣고 마쇄하여 숙성시킨다.

기타 제품

- **나토** 나토(natto)는 일본식 청국장으로 콩을 삶은 후 나토균(고초균, *Bacillus natto*)을 이용하여 발효·숙성시킨 것이다. 끓이지 않고 먹는다.
- **미소** 일본식 된장인 미소는 찐 콩에 소금과 누룩을 넣고 단백질을 분해시켜 만든 것으로 콩미소, 쌀미소, 보리미소가 있다.
- **춘장, 두반장** 중국의 춘장은 대두, 쌀, 보리, 밀, 탈지대두 등을 원료로 하고 소금, 종국을 넣어 발효·숙성시킨 것에 캐러멜 등을 첨가하여 가공한 것이다. 두반장은 콩과 잘게 썬 고추를 넣어 만든 콩 가공품이다.
- **템페** 템페(tempeh)는 인도네시아 전통 발효식품으로 대두를 삶아서 리조푸스(*Rhizopus oligosporus*) 균을 접종시켜 생수에 발효시킨 것이다.

10 채소류와 과일류

채소와 과일은 산이나 들에서 채취하거나 재배한 식물성 식재료이다. 과일은 주로 나무에 열리는 열매를 뜻하나 초본성인 딸기, 참외, 수박 등은 과일로 취급한다. 채소와 과일은 수분이 많고 부피가 있어 포만감을 주며 각기 독특한 맛과 향기, 아름다운 색상, 조직감이 있어 식욕을 증진시킨다.

채소는 비교적 열량이 낮고 과일은 단맛이 강하여 열량원이 된다. 채소와 과일은 무기질, 비타민이 풍부하고 섬유질이 많아 통변을 좋게 한다. 여기에 들어 있는 다양한 종류의 식물생리활성물질(phytochemical)은 성인병이나 암 예방에 효과가 있다고 연구되고 있다. 채소와 과일은 우리의 신체기능을 조절하는 매우 중요한 조절소이다.

1 식물세포의 구조

식물세포를 구성하는 세포에는 유세포, 유도(도관)세포, 지지세포, 보호세포의 네 종류가 있다. 식용으로 하는 식물의 세포는 그림 10-1과 같이 양분을 저장하는 유조직세포(parenchyma cell)로 이루어져 있으며, 원형질막과 세포벽이 원형질을 둘러싸고 있다. 원형질에는 핵, 세포질, 액포, 미토콘드리아, 색소체 등이 존재한다. 성숙한 유세포는 지름이 50~500 μm의 다각형 입체구조로 이루어져 있으며, 세포막은 세포 안

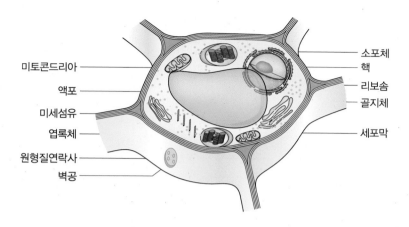

그림 10-1 식물세포의 구조

팎의 물질이 통과하는 것을 조절한다. 세포와 세포의 결합은 펙틴물질에 의해 이루어지고, 세포막 주변을 둘러싸고 있는 세포벽은 섬유소로 구성되어 있어 단단하다.

색소체에는 엽록소(클로로필, chlorophyll)를 가진 클로로플라스트(엽록체)와, 카로테노이드를 가진 크로모플라스트(비광합성 유색체)가 있으며 전분을 저장한 형태의 무색의 백색체가 있다. 이에 반해 흰색의 안토잔틴과 보라색의 안토사이아닌 색소는 수용성으로 세포질에 균일하게 녹아 있다. 액포는 세포액으로 차 있으며 당과 염 외에 여러 가지 수용성 물질이 들어 있다. 밀착되지 않은 세포와 세포의 모서리 부분 작은 공간은 공기로 가득 차 있어 광선을 반사하므로 색소가 없는 식물을 현미경으로 보면 흰색으로 보인다. 감자는 세포 간 공간이 비교적 적으나, 사과는 20~25%의 공간이 있어 가볍기 때문에 물에 뜬다.

1) 유도세포

수분, 염류 기타 영양분을 필요한 각 조직에 운반하는 긴 관 모양의 세포로 세포벽이 목질(lignin) 같은 단단하고 질긴 물질로 구성되어 있어 조리해도 질기고 단단하다.

2) 지지세포

식물이 빳빳하게 서 있을 수 있도록 돕는 세포로, 세포의 벽이 셀룰로스(cellulose)로 되

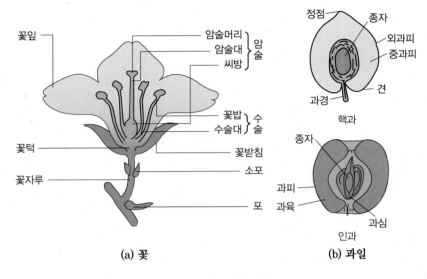

그림 10-2 꽃과 과일의 구조

어 있고 성장하면서 목질이 침착하여 두꺼워진다. 어리거나 연한 부분에는 많지 않다.

3) 보호세포

세포가 서로 밀접하게 붙어 있어 상당히 질기고, 식물의 외부에 존재하며 큐틴(cutin)을 분비하거나 코르크(cork)질을 함유하고 있어 외부로부터의 기계적 상해나 병충해로부터 식물을 보호한다. 과일은 꽃을 이루는 씨방, 꽃턱 등이 변한 것으로 구조는 그림 10-2와 같이 외과피, 종자, 과육부로 되어 있다.

2 채소 및 과일의 종류

1) 채소의 종류

채소는 자연적 분류, 생태적 분류, 이용 부위별 분류 등 여러 가지 분류법이 있으며, 식용하는 부위별 분류로 엽채(잎줄기채소), 경채(줄기채소), 인경채(비늘줄기채소), 근채(뿌리채소), 과채(열매채소), 화채(꽃채소)로 구분한다.

엽채

- **배추** 배추(chinese cabbage)는 잎이 얇고 연하면서 들었을 때 묵직한 것이 좋다. 십자화과 식물로 황화합물이 가열에 의해 분해되어 황화수소가스 등을 생성하기 때문에 쿰쿰한 냄새가 난다.
- **양배추** 양배추(cabbage)의 특이한 맛과 향을 내는 S−메틸메싸이오닌(S−methylmethionine)은 소화기 궤양을 치유하는 물질로 채소에 메싸이오닌보다 많이 함유되어 있다. 열에 불안정하여 조리 시 다이메틸설파이드(dimethyl sulfide)로 분해된다.
- **상추** 상추(lettuce)의 쓴맛을 내는 락투신(lactucin)은 진통과 진정작용이 있어, 불면증이나 신경과민 등에 좋다.
- **시금치** 시금치(spinach)는 단백질 3.1g%, 베타카로텐 2,876μg%, 비타민 C 60mg%을 함유하고 있다. 옥살산(oxalic acid)이 1g% 가까이 함유되어 있어 불용성의 수산칼슘을 만들어 칼슘의 흡수를 저해할 수 있다.
- **쑥갓** 쑥갓(crown daisy)은 베타카로텐을 3,755μg% 함유하고 있다.
- **갓** 갓(mustard leaf)은 매운맛이 강해 거의 김치용으로 사용한다. 특유의 톡 쏘는 매운맛은 시니그린이 효소에 의해 겨자유가 되기 때문이다. 씨로 만든 겨자가루는 향신조미료로 사용한다. 비타민 C를 135mg% 함유하고 있다.
- **미나리** 미나리(dropwort)의 향기 성분은 캄펜, 베타피넨, 미리스틴, 카르바크롤, 유제놀 등이다.
- **들깻잎** 들깻잎(perilla leaf)은 칼슘이 시금치의 5배 이상 함유되어 있고 베타카로텐이 9,145μg%로 다량 들어 있다. 특유의 맛과 향은 기호도도 높지만 고기와 생선의 냄새 제거에 효과적이다.

인경채

- **파** 파(green onion)는 대파, 움파, 쪽파, 실파 등 품종이 다양하다. 특유의 냄새 성분인 황화프로필은 위액의 분비를 촉진하고 발한작용을 한다.
- **마늘** 마늘(galic)은 수분이 63.1%로 다른 채소에 비하여 적고 단백질과 탄수화물이 각각 5.4%와 30%로 많다. 비타민 B_1, B_2, 나이아신과 비타민 C(28mg%)의 함량이 높다. 설폭사이드(sulfoxide)화합물인 알리인(alliin)을 함유하여 효소 알리네이스(alliinase)에 의해 알리신을 생성한다. 알리신은 불안정하여 바로 분해되어 아조엔과 같은 유황화합물을 생성하여 특유의 마늘냄새가 나게 한다. 알리신은 비타민 B_1의 흡수를 돕는다. 마늘 섭취 후 몸에서 나는 냄새는 AMS(allyl methyl sulfide) 때문으로 체내에서 대사되지 않고 혈액으로 전달되어 피부와 폐를 통해 이행되기 때문이다.
- **양파** 양파(onion)는 8.4%의 탄수화물을 가지고 있다. 설폭사이드화합물은 알리네이스(alliinase)에 의해 술펜산이 된 후 LF−합성효소(LF−synthease)에 의해 최루성 술폭시화합물을 생성한다. 양파의 설폭사이드는 마늘의 설폭사이드와 구조가 다르다. 껍질의 퀘세틴(quercetin)은 항산화작용을 한다.
- **부추** 부추(garlic chive)의 향미 성분인 황화알릴(allyl sulfide)은 살균작용이 있고 소화효소 분비를 촉진하여 소화를 돕는다.

근채

- **무** 무(radish)에는 비타민 C가 17mg% 들어 있고, 아밀레이스(amylase)가 함유되어 소화를 돕는다. 무청에는 비타민 C가 72mg%로 다량 함유되어 있다. 매운맛 성분은 글루코시놀레이트가 효소 미로시네이스(myrosinase)에 의해 분해되어 생성된 아이소싸이오사이아네이트(isothiocyanate)로 대부분은 trans-4-methyl-3-butenyl isothiocyanate이다. 가열하면 겨자유와 메틸 메르캅탄(CH_3-SH) 등이 휘발하여 단맛을 느끼게 된다.
- **당근** 당근(carrot)에는 베타카로텐이 7,620μg으로 다량 들어 있다. 비타민 C가 8mg% 함유되어 있으나 아스코비네이스(ascorbinase)를 함유하고 있기 때문에 익혀서 먹는 것이 좋다.
- **우엉** 우엉(burdock) 당질의 대부분은 이눌린(inulin)과 섬유질이고, 타닌의 함량이 높아 갈변되기 쉽다. 삶을 때 칼륨, 나트륨, 마그네슘 등의 무기질이 안토사이아닌 색소와 반응하면 파랗게 된다.
- **연근** 연근(lotus root)은 비타민 C가 57mg%로 상당량 함유되어 있고, 클로로겐산, 타닌 같은 폴리페놀이 다량 들어 있다. 자를 때 생기는 끈끈한 성분은 단백질과 당이 결합한 것이다.
- **도라지** 도라지(platycodon)에는 비타민 C가 14mg% 함유되어 있다. 주로 뿌리를 먹지만 어린잎과 줄기도 먹을 수 있으며, 씻어서 말린 것은 백길경이라고 한다. 알칼로이드로 추정되는 쓴맛 성분은 소금을 뿌려 주물러 씻으면 제거할 수 있으며, 사포닌 성분인 플라티코딘(platycodin)은 진해 거담작용이 있다.

과채

- **가지** 가지(eggplant)의 보라색 색소는 안토사이아닌배당체 나수닌(nasunin)으로 분해되면 당과 델피닌딘이 된다. 철이나 알루미늄과 결합하면 아름다운 청자색으로 고정되므로 가지를 조리할 때 명반(alum)이나 녹슨 쇠붙이를 넣으면 가지의 색이 퇴색하지 않는다.
- **고추** 고추(pepper)는 베타카로텐, 비타민 B_1, B_2, C가 다른 채소보다 특히 많다. 매운맛 성분은 캡사이신(capsaicin)이고, 빨간색을 내는 것은 캡산틴(capsantin)과 카로텐이다.
- **오이** 오이(cucumber)는 수분을 96% 함유하고 있어 열량이 12kcal로 매우 낮고 다른 영양소도 적다. 아스코비네이스가 있으며, 쓴맛 성분은 쿠쿠비타신(cucurbitacin)이다. 씻을 때 소금으로 표면을 문질러 씻으면 깨끗하게 되고 색도 선명해진다.
- **오크라** 오크라(okra)는 펙틴, 갈락탄, 아라반 등의 다당류가 있어 점질의 느낌이 있다.
- **토마토** 토마토(tomato)는 비타민 C가 12mg% 들어 있으며 항산화물질로 리코펜이 다량 들어 있다. 비타민 C는 가열조리에 비교적 안정적인데, 산미의 유기산과 항산화물질이 많기 때문이다.
- **호박** 호박(pumpkin)은 베타카로텐(carotene)과 비타민 C의 함량이 많으며, 항산화효과와 항암효과가 있는 것으로 보인다. 늙은호박(청둥호박)은 애호박보다 베타카로텐, 비타민 C 등의 영양 성분이 더 많다. 애호박과 청둥호박은 열량이 낮으나 단호박은 70kcal로 열량이 높다.

경채

- **아스파라거스** 아스파라거스(asparagus)의 질소화합물 대부분은 비단백태의 아미드인 아스파라진(asparagine)이다. 쌉싸름한 맛의 아스파라젠산과 혈관을 강화하는 루틴을 함유한다.
- **셀러리** 셀러리(celery)의 독특한 향기는 아피네올, 피넨, 아이소부틸리덴(isobutylidene) 등의 휘발성물질 때문이다. 종자는 향신료로 사용되며, 분말은 소금과 혼합하여 사용하기도 한다.
- **죽순** 죽순(bamboo hoot)의 아린맛은 타이로신 대사산물인 호모겐티스산(homogentisic acid) 때문이다. 또한 타이로신, 아스파라진, 발린, 글루탐산 등의 아미노산과 베타인, 콜린, 당류, 유기산, 아테닐산 등이 독특한 맛을 내는 데 기여한다.

화채

- **브로콜리** 브로콜리(broccoli)는 비타민 C가 98mg%로 다량 함유되어 있으며 베타카로텐과 비타민 B도 많이 들어 있다. 글루코시놀레이트(glucosinolate)인 글루코라파닌은 미로시네이스에 의해 분해되어 항산화작용이 있는 설포라판을 형성한다. 새싹에는 글루코라파닌이 다량 들어 있다.
- **콜리플라워** 콜리플라워(cauliflower)는 꽃양배추라 하며, 주로 백색 또는 유백색의 꽃덩어리로 비타민 C가 99mg% 함유되어 있다. 비타민 C와 글루코라파닌 등에 의한 항산화활성이 매우 크다.
- **아티초크** 아티초크(artichoke)는 개화 직전 꽃봉오리를 수확하여 겉부분은 깎아내고 속부분만 이용한다. 자르자마자 식초에 담가야 변색을 방지할 수 있다. 퀸산과 카페산이 결합된 페놀물질인 시나린(cynarin)은 항산화작용을 한다.

2) 과일의 종류

과일은 인과(꽃턱이 과육으로 발달한 과일), 준인과(씨방이 과육으로 발달한 과일), 핵과(단단한 과육이 핵을 둘러싸고 있는 과일), 장과(다량의 과즙을 가진 과일), 견과(단단한 외피에 쌓인 과일)로 구분할 수 있다.

인과

- **사과** 사과(apple)는 비타민 C를 48mg% 함유하고 있다. 껍질의 붉은색은 안토사이아닌 색소이고, 과육에는 타닌, 케르세틴, 클로로겐산 등의 폴리페놀이 함유되어 있다.
- **배** 배(pear)는 비타민 C와 유기산 함량이 적고, 석세포에는 펜토산이 주성분으로 들어 있다.
- **비파** 비파(loquat)는 등황색 과일로 베타카로텐 400μg%, 비타민 C를 15mg%를 함유하고 있다. 당분은 10.1%이고 유기산이 적어 단맛이 강하다.

준인과

- **감** 감(persimmon)의 주 색소는 카로테노이드이며, 타닌인 시부올은 아세트알데하이드와 결합하면 불용성이 되어 떫은맛이 사라진다. 떫은감에 알코올을 넣으면 알코올수소제거효소(alcohol dehydrogenase)에 의해 아세트알데하이드(acetaldehyde)가 된다. 곶감 표면의 흰 가루는 마니톨, 소비톨 등의 당알코올이다. 비타민 C가 110mg% 함유되어 있다.
- **감귤** 감귤(citrus fruits)의 종류로는 여름밀감, 만다린, 레몬, 그레이프프루트, 라임 등이 있으며 비타민 C가 풍부하고 비타민 P로 불리는 헤스페리딘(hesperidin)을 함유하고 있다. 껍질의 정유 성분은 d-리모넨, 쓴맛 성분은 나린진이며, 향미 성분은 시트랄(citral)이다. 유기산인 구연산이 1~2% 함유되어 있다.

핵과

- **복숭아** 복숭아(peach)는 신맛이 적은 과실로 비타민 C의 함량은 매우 적다. 과육이 부드러워 장기간 저장이나 장거리 수송에는 부적당하다. 통조림 속의 복숭아 자변(紫變)현상은 안토사이아닌이 캔의 주석 이온과 킬레이트(chelate)되기 때문이다.
- **자두** 자두(plum)의 신맛은 주로 사과산 때문이며, 비타민 C의 함량이 적다. 품종 중에서 프룬(prune)은 핵을 제거하지 않고 말리며, 플럼(plum)은 말리지 않고 가공하거나 생과로 이용한다.
- **매실** 매실(japanese apricot)에는 당질이 7.8%, 비타민 C가 11g% 함유되어 있다. 유기산으로 구연산, 사과산, 주석산 등이 다량 들어 있어 산도가 높으며 미숙과 및 씨에는 아미그달린(amygdalin)이 들어 있다. 미숙한 매실 핵을 제거하고 과피를 벗겨 연기 중에 건조시킨 오매(烏梅)는 한약으로 쓰인다.
- **살구** 살구(apricot)의 당분은 주로 자당이며, 베타카로텐이 1,784μg%로 다량 들어 있다. 재래종은 유기산이 많아 신맛이 강하며 미숙과와 씨에는 아미그달린이 들어 있다. 살구씨(杏仁) 중 쓴맛이 있는 것은 기침이나 변비 등에 약용으로, 단맛이 있는 것은 식용으로 사용한다.
- **체리** 체리(cherry)는 당질이 14.9%이며, 항산화작용이 있는 안토사이아닌계 배당체인 케라사이아닌이 다량 들어 있다. 신맛이 강한 체리는 가공용으로 사용한다.
- **대추** 대추(jujube)는 당질 함량이 22.8%로 과일 중에서 칼로리가 높다. 비타민 C가 62mg%로 다량 들어 있으며, 건조시키면 8mg%로 감소한다.
- **아보카도** 아보카도(avocado)는 가운데에 큰 씨 하나를 가지며, 실온에서 숙성시켜 식용한다. 숙성온도는 30℃, 저장온도는 4~5℃가 좋다. 지방이 18.7% 함유되어 있고 열량이 187kcal%이며, 버터와 같은 향미가 있다.
- **망고** 망고(mango)에는 당질 16.9%, 베타카로텐 610μg%, 비타민 C가 20mg% 함유되어 있다. 덜 익은 열매와 어린 잎은 신맛을 내는 향로로 사용된다.

장과

- **딸기** 딸기(strawberry)는 과육이 약하여 수송이나 장기 저장이 어려우므로 급속동결하여 저장한다. 비타민 C가 71mg%, 유기산이 1.0% 정도 함유되어 있다. 가공할 때 레몬즙을 같이 사용하면 안토사이아닌 색소가 더욱 붉어진다.
- **수박** 수박(watermelon)은 수분 함량이 90.8%로 많고, 과육은 적색, 황색, 백색종이 있다. 비타민 C는 거의 들어 있지 않다. 항산화작용을 하는 리코펜(lycopene)과 이뇨작용을 돕는 시트룰린(citrulline)이 들어 있다. 씨에는 지질과 단백질이 풍부하여 식염수에 절여 건조 후 볶아서 식용한다.
- **무화과** 무화과(fig)는 당분 84.6%, 당질 14.3%를 함유하고 있으며 기타 영양소는 매우 적게 들어 있다. 단백질분해효소인 피신(ficin)을 함유하고 있다. 자연건조된 무화과는 완숙된 과실을 끓는 소금물에 넣었다 햇빛에 말린 다음 그늘에서 2차로 말린 것이다.
- **참외** 참외(oriental melon)는 과육 대부분이 희고 육질이 연하며 약한 것은 퀘과라 한다. 녹색, 은색, 금색인 외피에 골이 있어 울퉁불퉁하고, 과육은 녹색, 등황색이면서 육질이 점분질로 연한 것을 면과라고 한다. 비타민 C가 21mg% 들어 있다.
- **포도** 포도(grape)는 당의 함량이 10~19%로 높다. 적포도의 과피에는 안토사이아닌과 타닌이 함유되어 있어 항산화작용을 한다. 주 유기산은 타타르산(tartaric acid)이다.
- **파파야** 파파야(papaya) 중 미숙한 것은 채소로 사용한다. 파파야를 자를 때 나오는 흰 즙에는 단백질분해효소인 파파인(papain)이 들어 있다. 익은 파파야에는 파파인 함량이 매우 적다. 매운맛의 검은 종자는 조미료로 쓰인다.
- **파인애플** 파인애플(pineapple)은 비타민 C를 50~60mg%, 구연산 0.5%를 함유하고 있다. 브로멜라인(bromelain)이라는 단백질가수분해효소가 소화를 돕는다.
- **바나나** 바나나(banana)는 열대과일 후숙과로 생식용이며, 요리용은 바나나와 유사한 플랜틴이다. 과일 중 칼로리가 높아 80kcal%이며 구연산 등에 의한 산미가 있다. 향기 성분은 아이소아밀알코올(isoamyl alcohol)과 아세트산아이소아밀(Isoamyl Acetate) 등이다.

견과

- **밤** 밤(chestnuts)에는 비타민 C가 30mg% 정도 들어 있고 속껍질에는 엘라그산(ellagic acid)이 들어 있다. 삶을 때 명반을 약간 넣으면 잘 부서지지 않고 고운 노란색을 띤다.
- **호두** 호두(walnut)에는 15%의 양질의 단백질과 66%의 유지가 함유되어 있어 칼로리가 높다. 피칸(pecan)은 단백질 9%, 유지 72%로 호두와 비슷하지만 호두보다 더 달고 고소하다.
- **은행** 은행(gingko)의 식용 부분은 내배유로 황록색을 띠고 맛이 좋다. 수분을 제외하면 대부분 전분이다. 청산배당체가 들어 있어 많이 먹으면 중독될 수 있다.

3 채소 및 과일의 성분

1) 채소 및 과일의 영양 성분

채소와 과일은 90% 정도의 수분을 함유하고 있으며 단백질과 지방은 소량 함유되어 있다. 채소는 열량이 낮으나 뿌리채소나 과일은 당질 함량이 높아 열량원이 된다. 채소와 과일에는 칼슘과 칼륨 함량이 많고 수용성 비타민 B_1, B_2, C의 함량이 높다. 특히 비타민 C의 급원으로 매우 중요하며 녹황색 채소는 카로테노이드 색소 함량이 높아 비타민 A의 급원이 된다.

표 10-1 채소의 일반 성분

	성분	열량 (kcal)	수분 (%)	단백질 (g)	탄수화물		무기질			비타민		
					당질 (g)	조섬유(g)	칼슘 (mg)	인 (mg)	칼륨 (mg)	A (RE)	β-카로텐(μg)	C (mg)
엽채류	배추(여름배추)	10	96.4	1	2.2	1.5	33	35	233	1	3	16
	상추	19	93.5	1.7	3.7	−	55	19	429	80	482	12
	시금치	33	89.4	3.1	6	2.6	40	29	502	479	2876	60
경채류	셀러리	26	91.1	1.8	5.5	1.4	177	53	298	108	648	47
	아스파라거스	15	94.6	1.9	2.8	0.7	22	61	220	54	321	5
	죽순	23	91.8	3.5	3.6	3	12	68	525	0	0	1
인경채류	마늘	136	63.1	5.4	30	2	10	164	664	0	0	28
	양파	36	90.1	1	8.4	1.2	16	30	144	0	0	8
	대파	29	91.4	1.2	6.7	1.7	25	26	239	1	8	11
화채류	브로콜리	33	88.6	5	5	1.7	64	195	307	128	766	98
	콜리플라워	22	92.4	1.9	4.7	2.9	12	40	304	2	12	99
	원추리	42	86.1	3.7	8.4	1.3	97	68	662	521	3126	40
근채류	당근	37	89.5	1.1	8.6	2.5	40	38	395	1270	7620	8
	무	33	90.3	1.4	7.6	1.5	50	39	350	tr	tr	17
	연근	70	80.2	2.1	16.4	2.4	22	67	377	0	0	57
과채류	애호박	26	93	0.9	5.6	1.2	30	36	215	34	201	9
	고추(녹광)	39	84.6	2.6	10.3	10.3	16	56	284	1078	6466	116
	토마토	18	94.3	0.8	4.5	1	6	12	196	12	69	12

자료: 농촌진흥청(2012). 2011 표준 식품성분표(제8개정판).

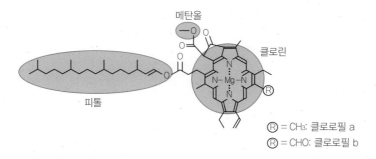

메탄올

클로린

피톨

Ⓡ = CH₃: 클로로필 a
Ⓡ = CHO: 클로로필 b

그림 10-3 클로로필 a와 b의 구조

2) 채소 및 과일의 색소 성분

식물의 색소는 지용성과 수용성으로 구분된다. 지용성 색소는 색소체에 존재하는 클로로필과 카로테노이드이고, 수용성 색소는 세포질에 녹아 있는 플라보노이드와 베타레인이다. 이들 색소는 우리에게 시각적인 즐거움을 줄 뿐만 아니라 식욕을 증진시킨다.

(1) 클로로필

클로로필(엽록소)은 엽록체의 그라나 속에 단백질과 결합되어 존재하며 a, b, c, d 등 종류가 다양하다. 식물에는 청록색의 클로로필 a와 황록색의 클로로필 b가 보통 3 : 1의 비율로 존재하며 클로린구조를 가진다. 해조에는 클로로필 c가 있으며 클로린구조를 가지고 있다(그림 10-3). 클로로필이 녹색을 띠는 것은 구조에 연속된 공액이중결합(conjugated double bond)과 마그네슘(Mg) 때문으로 보이며, 지용성인 이유는 탄소 20개로 이루어진 피롤사슬 때문이다.

(2) 카로티노이드

자연계에 가장 많이 존재하는 지용성의 황색과 주황색, 또는 적색 색소로 당근의 주색소이다. 크로모플라스트 또는 엽록체에 카로텐(carotene)과 잔토필(xanthophyll)로 존재하며 클로로필 보호작용을 한다. 탄소 10개의 테르펜이 4개 결합된 테트라테르펜(tetraterpene)이 기본구조로 공액이중결합 수가 증가할수록 붉은색이 강해진다. 공액

표 10-2 카로테노이드의 종류와 출처

종류		출처
카로텐 (carotene)	α 카로텐	당근, 찻잎, 고추
	β 카로텐	당근, 고구마, 호박, 녹색채소
	γ 카로텐	당근, 살구
	리코펜	수박, 토마토
잔토필 (xanthophyll)	루테인	오렌지, 호박, 녹색채소
	캡산틴	고추
	크립토잔틴	옥수수, 오렌지, 감, 난황, 비파
	지아잔틴	옥수수, 오렌지
	비올라잔틴	자두, 고추, 사과

이중결합이 모두 산화된 카로테노이드(carotenoid)는 색을 잃고 무색이 된다.

(3) 플라보노이드

플라보노이드(flavonoid)는 식물세포의 액포에 존재하는 수용성 색소로 라틴어로 노랗다는 의미를 가진 flavus에서 유래하며 체내의 유해 산소를 제거하는 항산화작용이 강하다. 2개의 페닐기가 피란고리 혹은 이와 유사한 탄소 3개의 구조로 결합된 물질의 총칭으로 C_6-C_3-C_6의 구조를 가진 플라본을 기본 구조로 한다(그림 10-5). 안토잔틴(플라

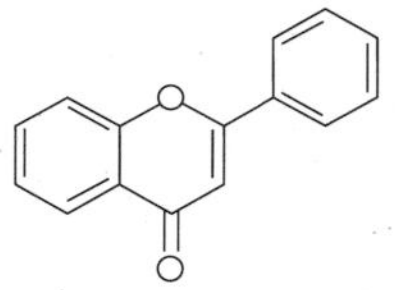

그림 10-4 플라본의 기본구조
(2-phenyl-1,4-benzopyrone)

본과 플라본올), 플라바논(flavanone), 플라반올(flavanol), 플라반, 안토사이아니딘, 아이소플라본 등의 색소군이 포함된다. 안토잔틴, 플라바논 및 플라반은 무색, 흰색, 엷은 노란색을 띤다. 배당체 및 출처는 표 10-2과 같다.

안토잔틴은 산성용액에서 안정하여 흰색 또는 크림색이나, 알칼리용액에서는 구조가 변하여 노란색을 띠고, 금속과 결합하면 청록색 또는 흑갈색이 된다. 안토잔틴은 당과 결합한 글루코사이드 형태로 존재하는 경우도 많으며 가열 등으로 인하여 당이 떨어져나가면 색이 더욱 진해진다.

플라바논은 레몬, 귤, 오렌지 등 감귤류 외과피의 펄프에서 헤스페리딘, 나린진 등 무색의 배당체에서 볼 수 있다.

표 10-3 안토잔틴, 플라바논, 플라반과 그 배당체의 색과 출처

종류			색	출처	배당체 및 출처
안토잔틴 (an tho xan thin)	플라본 (flavone)	루테올린 (luteolin)	황색	–	신아로시드(cynaroside, 민들레차, 아티초크)
		아피제닌 (apigenin)	황색	–	아피인(apiin, 파슬리, 셀러리)
					아피제트린(apigetrin, 민들레차)
	플라본올 (flavonol)	퀘세틴 (quercetin)	황색	채소, 곡류	루틴(rutin, 감귤, 메밀, 양파)
					퀘시트린(quercitrin, 감귤, 메밀, 양파)
		캠페롤 (kaempferol)	황색	차, 자몽, 양배추	캠페리틴(kaempferitrin)
		미리세틴 (myricetin)	황색	호두, 과일, 채소	배당체는 별로 없음
플라바논 (flavanone)		헤스페레틴 (hesperetin)	무색	–	헤스페리딘(hesperidin, 감귤)
					네오헤스페리딘(neohesperidin, 감귤)
		나린제닌 (naringenin)	무색	–	나린진(naringin, 자몽)
		에리오딕티올 (eriodictyol)	무색	예르바산타, 레몬	에리오딕틴(eriodictin, 로즈힙)
플라반 (fla van)	flavan-3-ol	카테킨 (catechin)	무색	코코아, 녹차, 보리, 건포도	(2R,3S)-Catechin-7-O-β-D-glucopyranoside보리, 맥아)
		테아플라빈 (theaflavin)	등적색	홍차	–
	flavan-3,4-diol (leucoan thocyanidin)	류코사이아니딘 (leucocyanidin)	무색	땅콩, 체리, 보리	없음

플라반에는 플라반-3-올, 플라반-4-올, 플라반-3,4-다이올 등 3가지 종류가 있으며, 녹차에 함유된 카테킨과 갈로카테킨, 홍차에 들어 있는 테아플라빈은 모두 플라반에 속한다. 류코안토사이아니딘은 색이 없는 플라보노이드로 안토사이아니딘 생합성과정의 중간물질이다.

안토사이아니딘은 채소와 과일의 빨간색, 보라색, 파란색 색소로 배당체는 안토사이아닌이다. 옥소늄(oxonium) 구조를 가지고 있어서 산성에서는 안정하나 알칼리성에서는 불안정하여, 산성에서 붉은색이나 pH 7의 중성으로 가면서 보라색을 띠다가 알칼리가 되면 청색으로 된 후 더 강한 알칼리가 되면 녹색을 거쳐 노란색이 된다. 또한 산소가 있으면 산화하며 금속과 결합하여 변색된다.

표 10-4 안토사이아니딘과 안토사이아닌의 색과 출처

안토사이아니딘	색	출처	안토사이아니딘 및 출처
사이아니딘 (cyanidin)	적자색	레드베리, 사과, 적양파	안티리닌(antirrhinin): 블랙커런트, 리치 과피
			케라사이아닌(keracyanin): 체리
			크리산테민(chrisanthemin): 블랙커런트, 검은콩
델피니딘 (delphinidin)	청색	포도, 크랜베리, 석류	나수닌(nasunin): 가지
			델피닌(delphinin): 포도
말비딘 (malvidin)	청색	적포도주	말빈(malvin): 포도 껍질
			에닌(oenin): 포도 껍질
펠라고니딘 (pelargonidin)	오렌지색	식물색소	칼리스테핀(callistephin): 딸기
페오니딘 (peonidin)	적자색	크랜베리, 자두, 포도, 흑미	페튜니딘-3-O-글루코사이드(petunidin-3-O-glucoside): 암적자색, 베리, 적포도, 적포도주, 적양파, 보라색 옥수수
페튜니딘 (petunidin)	암적색 암자색	초크베리 등 레드베리, 포도	페튜니딘-3-O-글루코사이드: 포도 껍질

(4) 베타레인

베타레인(betalain)은 수용성으로 사탕무, 근대, 비트처럼 뿌리 줄기 등에서 붉은색 또는 노란색을 띠고 있는 색소이다. 베타레인은 인돌핵을 가진 안토사이아닌과 구조가 다른 화합물이다. 붉은색부터 보라색까지 나타내는 베타사이아닌과, 노란색에서 오렌지색까지 나타내는 베타잔틴이 있으며 일부 계통의 베타레인은 항균작용을 한다.

(5) 타닌

무색의 폴리페놀물질로 미숙한 과일과 밤, 도토리, 차 등에 많이 함유되어 있으며, 산소와 결합하면 갈변하고 철분과 결합하면 암녹색 또는 흑청색의 착화합물이 된다. 수렴성의 떫은맛이 있고 미생물이나 곤충으로부터 식물을 보호하는 기능이 있다.

타닌은 가수분해형 타닌과 가수분해되지 않는 축합형 타닌으로 분류된다. 가수분해형 타닌은 산, 알칼리, 효소에 의해 갈산, 엘라그산, 시킴산과 같은 페놀산과 당으로 분해된다. 축합형 타닌으로는 플라보노이드인 카테킨, 류코안토사이안, 프로안토사이안과 레스베라트롤과 같은 스틸벤류 등이 있으며, 녹차의 카테킨 및 카테킨과 몰식자산의 에스터, 떫은 감의 카테킨류, 시부올 등이 잘 알려져 있다.

3) 채소 및 과일의 맛과 향미 성분

채소나 과일의 향미는 유기산, 알코올, 알데하이드, 에스테르, 테르펜 등의 많은 화합물이 복합적으로 영향을 주며, 맛은 단맛, 신맛, 떫은맛, 쓴맛이 종류와 함량에 따라 달라진다.

단맛은 과일이 채소보다 더 강하며 이는 주로 포도당, 과당, 자당에 의한 감미이다. 신맛은 유기산에 의한 산미이며 과일이 채소보다 유기산 함량이 많아 신맛이 있다. 채소는 유기산 함량이 적고 또 그 유기산이 대부분 염의 형태로 존재하기 때문에 시지 않다. 분자가 작은 개미산, 초산, 프로피온산, 젖산 등은 휘발성 유기산으로 조리할 때 휘발하고, 분자가 큰 구연산, 사과산, 수산, 석신산, 주석산, 안식향산 등은 휘발하지 않아 조리수를 산성으로 만든다. 떫은맛은 바나나와 감 등 풋과일에서 또는 차잎에서 수렴성을 주며 과일주에서 떫은맛은 입안을 개운하게 하며 풍미를 더해 준다. 쓴맛은 도라지 등 채소류에 많이 있으며 독특한 맛이 있다. 채소의 냄새 성분은 함 유황 성분에 의해 나타나는데 종류에 따라 달리 나타난다.

(1) 백합과 채소

백합과 채소(마늘, 양파, 파, 부추)는 매운맛을 낸다. 주성분으로는 시스테인(cysteine)의 황을 함유하고 있다. 마늘의 주성분인 알린(alliin)은 썰거나 다지면 분해효소인 알리네이스(alliinase)에 의하여 알리신(allicin)을 생성한다. 알리신은 마늘의 주된 매운맛과 마늘의 강한 냄새 성분이다. 이 성분은 불안정하여 시간이 경과하면 저분자물질로 분해되어 불쾌한 냄새를 발생시키므로, 마늘은 다진 즉시 사용하는 것이 좋다. 다진 마늘을 두고 쓸 경우에는 냉장 또는 냉동 보관한다.

알린(S-알릴시스테인설폭사이드) + H_2O $\xrightarrow[\text{산소}]{\text{알리네이스}}$ 알리신 + 피루브산 + 암모니아
(생마늘)   (다진 마늘)

그림 10–5 백합과 채소의 향기 성분 생성과정

(2) 겨자과 채소

겨자과 채소(배추, 무, 양배추, 갓, 케일, 브로콜리, 콜리플라워, 겨자)에서 매운맛을 내는 성분은 아이소싸이오사이아네이트(isothiocyanate)의 배당체, 글루코시놀레이트(glucosinolate)의 하나인 시니그린(sinigrin)이다. 시니그린은 배추를 썰 때 효소인 미로시네이스(myrosinase)에 의해 자극성이 강한 매운맛 성분 알릴아이소싸이오사이아네이트(머스터드 오일)를 생성한다.

또한 겨자가루를 따뜻한 물에 개어두면 미로시네이스에 의해 매운맛이 강한 겨자소스를 만들 수 있다. 배추, 무, 양배추를 가열하면 시니그린이 분해되어 다이메틸설파이드(dimethyl sulfide)와 황화수소를 발생시켜 좋지 않은 맛과 냄새가 나게 하며, 이러한 현상은 가열시간이 길수록 증가된다.

시니그린   미로시네이스
(겨자, 무) + H_2O ————————→
                      산소

알릴 아이소싸이오사이아네이트   + 포도당 + 포타슘설페이트
(겨자유, mustardoil)

그림 10-6 겨자과 채소의 향기 성분 생성과정

4) 식이섬유

셀룰로스, 헤미셀룰로스, 리그닌 등은 물에 녹지 않아 젤을 형성할 수 없다. 이는 미생물에 의해서도 분해되지 않으나 분변량을 증가시키고 장 운동을 촉진하여 변비와 비만을 예방한다. 펙틴과 식물 검은 물에 녹아 식품의 농도를 높이거나 젤을 만들 수 있다.

(1) 펙틴

채소와 과일의 세포벽에는 세포와 세포를 결착시켜주는 수용성의 펙틴(pectin)이 존재하는데 이것은 α-1, 4 글루코사이드 결합에 의해 연결된 D-갈락투론산(D-galacturonic acid)의 중합체로 프로토펙틴, 펙틴산, 펙트산 등 세 종류가 있다.

펙틴의 함량은 젤미터(jelmeter)나 알코올테스트로 알아볼 수 있다. 감귤, 사과, 무

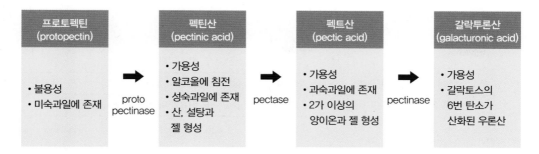

그림 10-7 펙틴의 변화과정과 성질 및 펙틴분해효소의 관계

화과, 바나나, 오렌지 등에는 펙틴이 1% 내외로 많이 들어 있고 살구, 딸기, 배, 감 등에는 0.5% 이하로 적게 들어 있다. 과일의 숙성에 따른 펙틴의 변화과정은 그림 10-7과 같다.

(2) 검

검(gum)은 식물의 수액이나 종자 등에 존재하는 다당류로 점질물을 형성하는 수용성의 고무질이다. 종류로는 아라비아검(gum arabic), 트라가칸트검(gum tragacanth), 구아검(guar gum) 등이 있으며 식품공업에서 안정제, 유화제, 보형제, 증점제 등으로 사용된다.

4 채소 및 과일의 조리

1) 영양가 변화

채소나 과일은 주로 생으로 이용하므로 씻는 과정부터 주의해야 한다. 채소를 씻을 때는 마찰로 인하여 식물 조직이 손상되지 않도록 한다. 조직이 손상되면 영양소나 풍미가 유출되기 쉽고 손상 부위가 변형되기도 하며, 조리 후 변색과 불쾌한 냄새가 발생할 수 있다.

예를 들어 열무를 흔들어 씻으면 풋내가 유발되고, 김치를 담근 후에도 불쾌한 조직감과 냄새가 나게 된다. 채소를 잘게 썰어 물에 담가 씻으면 단면이 클수록, 물에 접하는 시간이 길수록 수용성 비타민, 무기질, 향미 성분 등이 물에 용출되어 손실

표 10-5 조리에 의한 채소류의 비타민 C 잔존율

채소류	잔존율(%)	채소류	잔존율(%)
삶은 무청	20~30	삶은 완두, 삶은 감자(크게 썬 것)	60~70
삶은 배추, 데친 시금치	30~40	삶은 파, 삶은 양파, 양배추 절임	70~80
삶은 감자(잘게 썬 것), 찐 시금치	40~50	군고구마, 찐 고구마, 볶은 배추	80~90
삶은 양배추, 삶은 무, 삶은 호박(잘게 썬 것)	50~60	튀긴 감자, 튀긴 고구마	90~100

이 커진다. 조리하는 동안 썬 상태로 오래 방치해도 산화가 진행되어 여러 가지 성분이 파괴된다. 그러므로 채소나 과일은 먼저 씻은 후 썰고, 썬 다음 바로 조리한다.

믹서나 주서(juicer)를 사용하여 채소즙이나 과즙을 만들 경우, 비타민 C의 함량이 적은 재료는 산화되어 파괴되고 폴리페놀의 산화로 갈변하게 된다. 마쇄 후 시간이 경과하면 영양 손실이 일어나므로 주스를 만들면 바로 먹는다. 즙액 제조 시 소금과 산을 첨가하면 비타민 C 산화와 갈변을 방지할 수 있다.

산화와 가열에 약한 비타민 C는 조리시간을 단축하는 것이 바람직하다. 가열조리법 중 수용성 영양 성분의 손실은 끓이는 법이 가장 크고 데치기, 찌기, 볶기, 튀기기 순이다. 표 10-5는 조리법에 의한 채소의 비타민 C의 잔존율을 표시한 것이다.

2) 질감의 변화

(1) 수분 이동

세포 내보다 낮은 농도의 물에 담그면 수분이 세포 내로 이동하여 세포가 팽대해지고 세포 간 압력이 생겨 아삭한 질감이 된다. 이러한 원리를 이용하여 채소를 썰어 물에 담가두면 아삭한 샐러드를 만들 수 있다. 반대로 높은 농도의 소금물이나 당에 담그면 세포 내 물이 빠져나와 질겨지는 씹힘성을 생긴다. 예로 김치나 장아찌를 만들 때, 물이 많은 애호박나물이나 오이나물을 만들 때 절인 후에 잠시 볶아 익히면 씹히는 질감을 준다.

(2) 산, 알칼리

알칼리는 섬유소와 펙틴의 분해를 촉진하여 부드럽게 한다. 말린 우거지를 삶을 때

식소다를 사용하면 쉽게 물러진다. 산은 섬유소를 질기게 하여 단단한 질감을 내고 가열해도 쉽게 물러지지 않는다. 신 김치는 익혀도 비교적 질감이 단단하다.

(3) 가열

채소나 과일은 가열하면 전분입자 호화, 섬유소 연화, 펙틴 물질 용해 등에 의해 세포 간 결합이 약해져 조직이 연화된다. 과일에 물을 넣고 가열하면 조직이 연화되면서 세포 사이 공간에 있던 공기가 물과 대치되어 투명하게 된다. 조리 수에 1%의 소금을 넣어 끓이면 세포와 조리수와의 삼투압이 같기 때문에 채소 조직의 붕괴를 막을 수 있다.

3) 색의 변화

(1) 클로로필

클로로필은 녹색채소의 잎에 많이 들어 있으며 지용성으로 물에 녹지 않으나 산, 알칼리 또는 열에 의해 색이 변하게 된다.

데침에 의한 변화 녹색의 채소를 데치면 녹색이 더욱 선명해지는데, 이것은 채소 조직 내 공기의 탈기로 인하여 클로로필이 표면화되기 때문이다. $100℃$의 물에 채소를 넣으면 $75℃$ 정도로 낮아진다. 이때 클로로필레이스(chlorophyllase)에 의해 클로로필이 피톨(phytol)을 잃고 수용성의 클로로필라이드(chlorophyllide)가 되어 조리수가 푸르게 물들게 된다. 계속 가열하면 조리수는 산성으로 되어 가열시간 증가에 따라 점점 누렇게 변한다.

> **녹색채소를 데치는 방법**
> • 냄비 뚜껑을 열어 휘발성 유기산을 휘발시킨다.
> • 조리수를 다량 사용하여 비휘발성 유기산을 희석시킨다.
> • 산과의 반응시간 단축을 위해 단시간 가열한다.
> • 데친 것은 찬물에 헹구고 빨리 식혀서 산과의 반응을 차단시킨다.
> • 1%의 소금을 사용한다. 소금은 비등점을 높여 조리시간이 단축되고, 색이 선명해지며 클로로필의 용출이 적어진다. 염은 클로로필의 안정화와 비타민 C 산화억제효과가 있다.

산에 의한 변화 클로로필은 산에 불안정하여 분자 내 마그네슘 이온은 수소이온과 쉽게 치환되어 녹황색의 페오피틴(pheophypin)을 형성한다. 페오피틴을 산성용액에서 계속하여 가열하면 페오피틴에서 피톨이 떨어져나가 황색의 페오포비드가 된다. 녹색채소를 계속 가열하면 채소의 유기산은 조리수에 녹아 산성수를 만들어 녹황색이 된다. 김치나 오이지 등 발효식품의 경우 젖산균의 산에 의해 녹황색이 된다. 따라서 샐러드나 초무침나물은 먹기 바로 전에 만든다.

알칼리에 의한 변화 알칼리에서는 마그네슘은 안정하나 클로로필의 에스터 결합부위가 가수분해되어 피톨과 메틸기가 피톨알코올과 메틸알코올로 제거되어 수용성의 짙은 녹색의 클로로필린(chlorophyllin)이 된다. 이 원리로 중조를 소량 넣고 일반 녹색채소를 가열하면 선명한 녹색은 되지만, 섬유소를 무르게 하여 질감이 나빠질 수 있으며, 비타민 B_1과 C는 파괴된다. 지나치게 질긴 고구마줄기나 단단한 채소의 경우에는 중조를 사용하는 것이 조리시간을 단축시켜 물속에서 오랜 시간 가열하는 것보다 영양소의 파괴가 적고 클로로필의 변색을 방지할 수 있다.

금속에 의한 변화 금속 중 구리는 클로로필의 마그네슘이온(Mg^{2+})과 치환하여 안정된 녹색을 유지하므로 완두콩 통조림을 만들 때 사용된다.

(2) 카로티노이드

카로티노이드는 산소를 만나면 쉽게 산화되어 파괴되고 열과 빛이 있으면 산화가 더욱 촉진되어 카로티노이드 고유의 색을 잃게 된다. 산, 알칼리에 영향을 받지 않아 일반 조리과정에 비교적 안정적이다. 따라서 단시간 조리하거나 뚜껑을 덮은 상태에서 조리하는 것이 좋다. 당근을 오래 가열했을 때 색이 어두워지는 것은 당의 캐러멜화에 의한 것이다.

(3) 플라보노이드

안토잔틴 엷은 노란빛을 띠는 백색 색소로 플라바논, 플라반 등이 포함된다. 산성, 알칼리에서 황색으로 변하나 산성과 열에는 안정적이다. 이 원리를 이용하면 무초절이, 양파피클, 초밥을 더욱 희게 하고, 경수로 밥을 짓거나 찐빵(중조를 넣은 밀가루 제품)에서 누런색을 볼 수 있다.

표 10-6 식물성 색소의 특성

구분	클로로필	카로테노이드	플라보노이드	
			안토잔틴, 플라바논, 플라반올, 플라반	안토사이아닌
기본색	녹색	노란색-빨간색	흰색-엷은 노란색	빨간색-보라색
용해성	지용성	지용성	수용성	수용성
함유식품	시금치, 쑥갓, 키위, 아보카도	당근, 토마토, 살구, 망고	배, 양파, 무	포도, 딸기, 가지
산성용액	녹황색	변화 없음	흰색	빨간색
알칼리용액	짙은 녹색	변화 없음	노란색	보라색
금속이온	• 철: 갈색 • 구리: 선명한 녹색	변화 없음	• 철: 갈색 • 알루미늄: 노란색	• 철: 청색 • 주석: 보라색

금속과 반응하면 독특한 색깔을 가진 복합체를 형성한다. 플라보노이드 중 녹차 성분인 카테킨은 홍차 발효 중 효소 폴리페놀산화효소 작용에 의해 테아플라빈이 되어 붉은색으로 변화한다.

안토사이아닌 붉은색, 보라색, 검은색의 색소로 수용성이다. 산에서는 적색이며 중성에서는 자색, 알칼리에서는 청색으로 변한다. 열에 약하여 가열조리하면 색상이 파괴되어 원래의 색이 유지되지 않는다. 산소와도 색의 변화를 유도함으로써 가열 조리 시에는 물을 조금 넣고 뚜껑을 덮어 조리한다.

자색양배추샐러드에 신 사과를 섞어 만드는 것은 산에서 붉은색으로 유지되는 좋은 예이다. 조리수에 철이나 알루미늄, 주석과 같은 금속이 존재하면 청색이나 청회색으로 변한다. 따라서 안토사이아닌 색소의 채소나 과일로 통조림을 만들 때는 에나멜 코팅을 한 주석 재질을 사용한다. 검은콩조림을 조리할 때 철냄비를 사용하면 제일철염을 형성하여 더욱 검은색을 유지할 수 있다.

(4) 베타레인

안토사이아닌과 구조는 다르면서 성질은 비슷하다. 산성에서 안정하고 pH가 높을 수록 검붉거나 청색으로 변하며 공기, 빛, 열에 분해되기 쉽다.

(5) 탄닌

사과, 감자, 우엉 등에 있는 폴리페놀화합물인 탄닌은 산소가 존재하면 폴리페놀산화효소의 작용에 의해 갈변이 일어난다. 페놀분해효소(phenolase)는 페놀화합물의 수산(-OH)기를 퀴논(=O)으로 산화하면 퀴논은 빠른 속도로 비효소적 산화와 중합이 일어나 암갈색의 색소 멜라닌을 만든다. 갈변을 방지하기 위한 방법은 다음과 같다.

- **온도** 온도가 낮으면 효소의 활성이 억제되어 갈변이 지연된다.
- **가열** 페놀분해효소(phenolase)는 60℃ 이상에서는 불활성화하기 때문에 데치거나 가열하면 갈변이 일어나지 않는다.
- **pH** 효소의 최적 pH에서 멀어지면 효소활성이 억제되어 갈변이 방지된다. 대개 pH 3 정도가 되면 효소활성이 거의 정지한다. 식초나 기타 유기산을 적절히 사용하면 변색을 방지할 수 있다.
- **항산화제** 비타민 C를 사용하면 갈변이 방지된다.
- **염소이온** 0.2%의 소금용액은 갈변을 억제한다.
- **산소** 산소가 있으면 갈변이 촉진되므로 탈기를 하여 공기를 제거한다.
- **유황화합물** SO_2 또는 SH 화합물은 효소를 불활성화하여 갈변을 방지한다.

4) 향미의 변화

조리과정에서 썰거나 다지면 향미 성분은 다른 화합물을 만든다. 가열하면 휘발성 유기산 등은 휘발하고 단맛이 증가하기도 하고 이취를 내기도 한다.

(1) 마늘, 양파

마늘을 다지면 강한 매운맛이 생성되는데 시간이 경과하면 불쾌한 냄새가 난다. 따라서 마늘은 썰거나 다진 즉시 사용한다. 양파를 썰면 최루 성분이 강한 매운맛이 나고 가열하면 단맛이 증가하며 강한 향미가 약해진다.

(2) 무, 양배추

무나 양배추는 가열하면 향미가 변하고 오래 가열하면 쿰쿰한 유황화합물의 맛과 냄새가 난다. 따라서 뭇국이나 무나물은 단시간 가열한다.

(3) 파

파는 소량 사용할 때 음식의 맛이 증진되지만 많을 경우 불쾌한 냄새와 강한 맛으로 역하다. 파를 많이 넣을 때는 데쳐내어 역한 성분을 휘발시킨 후에 사용한다.

(4) 강한 향미 채소

쓴맛이 강한 약초나 취나물 등과 떫은맛이 있는 배추, 시금치, 쑥갓, 아린맛을 내는 죽순, 토란 등 강한 향미를 내는 재료는 데친 후 찬물에 헹궈 사용한다. 좋은 향미를 가진 재료는 조리시간을 단축하여 고유의 향미를 유지한다.

5) 펙틴 젤 형성

펙틴 젤은 펙틴 분자 간에 결합한 입체적 망상구조 속에 물을 함유하고 있는 구조이다. 물에 용해된 펙틴에 설탕을 넣으면 설탕이 펙틴에 수화되어 있는 물을 빼앗아 용해하고, 산을 넣으면 산이 펙틴 분자의 음전하를 감소시켜 전기적인 반발을 줄여 펙틴 분자 간 접촉을 용이하게 한다. 젤 형성에는 펙틴 1~1.5%, 설탕 60~65%, 유기산 0.3%(pH 3~3.5)의 적정량이 필요하다.

(1) 펙틴

먹기에 좋은 젤의 경도는 1% 정도이며 함량이 많을수록 더욱 단단한 젤을 만들 수 있다. 3차원적인 망상구조 형성을 위해 펙틴 분자의 길이는 충분히 긴 것이 좋다.

(2) 설탕

펙틴 분자와 수소결합을 형성하여 젤화를 촉진시켜 주고, 젤리의 색을 선명하게 하고, 질감을 연하게 하고, 용적을 증가시키고, 맛을 좋게 해준다. 그러나 지나치게 많으면 펙틴 분자의 탈수작용으로 젤리가 끈적거리게 되고 저장하는 동안에 설탕의 결정이 석출되며, 적으면 용적도 줄고 저장성도 떨어진다. 젤리를 만들 때는 설탕 첨가 후 높은 온도로 빠른 시간에 수분을 증발시키는 것이 좋다. 과즙과 설탕을 같이 오랫

동안 가열하면 맛과 질감이 좋지 않다.

(3) 산

산의 함량이 많으면 단단한 젤을 형성한 후 분리되기 쉬우므로 0.3% 정도의 산이 적당하다. 산이 적은 과일의 경우에는 레몬즙이나 사과산, 구연산 등을 첨가한다.

젤의 형성

- **젤의 가열방법** 과일 자체의 수분과 설탕만을 가열하는 방법으로, 처음부터 너무 센 불로 가열하면 타거나 실패할 수 있으므로 주의가 필요하다. 중불에서 설탕이 다 녹으면 높은 온도로 빠른 시간 내에 수분을 증발시켜야 한다. 많은 양을 한 번에 가열하기보다는 소량으로 나누어 조리하면 색과 맛, 질감이 좋아진다. 오래 가열하면 설탕이 지나치게 전화되어 맛이 강해지고 색이 검어진다.
- **젤 감별법**
  - 숟갈시험법: 과즙이 숟가락에서 뚝뚝 떨어져 흐르지 않는 상태
  - 컵시험법: 찬물을 담은 컵에 과즙을 떨어뜨리면 침전되어 덩어리져 있는 상태
  - 온도시험법: 과즙의 온도가 105℃일 때
  - 당도시험법: 당도굴절계의 시도(示度)가 65% 이상인 때
- **잘 형성된 젤의 특징**
  - 연하고 부드럽다.
  - 맑고 투명하다(탁한 이유는 과일즙에 압력을 가하여 짜서 전분이 나왔기 때문).
  - 과일 향미가 있다.
  - 단단한 정도의 형태가 유지된다.
- **결정의 석출**
  - 과량의 설탕 첨가
  - 장시간 가열
  - 높은 온도 가열하여 설탕의 전화가 거의 일어나지 않았을 때
  - 산이 충분하지 않을 때
  - 밀봉이 늦어졌을 때
  - 포도젤리의 경우 주석산칼륨염의 농도가 높을 때도 생기므로 주스를 만들어 냉각 후 저장한 다음 결정이 생성되면 제거하거나 주석산칼륨염을 함유하지 않은 주스와 섞어 농도를 희석하여 사용한다.
- **이장현상**
  - 이장현상(syneresis)은 산도가 너무 높을 때 일어난다.
  - 병 소독 관리나 밀봉이 안 되어 곰팡이나 효모 생육으로 산이 생성된다.

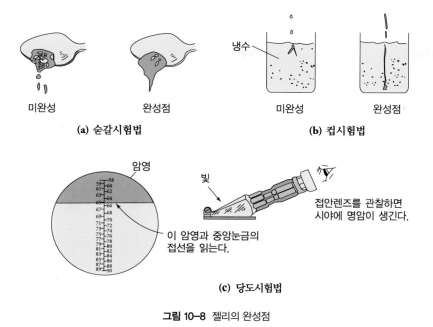

미완성   완성점   미완성   완성점

(a) 숟갈시험법   **(b) 컵시험법**

냉수

암영

빛

접안렌즈를 관찰하면
시야에 명암이 생긴다.

이 암영과 중앙눈금의
접선을 읽는다.

(c) 당도시험법

그림 10-8 젤리의 완성점

젤의 종류

- **젤리(jelly)** 맑게 거른 과실즙에 설탕을 넣고 끓여 만든 젤이다.
- **프리서브(preserve)** 과일 전체나 조각에 설탕을 넣고 당도 65%가 될 때까지 끓인 젤이다. 과일이 가라앉지 않게 빨리 젤화시킨다.
- **잼(jam)** 으깬 과일에 설탕을 넣고 끓여 만든 젤이다.
- **과일버터(fruit butter)** 으깬 과일을 거른 다음 설탕, 양념 등을 넣거나 넣지 않고 끓여서 농축시킨 젤이다. 점도가 잼보다 강하다.
- **마멀레이드(marmalade)** 과일 껍질이나 과일조각이 들어 있는 젤이다. 귤껍질을 사용한 오렌지 마멀레이드가 보편적이다.

5 채소 및 과일의 저장

채소와 과일은 수확 후에도 호흡작용이 계속 진행되어 영양 성분 감소, 중량 감소, 산도 증가, 변색 등으로 선도가 떨어지므로 신선한 것을 자주 구입하도록 한다.

채소 및 과일은 갈무리하기 위하여 냉장 또는 냉동하거나 말리기도 하며 통조림이나 당 저장으로 가공 처리하기도 한다. 또한 절임으로 수분을 유출시켜 오래 저장할 수도 있다.

1) 냉장

선도 유지를 위해서는 재료의 수분 증발을 방지해야 한다. 비닐봉지 등으로 싸서 습도가 있는 0~10℃의 저온에 저장한다. 그러나 냉해의 가능성이 있는 고구마, 토마토, 늙은호박, 바나나 등은 서늘한 곳에 저장한다.

2) 냉동

(1) 과일의 냉동 및 해동
딸기, 체리, 자두, 무화과, 파인애플 등은 생과일 그대로 또는 설탕시럽에 넣어서 냉동한다. 냉동과일은 효소활성이 있어 공기와 접촉하면 급속히 갈변하거나 맛이 나빠진다. 반해동 상태에서 사용한다.

(2) 채소의 냉동 및 해동
양념으로 쓸 마늘과 파는 다지고 풋고추는 썰어 쓸 만큼씩 소포장하여 냉동한다. 녹색채소는 데친 후 냉동한다. 반해동 또는 냉동 상태에서 사용한다.

3) 건조

건조 및 불림 건조채소와 과일은 당질과 무기질 등이 농축되어 신선할 때보다 더 많이 들어 있으나 향미, 색, 비타민 C의 손실이 따른다. 특히 녹색채소를 말릴 때는 효소의 불활성화를 위해 데쳐서 건조한다. 데치면 미생물이 죽는다. 공기를 축출시켜 진한 녹색이 유지되며 부피가 줄고 가벼워져 편리하다. 말릴 때는 건조기를 이용하여 빨리 건조시켜야 한다. 건조시간이 길면 미생물이 번식할 수 있다. 건조된 채소와 과일을 불릴 때는 2분 정도 끓이거나 80℃의 물에서 불린다. 최대한 물을 빨리 흡수시키는 것이 찬물에 오랫동안 불리는 것보다 맛과 질감이 좋아지고 수용성 영양 성분의 손실도 줄인다.

4) 통조림, 당 저장

통조림은 가열처리된 것으로 향미와 조직의 변화가 일어난다. 그대로 쓰거나 잠시 데쳐 사용한다. 설탕을 이용하여 잼이나 발효액을 만든다.

5) 절임

채소나 과일을 소금, 당, 초 등으로 절임하면 원형질의 수분이 유출되어 채소와 과일의 부피가 감소하면서 호흡작용은 중지되고 원형질막은 반투과성(半透過性)을 잃게 된다. 소금으로 절임한 채소의 경우 간이 배고 조직이 부드러운 씹힘성을 갖게 된다. 이 변화는 식염농도가 높고, 가하는 압력이 크고, 온도가 높고, 시간이 길수록 빠르다. 김치는 소금절임 후 다양한 양념과 부재료를 혼합하여 발효시킨 저장식품이다.

11   해조류와 버섯류

해조류(海藻類, seaweed, sea algae)와 버섯류는 모두 뿌리, 줄기, 잎이 구별되지 않고 포자로 번식한다. 해조류는 엽록소를 가지고 있어 광합성을 하는 바다의 조류이며 버섯은 엽록소가 없어서 나무의 줄기나 뿌리 또는 곤충 등에 기생하여 살거나 미생물에 의해 발효된 퇴비 등에서 영양소를 흡수하여 살아간다. 해조류와 버섯은 지방이 거의 없고 식이섬유가 풍부하면서 소화율도 낮아 칼로리가 거의 없는 식품으로 콜레스테롤 저하, 항암작용, 정장작용, 성인병 예방과 같은 기능이 있는 식품으로 알려져 있다. 버섯은 균사(곰팡이실)가 갓과 자루를 형성한 자실체(그림 11-1)이다.

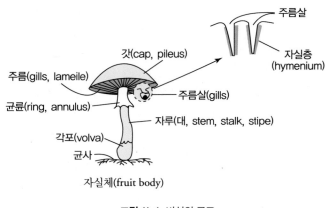

그림 11-1 버섯의 구조

1 해조류

해조류는 일반적으로 바다 5~20m 깊이에 분포하나 50m까지도 분포한다. 햇빛이 닿는 얕은 바다에는 녹조류가 자라고, 깊어질수록 차례로 갈조류와 홍조류가 서식한다. 우리나라 연안에 서식하고 있는 해조류는 400여 종으로 이 중에서 식용으로 이용하는 것은 50여 종이다. 해조류는 한국, 중국, 일본에서 많이 식용하고 있다.

1) 해조류의 일반 성분

건조하지 않은 해조류는 지방이 거의 없고 소화되지 않는 다당류가 들어 있어 칼로리가 매우 적으나 단백질이 양질이고, 베타카로텐과 비타민 C 함량이 높으며 칼슘, 철, 요오드 등의 무기질이 다량 들어 있는 강력한 생리적 알칼리성 식품이다(표 11-1). 섬유소가 많아 만복감을 주고 정장작용을 하며 특유의 맛과 향이 있다. 해조류의 각종 다당류는 식품 안정제, 품질 개량제 등으로 사용되고 있다.

표 11-1 해조류의 일반 성분

종류		열량 (kcal)	수분 (%)	단백질 (g)	탄수화물		무기질 (mg)	비타민				
					당질 (g)	섬유소(g)		β-카로텐(μg)	B₁ (mg)	B₂ (mg)	나이아신	C (mg)
녹조류	파래	11	90.5	2.4	3	4.6	4	–	0.02	0.11	0.6	15
	파래(건조)	144	15.2	23.8	46.7	(29.1)	13.7	–	0.4	0.52	10	10
	청각	8	92.1	1.4	1.6	0	4.5	270	0.01	0.05	1.4	9
	매생이	13	89.9	0.5	6.1	4.1	3.5	364	0.17	0.15	0.9	3
	클로렐라(건조)	174	10.3	45.3	25.7	–	11.5	–	–	–	–	–
갈조류	미역(건조)	126	16.0	20.0	36.3	(90.4)	24.8	3330	0.26	1.00	4.5	18
	다시마	12	91	1.1	4.2	–	3.5	774	0.03	0.13	1.1	14
	다시마(건조)	110	12.3	7.4	45.2	(65.5)	34	576	0.22	0.45	4.5	18
홍조류	김(건조)	163	11.4	35.6	44.3	–	8.0	–	0.25	1.24	10.0	20
	꼬시래기	17	89.1	1.8	6.2	–	2.7	234	0.02	0.20	0.5	9
	우뭇가사리	46	70.3	2.3	18.5	0	3.8	2160	0.04	0.43	1.1	15

자료: 농촌진흥청(2012). 2011 표준 식품성분표(제8개정판).

건조한 해조류에는 탄수화물이 50% 정도 들어 있는데, 대부분이 소화되지 않는 점성 다당류로 구성되어 있다. 파래, 청각 등의 녹조류에는 셀룰로스와 헤미셀룰로스가, 갈조류인 미역, 다시마 등에는 알긴산(alginic acid), 셀룰로스, 푸코이딘(fucoidin), 라미나린(laminarin)이, 그리고 홍조류인 김, 우뭇가사리 등에는 한천(agar)이 주요 다당류이다.

해조류는 지방 함량이 낮아서 건조해도 1% 내외이지만, 단백질은 건조하면 10~30% 정도로 높아진다. 무기질 함량이 많아 건조하면 종류에 따라 차이가 있으나 10~40%이며 칼슘, 인, 철, 요오드, 나트륨, 칼륨이 특별히 많이 들어 있다. 비타민으로는 베타카로텐, 비타민 B_2, 나이아신의 함량이 높다.

해조류 특유의 냄새 성분은 갈조류는 테르펜(terpene)계 물질이고 녹조류와 홍조류는 함황화합물이다. 구수한 맛은 글리신(glycine), 알라닌(alanine) 등의 유리아미노산에서 온다. 다시마는 글루탐산(glutamic acid)이 맛 성분이다.

2) 해조류의 종류와 특성

(1) 녹조류
녹조류는 수면 가까이 서식하며 클로로필 a와 b를 다량 함유하여 녹색을 띠며 동시에 카로테노이드를 가지고 있다. 세포막은 셀룰로스, 만난, 자일란으로 구성되어 있고, 광합성하여 녹말을 만든다.

(2) 갈조류
갈조류는 클로로필 a와 c 외에 베타카로텐, 비올라잔틴, 푸코잔틴을 다량 함유하여 갈색을 나타낸다. 광합성으로 마니톨(마니트)과 소화되지 않는 저장다당류 라미나린을 생성한다. 또 다른 점성 다당체인 푸코이딘(fucoidin)은 푸코스에 황산이 결합된 물질로 푸코이단이라고도 하며 항종양 및 항균작용 등이 있다고 알려져 있다. 염기성 아미노산인 라이신(lysine)의 유도체인 라미닌(laminin)은 일시적으로 혈압을 낮춰주고, 세포막 성분으로 변비를 예방하는 효과가 있는 알긴산은 만유론산과 글루쿠론산으로 되어 있으며 구조가 펙틴과 매우 유사하다. 알긴산은 찬물에는 녹지 않고 뜨거운 물에 약간 녹으나 칼슘, 나트륨 또는 마그네슘과 결합한 염의 형태인 알긴(algin)

은 물에 잘 녹고 점성이 높아 식품에 증점제, 안정제, 유화제로 아이스크림, 농축 오렌지주스, 토마토케첩, 소스 등에 널리 사용된다.

표 11-2 녹조류, 갈조류, 홍조류의 분류 및 특징

분류		특징
녹조류	파래 (sea lettuce)	선명한 녹색의 엽상체 속은 빈 막질구조로 되어 있다. 비타민 C가 15mg% 함유되어 있다. 건조하면 단백질 24%, 식이섬유 29%가 된다.
	클로렐라 (chlorella)	라틴어 클로로스(chloros: 작다)에서 유래된 명칭이다. 건조품은 단백질이 45%이며, 메싸이오닌을 제외한 아미노산을 고루 함유하고 있다. 세포가 단단한 헤미셀룰로스와 섬유소로 둘러싸여 있어 소화율이 낮고 특이한 냄새로 인하여 식용하기 어렵다.
	청각 (seastaghorn)	무침, 국, 김장김치의 양념 등으로 이용하며 염장하거나 건조하여 보존한다.
	매생이 (seaweed fulvescens)	파래와 유사하나 굵기가 더 가늘고 부드럽다. 건조하면 단백질 20%, 무기질이 22% 정도 된다.
갈조류	미역 (sea mustard)	생미역은 엽록소가 지단백질과 결합되어 검은색을 띠나 물에 데치면 카로테노이드 색소에 싸여 있는 엽록소 세포 중의 유상물질이 녹아 나와 녹색으로 변한다. 미역국을 만들 때 미역을 기름에 충분히 볶으면 특유의 비린 맛이 날아간다.
	다시마 (sea tangle)	건조 다시마의 회분이 34%이고, 탄수화물의 20%는 섬유소, 그리고 나머지는 알긴산과 라미나린이다. 글루탐산, 석신산, 마니톨 등이 감칠맛의 성분이다. 건조된 다시마 표면의 흰 가루 성분이 마니톨이다. 너무 오래 끓이면 쓴맛이 나므로 한소끔 끓으면 건져내는 것이 좋다. 약한 녹갈색을 띤 검은색에 두껍고, 잔주름이 없는 것이 좋다.
	톳 (seaweed fusiforme)	황갈색이나 건조하면 흑갈색이 되므로 색이 검고 광택이 있는 것이 좋다. 건조한 것은 무기질이 28% 정도 함유되어 있다.
홍조류	김 (laver)	건조한 것은 단백질이 40% 가까이 되며 아미노산 조성이 매우 우수하고 글리신, 알라닌 함량이 많아 김 특유의 감칠맛을 나타낸다. 냄새 성분은 다이메틸설파이드이고 검은 색을 띠는 것은 엽록소, 잔토필, 피코시안, 그리고 피코에리트린 등이 섞여 있기 때문이다. 김을 160℃로 구우면 붉은색인 피코에리트린이 탈수소해서 푸른색의 피코시안이 되어 녹색이 된다. 빛과 공기에 노출되면 잔토필이나 엽록소가 분해되어 붉게 변하며 습기가 있으면 더욱 빠르게 진행된다. 붉은색으로 변한 김은 구워도 녹색으로 되지 않으므로 보관할 때는 밀폐하여 냉장이나 냉동하는 것이 좋다.
	우뭇가사리 (ceylon moss)	한천의 원료이다. 한천은 아가로스 70%와 아가로펙틴 30%의 혼합물로 젤 형성능력이 강하여 1% 정도의 농도로 젤을 형성한다. 설탕이 존재하면 점성과 탄력성이 증가하므로 잼, 젤리, 양갱, 양장피 등에 젤 형성제로 사용하며, 그 밖에 안정제, 청정제, 미생물 배지 등으로 사용되고 있다.
	진두발 (chondrus)	아이리시모스(Irish moss)라고도 한다. 카라기난(carageenan)이 풍부하다. 카라기난 젤은 한천젤에 비하여 탄력성과 보수성이 크고, 동결·해동에 의한 이수(離水)가 적다. 또한 케이신과 반응하여 균일한 젤을 형성하고 유청의 분리를 방지하므로 푸딩을 만들 때 유용하다.

(3) 홍조류

바다 깊은 곳에 서식하며 클로로필 a 외에 광합성에 관여하는 피코빌린과 단백질이 결합한, 피코사이아닌과 피코에리트린을 가져 붉은색을 띤다. 광합성으로 아밀로펙틴과 유사한 홍조전분(floridean starch)을 만든다. 세포벽에는 갈락토스가 칼슘과 황산에스테르결합한 점액성의 한천(우뭇가사리)과 카라기난(진두발)이 있다.

한천은 아가로스 70%와 아가로펙틴 30%의 혼합물로 젤 형성능력이 강하여 1% 정도의 농도로 젤을 형성한다. 설탕이 존재하면 점성과 탄력성이 증가하므로 잼, 젤리, 양갱, 양장피 등의 원료로, 그리고 미생물의 배지로 사용된다. 카라기난젤은 한천젤에 비하여 탄력성과 보수성이 크고, 동결·해동에 의한 이수(離水)가 적다. 또한 케이신과 반응하여 균일한 젤을 형성하고 유청의 분리를 방지하므로 푸딩을 만들 때 유용하다.

2 버섯류

버섯은 주름이 활짝 퍼지지 않고 고유의 색과 윤기가 있는 것이 신선하고 향미가 좋다. 수분이 많고 효소가 많아 상하기 쉬우므로 주로 건조시키거나 통조림 또는 소금절임으로 유통된다.

1) 버섯의 일반 성분

버섯은 지방이 거의 없고 칼로리가 낮고 소화되지 않는 섬유소가 많이 들어 있으며 무기질, 비타민 B₁과 B₂, 나이아신, 그리고 비타민 D 전구체인 에고스테롤이 다량 들어 있으며 콜레스테롤 저하, 항바이러스, 항암 작용이 있어서 건강 기능성 식품으로 알려져 있다. 버섯에는 수분이 90% 정도 들어 있으며 당질은 5~9%, 단백질은 2~4% 함유되어 있다. 당질은 대부분 펜토산, 포도당, 마니톨, 트레할로스, 덱스트린 등이고 전분은 들어 있지 않다. 단백질에는 글루탐산, 루신, 알라닌 같은 아미노산과 핵산물질인 구아닐산이 많아 감칠맛이 난다.

2) 버섯의 종류와 특성

(1) 표고버섯

마른 표고버섯에는 단백질 18.1%, 지질 3.1%, 당질 63.7%가 들어 있고 섬유소와 회분이 다량 함유되어 있다. 자외선을 받으면 에고스테롤이 비타민 D_2로 전환된다. 맛성분은 5'- GMP와 마니톨, 트레할로스이고 향기 성분은 유황을 함유한 렌티오닌이다. 건조하면 향기 성분과 맛 성분이 증가한다. 봄에 생산되는 것이 갓이 두껍고 향도 더욱 좋다. 마른 표고버섯을 불릴 때는 미지근한 물에 설탕을 소량 첨가하면 빨리 불려진다.

(2) 송이버섯

살아 있는 적송뿌리에 기생하여 자라며 특유의 향기가 매우 강하다. 향기 성분은 옥테놀(octenol)이며 이 밖에 계피산메틸(methylcinnamate)과 마추타게올(matsutakeol)이 있다. 독특한 향미를 즐기기 위해서는 열을 가하지 않고 먹는 것이 좋으며, 굽더라도 살짝 굽는 것이 좋다.

(3) 양송이버섯

가장 많이 소비되는 버섯으로 송이보다 향이 약하고 연하다. 버섯 중 단백질 함량은 많으나 섬유소 함량은 적은 편이다. 갓이 피지 않은 것이 좋으며 티로시네이스에 의

표 11-3 버섯류의 일반 성분

종류	열량 (kal)	수분 (%)	단백질 (g)	탄수화물		무기질 (mg)	비타민				
				당질 (g)	섬유소 (g)		B_1 (mg)	B_2 (mg)	나이아신 (mg)	C (mg)	D (μg)
표고버섯	18	90.8	2.0	6.1	0.7	0.8	0.08	0.23	4	–	(2.1)*
송이버섯	32	89.7	1.9	7.3	–	0.9	0.19	0.3	0.8	0	(3.6)
양송이버섯	17	90.8	3.5	4.8	1	0.8	0.07	0.53	4	0	(0.6)
느타리버섯	17	90.9	2.6	5.8	0.9	0.6	0.21	0.11	0.9	3	(1.1)
팽이버섯	39	87.1	2.5	9.4	–	1	0.35	0.11	1.1	11	(0.9)
목이버섯	19	94.1	0.7	5	–	0.2	0.12	0.06	0.5	0	–
싸리버섯	20	90.1	2.8	5.7	1.4	0.8	0.09	0.43	46.3	3	–

자료: 농촌진흥청(2012). 2011 표준 식품성분표(제8개정판).

해 갈변하기 쉬우므로 데친 후에 사용하는 것이 좋다. 양송이 통조림을 구입할 때는 양송이의 크기가 작은 것을 고르면 좋다.

(4) 느타리버섯

활엽수에 기생하며, 향이 부드럽고 씹히는 조직감이 좋아 거의 모든 요리와 잘 어울린다. 어느 정도 균일하고 두꺼운 것이 좋으며, 부서지기 쉬우므로 살짝 데친 후 씻어 물기를 제거하고 사용하면 좋다.

(5) 팽이버섯

활엽수의 마른 가지에 기생하며, 콩나물 모양이다. 팽이 특유의 달콤한 향기와 씹히는 느낌이 있다.

(6) 목이버섯

귀를 닮아 목이버섯(ear mushroom)이라 하며 흰색과 검은색의 두 종류가 있다. 다른 버섯에 비하여 특히 섬유소의 함량이 높으며 특유의 향과 조직감이 있다. 주로 건조물로 이용하므로 찬물에 불려 기둥을 잘라내고 사용한다.

(7) 석이버섯

바위에 붙어 살고 귀를 닮아 석이라 한다. 마른 버섯을 물에 불릴 때는 미지근한 물에 불린 후 비벼 씻으면서 뒷면의 돌을 제거하고 물기를 제거한다.

(8) 능이버섯

노루털버섯속으로 향이 강하여 향버섯이라고도 한다. 건조하면 향이 더욱 진해지고 날로 먹으면 독성을 나타내므로 반드시 익혀 먹어야 한다. 단백질가수분해효소가 많아 소화불량을 치유할 수 있고 고기 연육효과가 있다.

(9) 싸리버섯

싸리처럼 생겨 싸리버섯이라 하며 활엽수 숲속 나무뿌리에 균근을 형성하여 자란다. 특별히 나이아신이 46.3mg%로 다량 함유되어 있다. 노랑싸리버섯, 붉은싸리버섯 등은 독버섯이다.

달걀 12

달걀은 단백질 공급원 중에 가장 쉽고 편하게 이용할 수 있다. 양질의 아미노산으로 잘 조성된 완전 단백질 식품이며 콜레스테롤을 조절해 주는 인지질과 비타민 A, 철분 함량이 풍부한 최고의 영양 성분을 함유하고 있다. 달걀의 색과 향미는 언제나 변함 없는 기호성을 주고 있다. 또한 달걀은 열 응고성, 기포성, 유화성 등 다양한 기능이 있어 이용 범위가 매우 넓다. 이외에도 메추리알, 오리알이 이용되고 있다.

1 달걀의 구조

달걀의 구조는 그림 12-1과 같이 난황(노른자), 난백(흰자), 난각(껍데기)으로 구분할 수 있다. 달걀 전체를 100으로 보면 난황은 30~33%, 난백은 55~60%, 난각은 10~12%로 구성되어 있다.

1) 난황

난황(egg yolk)은 고형성분의 지질이다. 지질의 경우 인지질인 레시틴(lecithin)과 세팔린(cephalin)을 많이 함유하고 있다. 난황은 탄력이 있는 난황막(vitelline membrane)에 싸여 알끈으로 연결되어 있다. 산란 후 시간이 지나면 알끈은 탄력이 줄어 난황이 가운

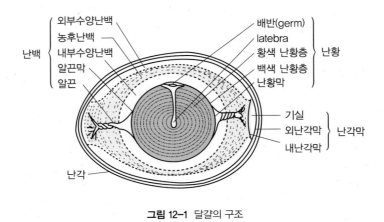

외부수양난백
농후난백
내부수양난백
알끈막
알끈

난백

배반(germ)
latebra
황색 난황층
백색 난황층
난황막

난황

기실
외난각막
내난각막

난각막

난각

그림 12-1 달걀의 구조

데 있지 못하고 움직여 다니게 되고 난황막이 약해져서 터지기 쉽다.

2) 난백

난백(egg albumin, egg white)은 유동성의 액상으로 점도에 따라 수양난백(thin albumin)과 농후난백(thick albumin)으로 구분한다. 난황과 접한 쪽부터 내수양난백(inner thin albumin) → 된난백 → 외수양난백(outer thin albumin) 순으로 분포되어 있다. 난백은 배아가 외부로부터의 진동이나 습도 변화의 영향을 받지 않게 하고 미생물의 침입으로부터 보호한다. 산란 후 시간이 지나면 농후난백의 점도가 묽어져서 농후난백과 수양난백을 구분하기 어렵다.

3) 난각

난각(egg shell)은 외부를 둘러싸고 있는 두께 0.3mm 정도의 달걀 껍데기이다. 난각에는 육안으로 볼 수 없는 수많은 작은 구멍이 있다. 이 구멍을 통하여 수분과 이산화탄소가 외부로 나간다. 반면 각종 미생물의 침입 통로가 되어 부패되기도 한다. 구성성분은 약 94%의 탄산칼슘($CaCO_3$)으로 거친 큐티클(cuticle)층을 이루고 있는데 시간이 지나면 큐티클층은 매끈해진다. 난각의 색은 닭의 품종에 따라 백색과 갈색으로 구분되지만 달걀의 품질 판정에 영향을 주지 않는다.

난각 안쪽은 2개의 난각막으로 구성되어 있는데, 이 막은 미생물의 내부 침입을 막는 역할을 한다. 달걀의 넓적한 끝 쪽에 기실(공기집)이 있는데, 이 기실은 저장기간이 지날수록 달걀 내용물의 증발로 점점 커진다.

2 달걀의 성분

달걀의 난백은 약 90%가 수분이고 나머지는 거의 단백질이며 소량의 탄수화물이 들어 있다. 난황은 약 50%가 수분이고 나머지는 거의 단백질과 지질로 되어 있다. 달걀은 가장 품질이 좋은 단백질 식품으로 단백가가 100이다. 단백가는 필수아미노산 8종의 양과 비율로 판정한다. 돼지고기의 단백가는 86, 쇠고기는 83, 우유는 78, 쌀은 72, 생선은 70이다.

1) 난백

(1) 단백질
난백에 들어 있는 단백질로는 오브알부민(ovalbumin), 콘알부민(conalbumin), 오보뮤코이드(ovomucoid), 오보글로불린(ovoglobulin), 오보뮤신(ovomucin), 아비딘(avidin), 오보인히비터(ovoinhibitor), 오보글리코프로테인(ovoglycoprotein), 플라보프로테인(flavoprotein), 오보마크로글로불린(ovomacroglobulin) 등이 있다.

(2) 탄수화물
당질로는 글루코스(glucose), 만노스(mannose), 갈락토스(galactose) 등이 있다. 가열하면 메일리야드반응(maillard reaction)을 일으켜 갈변한다. 이 현상은 한증막에서 지나치게

표 12-1 달걀의 성분 조성(가식부 100g당)

구분	에너지(kcal)	수분(%)	단백질(g)	지질(g)	콜레스테롤(mg)	당질(g)	회분(mg)	폐기율(%)
전란	139	76.0	11.4	8.3	475.0	3.3	1.0	13
난백	49	87.7	9.8	0	10.0	1.8	0.7	–
난황	353	51.4	15.3	29.8	1281.0	1.8	1.7	–

자료: 농촌진흥청(2012). 2011 표준 식품성분표(제8개정판).

표 12-2 난백단백질의 종류 및 특성

종류	조성(%)	특성
오브알부민 (ovalbumin)	54~57	난백의 주요 단백질로 64~67℃의 열에 쉽게 변성되고 만노스(mannose), 글루코사민(glucosamine)을 소량 함유하고 있는 당단백질(1.8~2.8%)
콘알부민 (conalbumin)	12~13	열에 쉽게 응고되며 철(Fe), 아연(Zn), 알미늄(Al) 등 금속이온과 결합하면 안정화하여 결정되고, 색이 변화
오보뮤코이드 (ovomucoid)	11	20%의 당분과 결합되어 있는 당단백질, 트립신억제제(inhibitor)로 70℃에서 1시간 동안 가열하면 대부분 파괴됨
오보글로불린 (ovoglobulin)	8.0~8.9	• 거품 형성에 관여하는 글로불린(G$_1$, G$_2$ 및 G$_3$), 이 중 G$_1$인 라이소자임(lysozyme, 0.4%)은 열에 매우 안정하여 오브알부민과 함께 있으면 불활성화 • 65℃에서 응고 • 신선한 난백의 오보뮤신(ovomucin)과 기타 단백질과 결합하여 농후난백의 고점도 특수 망상구조 골격을 형성
오보뮤신 (ovomucin)	2.0~3.5	• 거품의 안정화에 기여함 • 내열성 강하나 냉동 시 활성이 소실
아비딘 (avidin)	0.5~0.06	비오틴(biotin)과 결합하여 비오틴의 불활성화, 85℃에서 5분간 가열 시 쉽게 변성

완숙된 달걀에서 볼 수 있다.

2) 난황

(1) 단백질과 지방

난황의 고형분 중 단백질은 약 30%이며 대부분은 인단백질(phosphoprotein)로 되어 있고 여기에 지방이 결합된 지단백질(lipoprotein)로 존재한다. 지단백질은 저밀도지단백질(LDL, low density lipoprotein)과 고밀도지단백질(HDL, high density lipoprotein)로 나누어진다. LDL의 90%, HDL의 20%가 주로 지질이다.

비텔린(vitellin)은 인단백질로 인지질인 레시틴(lecithin)과 결합하여 리포비텔린(lipovitellin)과 리포비텔레닌(lipovitellenin)으로 존재한다. 이외에도 인단백질인 포스포비틴(phosphovitin)과 리베틴(livetin)이 있다.

지방은 난황고형분의 약 60%로 주로 중성지질과 인지질로 구성되어 있다. 인지질의 대부분은 단백과 결합된 지단백(lipoprotein)인 레시틴(lecithin)과 세팔린(cephalin)이다. 난황 지질의 지방산 조성은 올레산(oleic acid) 40%, 팔미트산(palmitic acid) 38%, 스테아르산(stearic acid) 15% 등이고, 콜레스테린(cholesterine)이 약 1% 정도 함유되어 있다.

표 12-3 달걀의 무기질 조성(가식부 100g당)

구분	칼슘(mg)	인(mg)	철(mg)	나트륨(mg)	칼륨(mg)	아연(mg)
전란	47.0	168.0	1.80	126.0	120.0	0.90
난백	7.0	11.0	0.2	164.0	158.0	0.20
난황	129.0	550.0	5.50	44.0	96.0	3.70

자료: 한국인 영양섭취기준(2005). 한국영양학회.

(2) 무기질과 색소

무기 성분 중 난백에는 유황이, 난황에는 인이 가장 많다. 인은 인단백질이나 인지질로서 들어 있고, 유황은 대부분이 함황단백질인 메티오닌(methionine)과 시스테인(cystein) 등이 들어 있다. 달걀의 무기질 조성은 표 12-3과 같다. 난황의 색은 잔토필(xanthophyll)에 속하는 카로테노이드(carotenoid)로 루테인(lutein)과 지아잔틴(zeaxanthin)이 있다. 사료에 있는 카로테노이드 함량에 따라 난황색은 달라지며 영양분의 함량 차이는 크게 없다.

3 달걀의 품질과 저장

1) 저장 중 품질의 변화

달걀은 생산 후 시일이 경과함에 따라 중량 감소, 외관상의 변화와 화학적 변화를 가져올 뿐만 아니라 냄새와 맛도 저하된다. 이러한 내용을 요약하면 다음과 같다.

- 난각 표면의 큐티클층이 매끈해진다.
- 기실 점점 커진다.
- 알끈 탄력이 약해져 난황이 움직인다.
- 난황 신선한 난황의 pH는 6.0에서 6.8로 상승한다. 난황막의 탄력 저하로 납작하게 퍼진다. 난황계수는 0.3 이하가 된다.
- 난백 신선한 난백의 pH는 7.6에서 9.6으로 상승한다. 점성 저하로 묽어지고 난백 계수 0.1 이하가 된다.

2) 품질의 평가

달걀의 품질판정은 외관상의 판정법과 할란 후 내용물의 상태에 의한 판정법이 있다.

(1) 외관상 판정법

투시검란법 투시검란법(candling)이란 어두운 방에서 투광검란기(candler)를 사용하여 달걀을 놓고 회전시키면서 껍데기의 상태, 기실의 크기, 기형란, 이중란, 난백의 점도에 따른 난황의 위치, 색깔 등과 기타 이상란의 유무를 조사하는 방법이다. 신선란은 난백이 밝고 투명하며 기실이 작으나, 노화란은 흐리며 기실이 크고, 부패된 난은 불투명하게 보인다.

| 5일 경과 | 30일 경과 |

그림 12-2 신선한 달걀과 오래된 달걀

난형조사 난형조사(egg shape)에 의하면 정상란의 장경(長徑)에 대한 단경(短徑)의 비는 3/4 정도이다.

무게 측정 달걀의 무게 측정(egg weight)은 저울로 하나씩 하지만, 크기가 균일할수록 수송과 보존이 편리하며 상품적 가치가 크다. 달걀은 중량에 따라 표 12-4와 같이 구분한다.

표 12-4 중량에 따른 달걀의 분류

한국*		미국**	
명칭	무게(g)	명칭	무게(g)
왕란	68 이상	거대란(jombo, 30oz/dozen)	71
특란	68 미만~60 이상	과대란(extralarge, 27oz/dozen)	64
대란	60 미만~52 이상	대란(large, 24oz/dozen)	57
중란	52 미만~44 이상	중란(medium, 21oz/dozen)	50
소란	44 미만	소란(small, 18oz/dozen)	43
-	-	극소란(peewee, 15oz/dozen)	35

자료: *축산물등급판정소, **미국 USDA 규격

비중에 의한 달걀의 신선도 판정

신선란(레그혼종)의 비중은 1.078~1.094인데 노화란은 수분의 증발로 비중(specific gravity)이 점차 가벼워져 1.02 이하가 된다. 10%의 식염수로 달걀의 뜨고 가라앉는(浮沈) 상태, 경사각도로 신선도를 측정한다. 달걀을 10% 소금물에 담갔을 때 위로 뜬다면 오래된 것이다. 따라서 사진 속에서 떠오르고 있는 달걀은 오래된 것(30일 이상)이라고 할 수 있다.

오래된 달걀
(30일 이상)

신선한 달걀

---

(2) 내용물에 의한 판정법

난황계수 난황계수(yolk index)는 달걀을 깨어 유리 편판상에 놓고 난황의 높이(H)를 직경(W)으로 나누어 구한다.

> 난황계수(yolk index) = 난황의 높이(H) / 난황의 직경(W)
> 신선란 = 0.361~0.442, 노화란 = 0.3~0.25

난백계수 난백계수(albumen index)는 난백의 높이(H)를 직경(W)으로 나누어 측정한다. 신선란은 0.14~0.17 정도이며, 노화란은 0.1 이하가 된다.

> 난백계수(albumen index) = 난백의 높이(H) / 난백의 직경(W)

호우단위 호우단위(HU, haugh unit)는 달걀의 품질을 종합평가하는 것으로 난백의 높이(H,mm)를 달걀의 무게(g)로 나누어 구하며, 국제적으로 가장 널리 사용된다. 신선란의 호우단위는 85~90이다.

$$HU = 100 \times \log(H + 7.75 - 1.7W^{0.37})$$

기포성 측정 기포성 측정(whipping degree)이란 달걀흰자를 거품(whipping)내서 그 용적이나 높이 등으로 기포력과 안정성을 측정하는 것이다. 제과 등의 제조 시 케이크의 용적, 굳기, 단면조직 등을 조사하여 구한다.

3) 달걀의 저장

달걀 저장 중 품질 저하를 막기 위해서는 아래와 같은 방법으로 미생물에 의한 부패를 방지하고 저장성을 높인다. 달걀에 침입하는 미생물로는 살모넬라속(*Salmonella*), 연쇄상구균(*Streptococcus*), 효모(yeast), 곰팡이(fungi), 바이러스(virus), 대장균(*E. coli*) 등이 있다. 특히 클로스트리듐속(*Clostridium*)은 달걀을 흑변시키고 황화수소(H_2S)를 발생시킨다.

달걀의 저장법

- **냉장법** 일반적으로 널리 이용되고 있는 저장법으로 냉장온도와 습도 80~90% 조건 하에 저장한다. 단 냉장고에서 꺼내면 빨리 부패되므로 바로 사용하는 것이 좋다.
- **냉동법** 껍데기를 제거한 난액을 냉동 상태로 저장하는 방법이다. 전액으로 하거나 난백, 난황을 나누어 한다. 60~61.5℃에서 2~3분 저온 살균한 난액을 2~3시간 이내에 −20~−30℃에서 급속 냉동하여 −15℃에 저장한다. 단체급식시설이나 달걀제품 제조업에서 주로 이용한다.
- **도포냉장법** 난각에 유지, 식용파라핀, 젤라틴, 검(gum)질, 덱스트린(dextrin) 등을 도포하여 기공을 막아 호흡을 정지시키는 방법이다. 온도 0℃, 습도 80~85%에서 저장한다.
- **건조법** 전란 또는 난백, 난황을 분리하여 저온 살균한 후 갈변 억제를 위하여 글루코스효소(glucoseoxidase)로 글루코스를 제거한 다음 분무 건조시킨 것이다. 케이크믹스, 제과용, 튀김용 가루 등에 이용된다.
- **침지법** 달걀을 3% 끈끈한 규산나트륨(Na_2SiO_3)용액이나 생석회 포화용액에 침지시킨 후 저장하는 방법이다. 이외에도 가스저장법과 소금, 초목회, 톱밥, 왕겨 등에 보관하는 간이법으로 2개월 정도 저장이 가능하다.

4 달걀의 조리

달걀은 달걀이 가진 색, 향기, 조직감, 점성, 유화성, 응고성, 기포성 등이 있다. 달걀의 조리 특성을 이용한 음식은 표 12-6과 같다.

1) 열 응고성

달걀을 가열하면 변성하여 유동성을 잃고 응고하는 현상이다. 응고란 구상 단백질에서 단백질의 분자 형태가 완전히 풀어져 분자간의 소수성 결합, 수소결합, S-S결합 등이 불용성으로 되는 현상이다. 달걀의 열변성은 60~80℃에서 일어나며, 첨가물이나 단백질의 농도, 용액의 pH, 가열방법에 따라 응고성은 다르다.

난백은 60℃ 정도에서 걸죽해지고 65℃에서 유동성을 잃고 응고하지만 난백의 응고온도는 일정하지 않으며 80℃가 되면 완전히 고체화한다. 난황은 65℃에서 응고하기 시작하여 70℃에서 완전히 응고된다. 응고속도는 삶는 물의 온도가 높을수록 빠르나 응고물은 질기다. 85℃ 정도에서는 천천히 응고되나 응고물은 부드럽다.

설탕을 첨가하면 그 자체의 연화작용 때문에 응고하는 데 더 높은 온도가 필요하며, 설탕 농도가 너무 높으면 응고가 방해되어 응고물이 생성되지 않기도 한다. 소금이나 우유를 첨가하면 쉽게 응고되는데, 이는 Na^+, Ca^{2+} 등에 의해 응고가 촉진되기 때문이다. Na^+가 더 단단하게 한다.

난백의 등전점이 pH 4.8 부근에서 열 응고성이 최대이므로 산을 첨가하여 pH가 등전점에 이르면 60℃ 전후에서도 잘 응고된다. 그러나 pH 4 이하나 강알칼리에서는 응고가 일어나지 않는다.

2) 열 응고성과 조리

(1) 삶은 달걀

삶은 달걀(boiled egg)은 달걀을 껍데기째 가열한 것이다. 이때 가열온도와 시간을 조절하여 응고의 정도가 다른 삶은 달걀을 만들 수 있다. 삶은 달걀의 노른자 색상, 위치, 경도는 조리용도에 알맞게 조절해야 한다. 모양을 살려야 하는 경우에는 난황을 중심부에 있게 하고 난황 주변이 암록색을 띠지 않게 한다.

반숙란   완숙란   녹변란

그림 12-3 달걀의 가열과 변색

표 12-5 삶은 달걀의 가열과 응고 상태

구분	가열시간	응고 상태
반숙란	약 5분 정도	노른자는 점조한 젤 상태로 약간 유동성이다. 흰자는 부드러운 응고물로 입 안에서 부드럽게 느껴지는 좋은 질감이다.
완숙란	약 10분 정도	노른자는 알맞게 팍팍하고 흰자는 단단하다. 야들야들하다.
녹변란	약 15분 이상	노른자는 단단하며 매우 팍팍하다. 흰자는 단단하게 씹히는 질감이다.

달걀을 껍데기째 100℃에서 15분 이상 오래 가열하거나 가열 후 뜨거운 물에 그대로 두면 암록색을 형성하면서 색과 향미가 나빠진다. 오래 가열하면 난백에 들어 있는 황이 황화수소(hydrogen, H₂S)를 형성하여 노른자에 있는 철(Fe)과 결합하여 암록색의 황화제1철(ferrous sulfide, FeS)을 형성하게 된다. 황화제1철은 알칼리 환경 즉 pH가 증가된 오래된 달걀에서 많이 나타난다. 따라서 신선한 달걀 선택과 용도에 맞는 가열시간을 정하고 삶은 즉시 찬물에 담가 변색을 방지한다. 황화제1철의 생성은 난황의 온도가 70℃까지는 비교적 완만하여 70℃에서 1시간, 85℃에서 30~35분간 가열해도 거의 나타나지 않는다.

난황을 중심부에 있게 하려면 난백이 응고하는 80℃ 정도까지 가끔 달걀을 굴려가며 가열한다. 껍데기가 터져 내용물의 유출을 막으려면 냉장고에서 꺼낸 달걀을 실온으로 한 후 가열하면 급격한 온도 변화에 의한 터짐을 막을 수 있다. 물에 1% 정도의 소금이나 약간의 식초를 넣어주면 껍데기에 금이 생길 경우 액의 유출을 막을 수 있다.

(2) 수란, 달걀프라이

수란(poached egg)과 달걀프라이(fried egg)는 난백으로 달걀 형태를 유지하면서 가열 응고시키는 조리이다. 이때 난황은 반숙 정도로 유동성이 있으며 난백은 부드러운 완숙 상태이다. 신선한 달걀은 탄력이 있고 난황, 난백계수가 높아 형태를 잘 만들 수 있다. 선도가 저하된 것은 난백이 묽어져 형체를 만들기 어렵고 일부 탈수되어 단단하고 질감도 나빠진다. 수란은 수란기를 이용하거나 끓는 물속에서 익히는데 흰자가 퍼지지 않게 응고시켜야 한다. 물에 1% 소금이나 약간의 식초를 첨가하면 응고가 촉진되어 흰자의 퍼짐을 막을 수 있다.

달걀프라이는 기름을 사용하므로 온도 조절이 중요하다. 가열된 높은 온도의 기름은 달걀이 갈색으로 튀겨지거나 질감이 거칠고 질겨진다. 번철이 더워지면 약불에서 기름을 살짝 두른 후 달걀을 깨어 넣고 뚜껑을 한다. 흰자가 거의 완숙될 때 불을 끄고 번철의 여열을 이용하면 부드러운 질감의 달걀프라이를 만들 수 있다. 뜨거운 프라이팬에 소량의 물을 첨가하고 뚜껑을 덮어 조리하면 빠른 속도로 흰자가 노른자를 덮어 부드럽게 익는다. 달걀을 한쪽만 익히면 서니사이드 업(sunnyside up)이라 하고, 양쪽을 익히는 방법에 따라 난백만 살짝 익히면 오버 이지(over easy), 난백은 익히고 난황을 살짝 익히면 오버 미디엄(over medium), 난백, 난황을 모두 익히면 오버 하드(over hard)라고 한다.

(3) 스크램블에그, 오믈렛

스크램블에그(scrambled egg)는 달걀을 풀어서 액체(우유, 크림, 물)를 혼합하여 기름 바른 번철에 붓고 교반하면서 응고시킨다. 혼합되는 액체의 양이 적으면 단단해지고 많으면 부드러운 덩어리 형태가 된다. 고온으로 급속 가열하면 달걀 단백질의 지나친 수축으로 액체가 빠져나가 건조하고 질긴 제품이 된다.

오믈렛(omelet)은 스크램블에그와 같은 재료의 달걀 혼합물을 프라이팬에 붓고 한쪽이 익기 시작하면 뒤집어서 반숙이 되면 접어 모양(반달)을 잡는다. 달걀물에 액체를 섞어 만든 것은 플레인오믈렛(plain omelet)이라 하고 난백을 거품 내어 난황, 액체(우유 등)를 섞어 만든 것은 포미오믈렛(foamy omelet)이라 한다. 채소류나 햄, 치즈를 섞기도 한다. 표면이 매끄러운 질감과 부드러운 반숙 상태로 조리한다. 센 불로 하여 갈변되거나 건조하지 않게 한다.

(4) 달걀찜, 커스터드푸딩

달걀찜과 커스터드푸딩(custard pudding)은 난액에 달걀보다 많은 양의 액체(물, 우유 등)를 혼합하여 가열·응고시킨 달걀 응고물이다. 첨가하는 액체의 종류와 양, 가열조건에 따라 응고물의 질감이 달라진다. 달걀찜은 난액을 균일하게 혼합하기 위해서는 체나 면포에 거르고 소금(새우젓)으로 간을 하면 응고물이 잘 형성된다. 혼합하는 물의 양은 달걀의 2~3배까지 가능하다. 동량의 물을 넣으면 단단해지고 1.5~2배를 넣으면 부드러워진다. 그 이상에서는 응고물이 매우 약하게 형성된다. 찜기에 찔 때 수증기가 떨어져 기공이 생기지 않도록 90℃ 정도로 온도를 맞춘다.

커스터드를 만들 때는 우유와 설탕을 혼합하는데 이때 우유의 양을 설탕의 5배 정

표 12-6 교반 정도에 따른 단계별 난백거품의 특성과 용도

단계		특성	용도
1단계 굵은 기포 (foamy)		기포는 조금 크지만 거의 균일하고 투명감이 있으며 유동성이 있다.	튀김옷, 국물의 청정제, 달걀찜, 유화제
2단계 부드러운 기포(soft peaks)		기포는 윤택이 있고 어느 정도 안정감이 있으나 그릇을 기울이면 쉽게 흘러내린다. 난액에서 교반기를 들어올리면 기포가 부드러워 끝이 많이 꼬부라지고 최고의 기포력을 나타낸다.	스펀지케이크, 소프트머랭, 포미오믈렛
3단계 단단한 기포 (stiff peaks)		기포가 미세하고 단단하며 탄력성이 크다. 기포는 매우 안정하고 윤기가 난다. 난액에서 교반기를 들어올리면 끝만 약간 꼬부라진다.	수플레, 캔디, 에인절케이크, 단단한 머랭
4단계 건조한 기포 (dry peaks)		기포는 단단하지만 탄력성이 없다. 윤기가 부족하며 건조하고 혼합물은 희다. 과다한 기포 형성으로 조리에 적합하지 않다. 교반기를 들어올리면 끝이 뾰족하게 일어선다.	수분이 많은 크림 종류, 버터케이크

난백의 기포성에 영향을 미치는 요인

- **온도** 난백의 온도가 높으면 기포력은 좋아지나 표면장력이 저하되고 안정성이 낮아진다. 난백은 30℃ 전후일 때가 기포력과 안전성이 가장 적당하다. 냉장고에 저장했던 달걀로 거품을 일으킬 때는 먼저 실온에서 보관한 후 사용하도록 한다.
- **교반기구 및 방법** 수동식 교반보다 전동식 교반은 회전속도가 빠르므로 거품 형성이 잘된다. 거품을 방치하면 파괴되어 거칠어지며 분리액즙의 양이 증가한다. 한 번 파괴된 거품은 다시 교반해도 생기지 않는다.
- **첨가물**
  - **산** 난액은 pH에 따라 기포 형성이 달라지는데, 난백 오브알부민(ovalbumin)의 등전점(pH 4.8) 부근에서 기포력이 가장 크게 나타난다. 산을 첨가할 때는 교반이 어느 정도 진행되어 거품이 형성되었을 때 소량씩 서서히 첨가하면 안정성 있는 기포와 거품의 양을 증가시킬 수 있다.
  - **설탕** 기포막을 부드럽게 하는 동시에 기포를 섬세하게 만드는 작용을 하지만, 최고 용적에 이르기까지는 시간이 걸린다. 머랭에 첨가하는 설탕의 양이 많을수록 거품의 안정성을 높아진다. 거품이 안정하게 형성된 후, 서서히 설탕을 첨가하면서 완료하면 보다 부드럽고 광택이 나며 안정성 있는 기포를 형성할 수 있다.
  - **지방** 소량의 지방이라도 기포 형성을 방해할 수 있는데, 난백에 난황이 혼합되면 거품 형성이 잘되지 않는다.
  - **우유** 난백을 교반하여 거품을 낼 때 우유를 소량 첨가하면 기포 형성에 방해가 되지만 탈지유, 균질우유, 무당연유 등과 같이 유지의 함량이 없거나 지방구가 균질화된 미세한 상태의 것을 소량 첨가하면 기포 형성에 방해가 되지 않는다. 이는 지방의 총 함량보다 지방구의 분포 상태가 더 중요하기 때문이다.
- **난백의 종류** 1~2주 경과한 수양난백이 신선한 농후난백보다 기포성이 좋으나 거품의 안정성은 농후난백이 좋다.

도로 하면 잘 응고된다. 우유에 있는 칼슘이온이 응고를 촉진하기 때문이다. 설탕은 응고를 방해하여 응고물을 연하고 부드럽게 만든다. 달걀은 잘 섞어 85~90℃에서 중탕하여 찌거나, 177~180℃ 정도의 오븐에서 굽는다.

3) 난백의 기포성

난백은 계속 강하게 저어주면 공기가 들어가 기포가 형성되는데, 이를 난백의 기포성(foaming properties)이라고 한다. 기포는 난액의 얇은 막으로 싸여 거품을 형성하여 부피가 커진다. 거품은 케이크나 머랭 등을 만들 때 팽창력과 부드러운 질감을 준다.

기포성은 거품이 잘 만들어지는 기포력과 거품의 안정성을 갖추어야 한다.

기포능력은 글로불린에 속하는 단백질인 오보글로불린, 오보뮤신, 라이소자임이 알부민 단백질인 콘알부민, 오보뮤코이드, 오브알부민보다 더 크다. 오보글로불린이 적게 함유된 오리알은 기포가 잘 형성되지 않는다. 또 거품 형성 시 분자 내의 -SH(sulfhydryl)기는 감소하는 반면, -S-S-(disulfide) 결합이 증가한다.

4) 난황의 유화성

난황의 유화성(emulsification)은 난백에 비하여 4배 정도의 큰 유화력을 가지고 있다. 난황은 50% 물을 가진 수중유적형(O/W emulsion)의 유화액이며 난황에 있는 레시틴(lecithin)은 유화제로 쓰인다. 유화제는 친수성기와 친유성기를 갖고 있어 기름이나 물을 섞어주면 유상액(乳狀液)을 만든다. 달걀에 기름과 식초(물)가 함께 섞여 유화된 O/W형 유화액이 마요네즈이다. 마요네즈 제조 시 신선란을 사용하여 유화액의 안정성을 유지시킨다. 마요네즈를 묽게 하려면 물이나 식초를 첨가하고 되게 하려면 기름을 첨가하여 조절한다.

5) 유동성 및 기타

달걀은 유동성이 있어 식품과 잘 접촉한다. 강한 점착력을 가지고 있어 전유어나 튀김옷에 이용하여 식품을 연결한다. 황백지단을 만들어 고명으로 이용하거나 맑은 국을 만들 때 난백을 사용하여 국물을 맑게 한다. 산이나 알칼리를 이용하여 만든 초란, 피단 등이 있다.

기타 제품

- **초란** 초란(醋卵, vinegar egg)은 달걀을 껍데기째 식초에 5~6일간 담가두면 식초산에 의해 껍데기가 녹아 부드럽게 되고 노른자는 변하지 않으면서 흰자가 반숙란처럼 응고된다.
- **피단** 피단(皮蛋, pidan)은 송화단(松花蛋) 또는 채단(彩蛋)이라고도 하며 오리알, 달걀을 껍데기째 알칼리 반죽에 3개월 이상 침지하여 두면 난백은 변성하여 젤화하고 흑갈색이 된다. 난황도 청흑색으로 변성된 달걀 응고물이 된다.
- **액란** 난백, 난황, 전란 등으로 나누어 살균처리한 후 종이팩 등에 담아 가공한 제품이다. 제과용이나 공업용으로 다량 생산할때 많이 이용된다.

우유 13

우유(牛乳, milk)는 소의 젖을 뜻하며, 다른 포유동물이 분비하는 유즙을 모두 일컫는다. 천연 단일식품으로 맛이 담백하고 영양적으로 우수하며 거의 완전한 식품이다. 우유는 그대로 마시거나 수프, 소스, 유제품 등으로 다양하게 이용되고 있다.

1 우유의 성분

우유는 평균적으로 표 13-1과 같이 수분이 약 87%와 나머지 고형분 중 당질 5.5%, 지질 3.2%, 단백질 3.0%, 회분 0.7% 그 외 미량 성분으로 구성되어 있다. 우유의 조성은 품종, 연령, 개체, 비유기, 계절, 사료, 영양 상태에 따라 차이가 있다.

1) 수분

우유의 수분은 다른 물질을 용해하거나 분산시키는 용매 역할을 한다. 수분 함량은 87.6%로 우유 성분의 대부분을 차지하고 수분활성도(Aw)는 0.993이다.

2) 단백질

우유의 단백질은 용해도 특성에 따라 카세인과 유청단백질(whey protein)로 나누어진

표 13-1 우유단백질의 조성

단백질	탈지우유 중(g/l)	총 우유단백질 중(%)	분자량
카세인	–	80	–
α_{s1}-카세인	12~15	34	22,068~23,724
α_{s2}-카세인	3~4	8	25,230
β-카세인	9~11	29	23,944~24,092
κ-카세인	2~4	9	19,007~19,039
유청 알부민	–	20	–
β-락토글로불린	2~4	12	18,025~18,363
α-락트알부민	0.6~0.7	5	14,147~14,175
세럼 알부민	0.4	1	66,267
면역글로불린	–	2	–
IgG_1	0.3~0.6	–	153,000~163,000
IgG_2	0.05~0.1	–	146,000~154,000
IgA	0.05~0.15	–	385,000~417,000
IgM	0.05~0.1	–	1,000,000
분비 성분	0.02~0.1	–	79,000

자료: Eigle et al. (1984). Based on 1984 report of ADSA Committee on Pritein Nomenclature.

다. 카세인은 우유단백질의 약 80%를 차지하며 α-카세인, β-카세인, κ-카세인, γ-카세인 및 기타 미량 카세인으로 구성되며 콜로이드(colloid) 상태로 분산되어 카세인 마이셀(micelle)로 되어 있다.

카세인은 산(pH 4.6~4.7, 등전점)이나 레닌에 의해 쉽게 침전되므로 우유로부터 분리하여 치즈나 유단백 농축물 등의 제조 시 기본재료로 사용된다. 또한 열에 안정하여 100℃에서 장시간 가열해도 변성되지 않으며 유화안정성, 젤 형성 등의 기능적 특성을 가지고 있으며 조리·가공에 많이 이용된다.

유청단백질은 우유단백질의 약 20%를 차지하며 20℃ pH 4.6에서 침전되지 않고 용해된다. 주요 유청단백질로는 유당을 합성하는 데 관여하는 효소의 일부분으로 알려진 α-락트알부민(α-lactalbumin), 혈액으로부터 이행된 혈청알부민(albumin, blood serumalbumin), 초유에 특히 많이 함유되어 있는 면역글로불린(globulin, immuno globulin) 및 β-락토글로불린(β-lactoglobulin)이 있다. β-락토글로불린은 85~90℃에서 가열하면 카세인(k-casein)과 복합체를 형성하고 가열에 불안정하게 되어 침전한다. 유청단백질은 가열하면 쉽게 변성되므로 가열 시 막을 형성하거나 밑에 가라앉는다. 또한 장시간 가열하면 시스테인(cystein)을 함유하고 있어 유리 설프하이드릴(sulfurhydryl)기에 의한 가열취의 원인이 된다. α-락트알부민은 유장단백질 중 25%정도를 차지하며

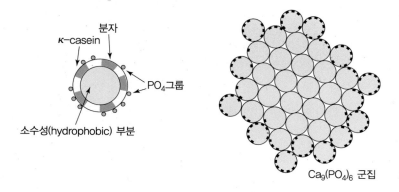

그림 13-1 카세인마이셀 모형도

우유단백질 가운데 가장 좋은 아미노산 조성을 가지고 있다. 가열에 의해 변성되지만 유리 싸이올(thiol)기가 없어 가열취 발생 등의 문제를 거의 일으키지 않는다. 카세인마이셀의 모형도는 그림 13-1, 우유단백질의 조성은 표 13-1과 같다.

3) 지질

우유지질의 대부분은 지방산의 트라이글리세라이드(triglyceride)인 유지방(95~96%)이 차지하며 미량의 인지질, 스테롤(sterol), 지용성 비타민과 유리지방산으로 지름 1~10 μm의 지방구의 형태로 존재한다. 각 지방구는 인지질과 효소, 지단백으로 구성된 막에 둘러싸여 있으나 원유의 지방은 지방구가 크고 서서히 분리되어 크림층을 형성한다. 유화 상태를 좀 더 안정화시키기 위하여 균질화 과정을 거친다. 지방은 융점이 낮을수록 소화가 잘 된다. 우유지방은 융점이 30℃로 낮은 저급 지방산이 들어있어 소화율은 좋으나 약간의 가수분해에 의해서도 유리지방산이 생성되어 뷰티르산(butyric acid) 특유의 불쾌한 냄새를 생성한다.

4) 탄수화물

우유의 탄수화물은 대부분이 유당이며, 그 외 미량의 글루코스(glucose), 갈락토스(galactose) 및 올리고당(oligosaccaride)이 들어 있다. 유당은 인체에 중요한 에너지원이될 뿐만 아니라 우유 중의 칼슘, 마그네슘 등의 무기질 흡수를 도와주며 장내 유산균의 발육을 왕성하게 하여 다른 잡균의 번식을 억제하는 효과가 있다. 당류 중 감미도는 가장 낮고 용해도가 낮아 찬 온도에서 쉽게 침전된다. 침전된 결정들은 텍스처(texture)를 나쁘게 하기 때문에 아이스크림과 같은 가공식품은 유당을 제거한 우유를 많이 사용한다. 유당은 라이신(lysine)등의 아미노기와 반응하여 갈변반응을 일으키므로 우유를 섞어 빵을 만들면 물로만 반죽한 것보다 빵 표면에 갈색화가 더 잘 일어난다.

5) 무기질과 비타민

우유에는 약 0.7%의 무기질이 들어 있으며 주요 성분은 칼슘, 인, 마그네슘, 칼륨, 나트륨, 염소, 유황을 골고루 함유하고 있다. 특히 우유 중 0.12% 정도를 차지하는 칼슘은 다른 식품에 들어 있는 칼슘보다 체내 흡수율이 높아 중요한 칼슘 제공 식품 중 하나이다.

우유에는 거의 모든 종류의 지용성, 수용성 비타민이 비교적 풍부하게 들어 있다. 지용성 비타민 중 비타민 A는 모두 레티놀이고 그 밖의 유지방을 노랗게 보이게 하는 카로틴(carotene)이 들어 있다. 비타민 D는 우유에 강화시켜 판매되고 있으며, 우유에 자외선을 조사하면 형성되나 리보플라빈(riboflavin)은 쉽게 파괴된다.

수용성 비타민 중 리보플라빈(riboflavin)은 우유 100g 중 0.17mg 정도로 가장 많이 함유되어 엷은 녹황색을 띤다. 또한 나이아신(niacin)은 인유(人乳)의 약 반 정도 함유하고 니코틴산 아마이드 형태로 존재하며, 티아민(thiamine)도 소량 존재한다. 비타민 C는 분만 직후에는 상당량 함유되어 있으나 살균처리를 하므로 함량이 많이 감소되어 있다. 우유의 색은 우유에 분산되어 있는 지방구와 카세인 입자의 크기와 함량에 의해 나타나는 것이며 카로틴(carotene)과 리보플라빈(riboflavin)이 함유되어 있어 유백색 또는 담황색을 약하게 지닌 형광백색에 가까운 색을 낸다.

2 우유의 물리적 성질

1) 비중

우유의 비중(specific gravity)은 15℃에서 1.027~1.034 정도이며 지방 함량에 크게 영향을 받아 탈지유의 경우 비중이 1.0320~1.0365로 전유보다 높다.

2) 산도

신선유의 산도(pH, acidity)는 6.5~6.6이며 이때 적정 산도는 0.16%이다. 우유의 신선도가 저하될수록 산도는 높아지고 pH는 낮아지므로 우유의 신선도 판별에 이용되며, 산도가 높아짐에 따라 카세인의 열에 대한 안정성이 떨어지므로 산도가 0.25~0.30% 정도면 85℃에서 응고하게 된다.

3) 비열

우유의 비열(specific heat)은 0.938이고 탈지유의 경우는 0.943이다. 즉, 지방 함량이 적을수록 비열이 높아진다.

4) 빙점, 비등점

빙점 우유의 빙점(freezing point)은 주로 유당, 염류들에 의해 물보다 낮은 −0.50 ~ −0.61℃(평균 −0.55℃)이다. 물을 1% 첨가할 때마다 빙점이 0.006℃씩 상승하므로 물을 첨가했는지를 검사하는 척도로 이용된다.

비등점 우유의 비등점(boiling point)은 1기압에서 100.55℃로 물보다 높으며 우유가 농축될수록 높아져서 우유를 1/2로 농축하면 비등점은 0.5℃ 높아진다.

3 우유의 조리

우유는 콜로이드(colloid)용액으로 수프, 스튜, 크림, 조림 등에 우유 특유의 매끄러움과 풍미를 더하며, 카세인이 칼슘, 인산염으로 빛에 부딪쳐 반사되어 요리를 하얗게 보이게 한다. 또한 단백질의 젤 강도를 높여주고 제품에 좋은 탄색을 준다. 그리고 생선을 굽거나 튀기기 전에 우유에 담가두면 우유가 생선의 비린내를 흡착한다.

1) 가열에 의한 변화

(1) 피막 형성

우유를 약 40℃ 이상으로 가열하면 얇은 유동성의 피막을 형성하는데, 이것은 유청단백질, 염, 지방구가 서로 혼합되어 응고된 것이다. 이런 현상을 람스덴(ramsden)이라 하고, 이는 우유를 교반하면서 가열하면 방지할 수 있다. 이 막의 70% 이상은 지방이고, 20~30%가 알부민(albumin)이며 소량의 유당, 무기질도 포함되어 있다. 60~65℃ 이상이 되면 이러한 피막이 생기므로 우유를 따뜻하게 할 때는 온도에 주의하고 소스나 수프를 만들 때는 가볍게 저어주거나 완성된 것에 버터를 넣어서 피막을 방지한다.

(2) 단백질의 변화

우유를 가열하면 유청단백질 중 β-락토글로불린과 면역글로불린(immunoglobulin)이 열변성을 받기 쉽다. β-락토글로불린은 치즈 제조 시 레닌(Rennin)에 의한 응고시간을 연장시키므로 치즈 원료유는 너무 높은 온도에서 살균해서는 안 된다. 또 카세인은 100℃ 이하의 보통의 조리온도에서는 화학적 변화가 거의 없지만 물리적 성질은 달라진다.

(3) 지방구의 응집

지방구를 둘러싸고 있는 단백질의 피막이 열에 의해 파열되어 지방구가 재결합하여 응집한다.

(4) 갈변현상

우유를 고온에서 장시간 가열하면 단백질과 유당에 의해 갈변현상이 일어난다. 즉, 카세인의 아미노기와 유당의 카보닐기가 공존하여 120℃에서 75분간 가열하면 멜라노이딘이라는 갈색 물질이 생성되는 아미노카보닐반응(amino-carbonyl reaction)이 일어난다. 이 반응을 마이야르반응(maillard reaction)이라고도 한다.

(5) 냄새 형성

우유를 74℃ 이상으로 가열하면 유청단백질 중 β-락토글로불린의 열변성에 의하여 분자량이 작은 휘발성 황화물이나 황화수소가 휘발하여 익은 냄새(cooked flaver)가 난다.

2) 동결에 의한 변화

(1) 카세인

우유를 동결하였다가 해동을 하면 약한 모상(毛狀)의 침전이 생기는데, 그 성분은 Ca-카세인으로 동결기간 중 높은 염류농도에 의해서 염석된 것이다.

(2) 지방

우유를 동결시키면 지방구만이 파괴되어 유화 상태가 불안정하게 되므로 지방괴(脂肪壞)가 부상하는데, 이것은 균질과 급속동결에 의해 약간 방지할 수 있다.

(3) 유당

동결과정 중 미동결 부분에 용해되어 있던 유당은 Ca-염과 일부분 결합하여 있다가 유당이 결정화되면 Ca-염이 분리되어 단백질에 작용해 침전을 하게 된다.

3) 우유를 응고시키는 요인

(1) 산에 의한 응고

우유에 산을 첨가하거나 또는 젖산 발효에 의하여 산이 생성되면 카세인이 응고한다. 카세인의 등전점이 pH 4.6~4.7이므로 우유에 산을 넣어 등전점에 가깝게 하면 카세인이 침전한다. 치즈 제조 시 그리고 채소나 과일을 우유와 함께 조리할 때(예: 토마토 크림수프) 이런 현상을 볼 수 있다. 치즈 제조 시 바람직하나 음식을 만들 때는 바람직하지 않은 경우가 많으므로 주의해야 한다. 우유의 응고를 방지하기 위해서는 카세인의 등전점인 pH 4.6~4.7의 범위를 벗어나야 한다. 토마토 페이스트와 우유를 함께 조리할 경우 토마토 페이스트를 먼저 가열하여 산을 휘발시킨 후 우유와 혼합해야 pH가 낮아져 응고되지 않는다. 우유에 과일을 첨가하여 음료를 만들 경우에도 먹기 직전에 첨가하는 것이 바람직하다.

(2) 알코올에 의한 응고

알코올의 탈수작용에 의해 카세인마이셀이 Ca^{2+}, Mg^{2+}의 존재하에서 응집을 일으킨다. 채소나 과일에 함유된 페놀화합물인 탄닌은 카세인을 응고시키므로 채소에 우유를 첨가하면 응고물이 생기기도 한다.

(3) 가열에 의한 응고

우유 중의 알부민은 열에 불안정하여 63℃ 이상이 되면 약간의 온도상승에 의해서 응고가 잘 되고 글로불린도 열 응고성 단백질로 가열에 의해 응고·침전한다. 한편 카세인은 칼슘이나 마그네슘과 결합하여 극히 안정된 상태가 되어 100℃에서 12시간 가열해서 응고가 일어나므로 조리 시 카세인이 응고되는 경우는 거의 없다.

(4) 효소에 의한 응고

레닌에 의해 κ-카세인이 분해되면 카세인은 칼슘(Ca)과 결합하여 침전된다. 이는 치즈 제조 시 이용된다. 레닌(rennin)의 최적 작용온도는 40~42℃이며 온도에 따라 반응 속도가 차이가 나서 낮은 온도에서는 서서히 반응하여 응고물이 매우 부드러운데, 높은 온도에서는 급속히 반응하여 단단한 응고물을 만든다. 레닌이 작용하기 적당한 상태는 약산성이며 알칼리에서나 우유에 응고물이 생길 정도의 산성에서는 작용하지 않는다. 카세인이 레닌에 의해 응고되는 경우에는 칼슘이 유청으로 분리되지 않고 카세인에 그대로 붙어 있어 레닌으로 만든 치즈(예: 체다치즈)가 산 침전으로 만든 치즈(예: 코타지치즈)보다 우수한 칼슘급원식품이 된다.

식물성(papain, ficin 등)과 동물성(pepsin, trypsin 등) 응유효소제 및 각종 미생물에서 생산되는 단백질분해효소가 레닌 대용으로 사용되고 있다.

(5) 염류에 의한 응고

염류에 의한 응고는 염석으로 알려져 있고 전하의 중화와 탈수에 의한 불가역적 침전을 일으킨다. 예를 들면 소금은 카세인이나 알부민을 응고시키는데 이러한 응고는 고온에서 촉진된다.

4 우유의 가공공정

1) 원유검사

착유 직후의 우유에는 1mL당 최고 30만 개의 세균이 있는 것으로 보이는데, 이것이 우유처리장에 도착할 때까지는 최고 400만 개 이상으로 늘어난 예도 있다. 목장에서 집유된 원유는 관능검사, 비중검사, 알코올검사, 산도검사 및 지방, 단백질, 유당, 회분 등의 성분검사, 항생·항균성검사, 이물검사, 체세포검사, 세균검사 등을 거쳐 합격된 것만을 가공 처리한다.

2) 균질화

천연상태의 우유를 방치하면 비중이 가벼운 크림이 위로 떠올라 얇은 막을 형성하여(creaming) 외관이 나빠지고 우유병에 붙은 성분이 유실되므로 균질(homogenization)화과정을 거쳐야 한다. 이를 위해 냉각우유를 55~60℃로 예열한 후 균질기를 이용해 140~210kg/cm²의 압력으로 작은 구멍으로 분출하여 우유 속의 지방구를 작은 조각으로 파괴시킨다. 균질화된 우유 속에는 직경 1.0~10.0 μ 크기의 미세지방구가 1mL당 15~50억 개 있고, 그중 약 75%는 2.5~5.0 μ 크기로 구성된 것을 기준으로 한다.

3) 살균

균질화시킨 우유는 미생물의 분포를 균일하게 하는 작용도 하므로 우유 살균 (pasteurization)을 균질화시킨 후에 하도록 한다.

(1) 저온살균법

저온살균법(LTLT법, low temperature long time method)은 63~65℃에서 30분간 열처리 하는 것으로 시간은 오래 걸리는 반면 색, 풍미, 영양분의 변화가 적다.

(2) 고온단시간살균법

고온단시간살균법(HTST법, High-temperature short time method)은 우유를 72~75℃에서 15초간 가열처리하는 방법으로 세균오염이 적고 처리용량이 많은 장점이 있다.

(3) 초고온살균법

초고온살균법(UHT, ultra high temperature heating method)은 135~150℃에서 2~5초간 살균하는 것으로 우유의 성질 변화를 최소화하면서 대부분의 미생물을 살균하는 방법이다. 이들 가열방법에 따른 각각의 비타민 손실률의 차이는 크지 않은 것으로 알려져 있다.

(4) 고온멸균법

고온멸균법(sterilization)은 초고온살균법과 유사한 조건으로 살균하는 방법으로 우유 중의 미생물을 거의 완전히 살균한 후 무균진공포장(예: tetra pack)하여 상온에서 7주 이상 보존할 수 있게 만든 우유를 멸균우유라 하여 상온에서 유통시킨다. 우리나라에서도 일부 생산되고 있으며, 국제낙농연맹에서는 멸균우유를 'UHT sterilized and aseptically filled milk'라고 표시하도록 규정하고 있다.

4) 충전 및 포장

살균과 냉각이 끝난 우유는 유리병, 비닐 또는 종이상자 등 적당한 용기에 위생적으로 충전하고 냉장한다.

5 우유의 종류와 유제품

1) 액체우유

살균시유(pasteurization milk)는 생유를 각종 살균 처리과정을 통해 살균한 후 포장용기에 담은 것으로 대부분 유해미생물은 사멸되지만 상당량 미생물이 남아 있게 되어 0~50℃에서 5일 이내에 소비할 것을 권장하고 있다.

시유(市乳, market milk)의 성분 규격은 비중이 15℃에서 1.028~1.034, 유지방 3.0% 이상, 무지고형분 8.0% 이상, 세균 수는 1cc당 4만 마리 이하, 대장균은 1ml당 10마리 이하, 산도는 유산으로서 보통의 우유에서 0.18% 이하 및 포스파테이스 시험(phosphatase test)에서 음성이어야 한다. 이러한 시유를 분류하면 다음과 같다.

전지유 전지유(全乳, whole milk)는 지방 함량이 3.0% 이상인 우유이다.

고지방우유 고지방우유(high fat milk)는 지방 함량을 높인 우유이다.

저지방우유 저지방우유(lowfat milk)는 지방 함량이 2.0% 이하인 우유이다.

탈지유 탈지유(skim milk)는 지방을 거의 제거한 우유로, 우리나라에서는 시유로서 생산되지 않고 발효유, 탈지분유, 탈지유로 만든 치즈(예: 코타지 치즈) 등의 제조 원료로 사용된다.

멸균우유 멸균우유(sterilized milk)는 초고온살균한 후 무균 상태로 포장하여 상온에서 저장이 가능하다.

강화우유 강화우유(fortified milk)는 비타민 A, D 등을 강화시킨 우유이다.

환원우유 환원우유(recombined milk)는 전지분유, 탈지분유를 물에 용해시켜 버터나 크림 등을 첨가하고 색소, 향료 등을 균질화 및 살균 처리하여 만든 것으로 딸기맛우유, 바나나맛우유, 커피우유, 과일우유 등이 있다.

2) 분유

전지분유 살균 처리한 전지유를 농축한 후 분무 건조시킨 분말우유로 저장 중 산패취 및 분해취의 생성 및 용해도 감소 등으로 오랜 기간 저장할 수 없는 문제점이 있다.

탈지분유 탈지유를 분무 건조시킨 분말우유로 저장기간이 길고 다양한 유가공제품의 원료로 쓰이는 등 활용범위가 넓다.

조제분유 유아의 성장에 필요한 요구조건에 맞추어 영양소를 첨가하여 모유와 비슷하게 만든 분말우유이다.

3) 농축우유

무당연유 무당연유(evaporated milk)는 원유 또는 저지방우유를 50~55℃의 진공 상태에서 우유의 수분을 60% 정도 증발시켜 농축시킨 것으로 살균제품인 경우 유통기한은 0~10℃에서 5일 정도이다.

가당연유 가당연유(sweetened condensed milk)는 원유 또는 탈지유에 15% 정도의 설탕을 첨가하여 원액용액의 1/3 정도 되게 농축시킨 것으로 최종 당 함량은 42%가량으로 저장성이 높으나 단맛이 강해 유아용으로는 부적당하다. 온도가 높은 곳에 두거나 또는 오랫동안 저장하면 마이야르반응(maillard reaction)에 의한 갈변현상이 일어난다.

4) 크림

크림은 우유를 오랫동안 방치하거나 원심분리할 때 얻어지는 지방이 많은 부분으로 성분 규격상 유지방이 18% 이상인 것을 말한다. 지방 및 수분 함량에 따라 다양한 크림제품 및 요리용으로 널리 사용되고 있으며 크림의 종류 및 특성은 표 13-2와 같다.

커피크림 유지방 함량이 18~30%인 크림으로 커피크림, 테이블크림 또는 라이트크림(light cream)이라 한다. 커피의 풍미를 온화하게 하고 색깔을 엷게 하기 위해 커피에 첨가되는 크림이다. 이때 뜨거운 물에 크림을 용해시키면 지방이 버터립화되어 기름방울이 떠오르는 경우가 있으므로 물의 온도를 80℃ 정도에서 크림을 넣는 것이 적당하다.

포말크림 유지방 함량이 30~36%인 연한 포말크림(light whipping cream)과 유지방 함량이 36% 이상인 진한 포말크림(heavy whipping cream)으로 분류된다. 생과자의 장식용

표 13-2 크림의 종류 및 특성

종류	수분(%)	에너지(Kcal)	총 지방(%)
하프 앤 하프크림(half and half cream)	80.6	130	11.5
테이블크림(table cream)	73.8	195	19.3
라이트휘핑크림(light whipping cream)	63.5	292	30.9
헤비휘핑크림(heavy whipping cream)	57.7	345	37.0
사우어크림(sour cream)	71.0	214	21.0
휘핑크림(whipping cream)	61.3	257	22.2

이나 과일과 함께 디저트로 이용된다.

플라스틱크림 크림을 재차 원심분리하여 유지방이 79~81% 정도 함유된 크림으로 상온에서 고화(固化) 상태이므로 플라스틱크림이라 한다. 주로 아이스크림의 원료나 연속버터 제조 시에 원료로 이용된다.

5) 버터

크림을 천천히 교동(churning)시키면 지방구막이 파괴되면서 지방구가 서로 융합하여 버터 입자가 형성된다. 이것을 한데 모아 반죽하여 물을 분산시키고 유화 상태로 만들어 80%의 유지방과 16% 이하의 수분을 가진 버터를 만든다. 미국에서는 버터의 종류를 용도에 따라 다음과 같이 나눈다.

가염버터 가염버터(salted butter)란 버터에 1.5~2.0% 식염을 첨가한 것이다.

무염버터 무염버터(no salted butter)란 버터 가공처리 과정 중에서 소금을 전혀 첨가하지 않은 것이다.

발효버터 발효버터(ripened butter)란 크림에 유산균을 번식시켜 향기를 좋게 하고 크림의 점도를 낮추어 유지방의 분리를 쉽게 하여 제조한 것이다.

생유 ➝ 크림 분리 ➝ 살균 ➝ 냉각 ➝ 교반 ➝ 연압 ➝ 버터

그림 13-2 버터의 제조 공정

무발효버터 무발효(감성)버터(sweet cream butter)란 소금을 적게 넣고 당분을 첨가하여 만든 것이다.

6) 발효유

발효유(fermented milk)는 포유동물의 젖에 젖산균을 배양·발효시켜 젖산이 약 0.3% 가량 함유되도록 제조되는 젖산음료로서, 원유 또는 유가공품(무지유고형분으로서)을 3% 이상 함유한 것을 말한다. 발효유는 젖산만을 발효시킨 젖산발효유(yogurt acidophilus milk 등)와 젖산발효는 물론 알코올 발효까지 시킨 알코올발효유(kefir, koumiss 등)로 크게 나눌 수 있다. 젖당은 20~30% 감소하여 젖산으로 되고 아세테이트와 같은 다른 산들이 소량생산된다. 생성된 젖산은 제품의 보존성을 증진하고 신맛과 청량감을 주며 해로운 미생물을 억제하고 단백질, 지방, 무기질의 이용을 증진하여 소화액 분비를 촉진한다.

비타민 B_6, B_{12}는 약 50% 감소하나 엽산이 증가하여 그 기능을 약간 보충한다. 또한 요구르트는 소장과 대장 내의 균총재생에 유용한 효과를 준다. 발효유의 종류는 다음과 같다.

요구르트 요구르트(yogurt)의 원료유로는 주로 탈지유가 사용되고 락토바실러스 불가리쿠스(*Lactobacillus bulgaricus*)와 스트렙토코커스 테르모필러스(*Streptococcus thermophilus*)의 혼합물이 첨가되어 42~46℃에서 안정제, 감미료, 향료 등을 넣어 발효시킨다. 호상, 액상의 2가지 형태로 제조된다.

버터밀크 버터밀크(butter milk)의 원료유로는 주로 살균된 저지방유나 탈지유가 사용되고 스트렙토코커스 테르모필러스를 첨가하여 20~22℃, pH 4.6 정도가 될 때까지 발효시킨다.

에시도필러스 밀크 에시도필러스 밀크(acidophilus milk)는 저지방유 또는 탈지유에 락토바실러스 에시도필러스(*Lactobacillus acidophilus*)를 넣어 38℃에서 발효시킨 것으로, 소화관 내의 부패균을 억제하는 효과가 있다.

7) 치즈

치즈(cheese)는 우유에 레닛(rennet) 또는 단백질분해효소를 작용시키거나 카세인의 등전점을 이용하여 산을 첨가해서 카세인을 응고시켜 생긴 반고형물질인 커드(curd)에 세균이나 곰팡이 등을 작용시켜 숙성시킨 것이다.

치즈의 종류는 치즈의 공정과정과 이용된 미생물의 종류에 따라 800종 이상이나 된다. 예를 들면 이탈리아의 모차렐라치즈(mozzarella cheese)는 물소의 젖에서, 프랑스의 로케포르치즈(roquefort cheese)는 양의 젖에서 제조된 것이다.

치즈는 숙성하면 물리적 · 화학적 특성, 즉 맛, 냄새, 텍스처(texture), 성분에 변화가 일어난다. 이러한 변화는 향미에 영향을 줄 뿐만 아니라 치즈로 음식을 만들 때도 음식의 품질을 향상시켜준다. 치즈의 이용과 조리원리를 살펴보면 치즈는 전채(appetizer)부터 후식(dessert)에 이르기까지 다양하게 이용되어 그대로 먹거나 술안주, 샌드위치, 샐러드, 스파게티 등 음식을 만드는 데 널리 이용된다. 치즈는 단백질과 지방의 함량이 높아 열에 예민하기 때문에 높은 온도에서 장시간 조리하면 응고되어 딱딱해지거나 질겨진다. 이는 지나친 가열에 의해 유화 상태가 깨져 지방이 분리되거나 수분이 손실되어 치즈는 주저앉고 질겨지기 때문이다. 또 차가운 온도에서는 지질이 고체 상태나 실온 정도에서는 지방이 부드러워져서 치즈도 부드럽게 된다. 체다치즈 등을 조리에 이용할 때는 조리 전에 다지거나 잘게 썰어 사용하고 가열 시에는 이중팬에서 하는 것도 좋은 방법이다.

치즈는 잘 포장하여 냉장저장하는 것이 좋다. 특히 부드럽거나 숙성시키지 않은 치즈는 냉장을 요하며 냉동은 바람직하지 않다. 해동하면 끈적거리거나 부스러지기 때문이며, 치즈의 맛은 실온일 때 가장 좋고 치즈의 종류는 자연치즈, 가공치즈, 치즈 아날로그로 분류한다.

생유 → 살균 → 발효유 첨가 → 레닌 첨가 → 가염 → 커드 →
체더링 → 분쇄 가염 → 가압 → 냉각 발효 → 치즈

그림 13-3 치즈의 제조 공정

(1) 자연치즈

자연치즈(natural cheese)는 우유를 응고시키는 방법, 자르는 방법, 배양의 형태, 숙성 상태(온도, 습도, 숙성시간 등)에 따라 다양하나 맛을 결정하는 것은 숙성 상태이고 치즈의 분류는 수분 함량에 따라 초경질치즈, 경질치즈, 반경질치즈, 반연질치즈, 연질치즈(수분 55~80%)로 나누어진다.

초경질치즈 초경질치즈(very hard cheese)는 독특한 향과 맛을 주기 위하여 1년 이상 숙성시켜 만든 것으로 매우 딱딱하여 가루로 만들어 수프나 스파게티 등에 뿌려 사용하며 상온에서 장기간 저장 가능하다. 파르메산치즈(Parmesan)와 로마노치즈(romano)가 여기에 속한다.

경질치즈 경질치즈(hard cheese)는 최소한 5~6개월 숙성시켜 만든 것으로 체다치즈(cheddar cheese)와 고다치즈(gouda cheese)는 가스 구멍이 없으나 에멘탈치즈(emmenthal cheese)는 가스 구멍이 있는 것이 특징이며, 체다치즈는 가공치즈의 원료가 되기도 한다.

반경질치즈 반경질치즈(semi-hard cheese)는 세균으로 숙성시킨 것(brick, Limburger)과 곰팡이로 숙성시킨 것(roguefort)이 있다. 숙성기간은 2개월에서 2년이 필요하고 샌드위치, 소스, 스낵 등에 이용된다.

반연질치즈 반연질치즈(semi-soft cheese)는 곰팡이를 첨가 후 4주에서 수개월간 숙성한다. 블루(blue)치즈, 브릭(brick)치즈 등이 있으며 에피타이저 샐러드, 디저트 등에 이용된다.

연질치즈 연질치즈(soft cheese)는 숙성연질치즈(soft ripened cheese)와 비숙성 연질치즈(soft unripened cheese)로 나누어진다. 숙성연질치즈는 반연질치즈와 비슷하여 용도가 같고 특유의 향미가 있다. 브리치즈(brie cheese), 카망베르치즈(camembert cheese) 등이 여기에 속한다. 비숙성 연질치즈인 코하즈(cohage)나 크림치즈는 샐러드, 샌드위치, 치즈케이크 등에 이용되며 모차렐라치즈(mozallar cheese)는 피자나 라자냐 등의 파스타와 스낵에 이용된다.

(2) 가공치즈

한 종류 이상의 자연치즈와 이에 양파 등 다른 식품 또는 유화제 등 식품첨가물을 가하여 유화시킨 다음 살균하여 저장성을 높인 것이 가공치즈(process cheese)이다. 최대 수분 함량은 40%이며 탈지유로 만들어서 지질 함량이 낮고 콜레스테롤 함량도 낮다. 밀도가 치밀하면서도 조직이 부드럽고 부서지지 않고 잘 썰어지며, 가열 시 상(phese)의 변화 없이 부드럽게 녹아 용도에 따라 물리적 성질을 조정할 수 있고, 여러 가지 제품을 다양한 모양으로 만들 수 있으며 저장성이 높은 것이 특징이다.

(3) 치즈아날로그

치즈아날로그(cheese analog, imitation cheese)는 값비싼 우유단백질 대신에 상대적으로 값이 싼 식물성 단백질로 대체하여 외관, 맛, 조직, 영양가를 자연치즈 및 가공치즈와 비슷하게 만든 제품으로 제조방법도 전통적인 치즈 제조법과 매우 유사하다. 전통적 방법으로 제조한 필드치즈(filled cheese)에서 출발하여 가공치즈를 본딴 프로세스치즈 아날로그(process cheese analog)가 등장했다.

표 13-3 우유 및 유제품의 일반 성분(100g당)

구분	열량 (kcal)	수분 (%)	단백질(g)	지질 (g)	당질 (g)	무기질				비타민				
						회분 (mg)	칼슘 (mg)	인 (mg)	철 (mg)	A (RE)	B₁ (mg)	B₂ (mg)	C (mg)	나이아신 (mg)
무당연유	134	74.1	8.0	7.3	9.0	1.6	225	189	0.1	180	0.08	0.46	2	0.3
분유	502	2.0	26.4	27.5	38.2	5.9	909	708	0.5	1,130	0.29	1.46	6	0.7
산양유	65	87.5	3.4	3.8	4.5	0.8	142	118	0.1	117	0.04	0.13	1	0.3
아이스크림	163	65.3	4.0	6.2	23.6	0.9	130	120	0.1	130	0.04	0.20	0	0.1
연유	333	25.2	8.4	8.2	56.4	1.8	311	232	0.3	200	0.10	0.50	3	0.2
요구르트	81	79.7	1.6	0.1	18.3	0.3	115	–	3.7	86	0.22	0.05	0	1.0
우유	63	87.6	3.0	3.2	5.5	0.7	186	–	108	120	0.28	0.10	0	13.0
인유	61	88.2	1.4	3.1	7.1	0.2	35	25	0.2	120	0.22	0.03	5	0.2
전지분유	502	2.2	26.7	26.8	38.4	5.9	899	811	0.5	850	0.22	1.28	7	1.3
조제분유	471	2.4	19.0	19.3	55.3	4.0	617	470	6.8	2400	0.64	1.09	45	4.2
증류유	137	73.9	6.8	8.0	9.7	1.6	270	210	0.2	190	0.06	0.35	1	0.2
치즈	349	43.2	21.8	27.8	2.8	4.4	613	613	0.6	700	0.06	0.55	0	0.4
자연산치즈	405	33.8	29.9	31.0	1.7	4.5	895	639	1.1	800	0.02	0.03	0	–
크림	250	67.1	4.8	25.0	2.4	0.7	–	–	–	800	0.03	0.14	0	0.1
탈지분유	359	3.0	35.2	0.8	53.1	7.9	1300	–	10.2	277	2.34	0.82	0	6.5
탈지우유	36	90.5	3.6	0.1	5.1	0.7	121	95	0	0	0.04	0.18	1	0.1

자료: 농촌진흥청(2012). 2011 표준 식품성분표(제8개정판).

14 수조육류

수조육류는 소, 송아지, 돼지, 양, 염소 등 동물의 적색육과 닭, 오리, 칠면조 등의 식육식품을 뜻하고 동물성 단백질의 중요한 급원이다. 식품으로 이용되는 것은 횡문근 부분인 식육(meat)이다. 식육은 뼈와 살코기로 분리되며 살코기 부분을 정육(fresh meat)이라고 한다.

1 근육의 구조

동물의 근육은 횡문근(striated muscle)과 평활근(smooth muscle)으로 나누어지며 횡문근에는 골격에 연결되어 있는 골격근(skeletal muscle)과 심장을 구성하는 심근(cardiac muscle)이 있다. 또한 기능상으로 수축·이완작용의 원리에 따라 수의근과 불수의근으로 나누어지는데, 식용 근육은 구조상으로는 횡문근 중 골격근이며 기능상으로는 수의근에 해당된다. 수조육류의 식용부위인 골격은 근육조직, 결체조직, 지방조직 그리고 뼈로 구성되어 있다.

1) 근육조직

근육조직은 먼저 마이오신(myosin) 단백질의 집합체인 가늘고 긴 근섬유소(myofilament)가 연결된 근원섬유(myofibril)로 구성되어 있고 이들 주위에 근초(sarcoplemma)가 둘러

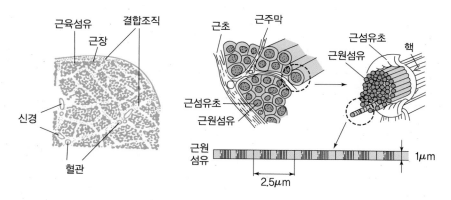

그림 14-1 골격의 구조

싸고 있다. 이와 같은 근원섬유가 모여 직경 10~100μm, 길이 수 mm에서 30cm 정도 되는 근섬유(muscle fiber)를 이루고 이 근섬유는 근내막으로 싸여 있다. 근원섬유는 주로 마이오신, 액틴(actin) 등 섬유상 단백질로 둥근 원통 모양을 하고 있으며 이 사이에 마이오겐(myogen), 글리코겐(glycogen), 마이오글로빈(myoglobin) 등이 녹아 있는 근장(sarcoplasm)이 채워져 있다. 근섬유의 수는 어린 가축에서는 증가를 보이나 성장함에 따라 증가는 멈추고 그 단백질의 합성 증가에 의한 단면적의 증가로 길이와 직경이 증가하게 된다. 이 근섬유가 모여 근주막에 둘러싼 근육다발(근속, bundle of muscle fiber)을 이루고 중간에 결합조직, 혈관, 신경섬유, 지방세포, 건(tendon), 임파선 등이 들어 있어 근육조직을 이루게 되는 것이다.

2) 결합조직

결합조직은 근섬유나, 근속을 싸는 얇은 막, 근육을 뼈에 연결하는 건(tendon), 뼈와 뼈를 연결하는 인대(ligament), 힘줄 및 피부 등과 같이 각 조직을 연결하거나 고정·보호하는 역할을 하는 조직이다. 이들 결합조직은 경단백질로 구성되어 있는데 구조상 교원섬유(콜라겐, collagen), 탄성섬유(엘라스틴, elastin) 및 세망섬유(레티큘린, reticulin) 등으로 나누어진다. 이 중 가수·가열에 의해 젤라틴(gelatin)화하는 콜라겐만이 식용 가능한 단백질이다. 따라서 수조육류의 부위에 따른 경도(질긴 정도)는 주로 콜라겐 함량과 관계가 깊다.

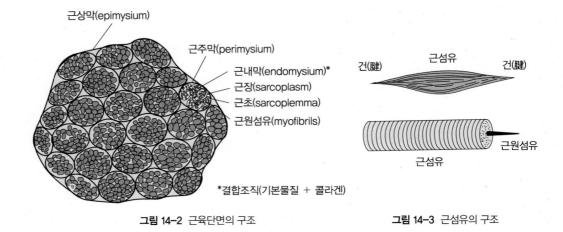

그림 14-2 근육단면의 구조   **그림 14-3** 근섬유의 구조

3) 지방조직

지방조직은 세포의 원형질에 다량의 지방덩어리가 쌓여 만들어진 것으로 근섬유, 근육다발 등을 싸고 있다. 지방세포의 크기는 동물의 영양 상태에 따라 다른데 영양이 좋은 것일수록 크다. 또한 내장 주위의 기관이나 임파관, 피하조직의 지방세포는 비교적 크며 결합조직, 근육 내의 지방세포는 작다.

근육조직 내에 산재되어 있는 지방은 육류의 연도에 영향을 미치며 특히 가열 시에 근육의 질감을 부드럽게 해주고 풍미를 좋게 해 준다. 이처럼 근육조직 내에 백색 반점 또는 방사선 모양으로 지방이 포함된 것을 얼룩무늬근육(상강육, marbling)이라 하며, 구이 등의 건열조리용으로 이용되고 있다.

4) 뼈

뼈 조직은 동물의 연령에 따라 다르다. 어린 동물의 뼈는 연하고 분홍색을 띠고 있으나 성숙한 동물의 뼈는 굵고 희다. 또한 뼈 내부에 포함된 골수는 습열조리에 있어 국물의 색과 맛을 내는 데 영향을 끼친다.

2 근육의 성분

동물의 근육은 동물의 종류, 부위, 나이, 성별, 사료 등에 따라 구성비가 다르다. 지방조직이 적은 일반 정육의 경우 70% 이상이 수분이며 고형질의 4/5 정도가 단백질로 구성되어 있다.

1) 단백질

식육은 가장 중요한 단백질 공급원으로 달걀, 우유 등의 단백질과 함께 구성아미노산 조성이 우수한 완전단백질로 간주되고 있다. 식육에는 16~22% 정도의 단백질이 있는데, 이들 단백질은 그림 14-4와 같이 육장단백질(근섬유단백질, 근장단백질), 육기질단백질, 비단백태 질소화합물 등으로 분류된다.

(1) 근섬유단백질

총 단백질의 50% 정도를 차지하여 이중 43% 정도가 마이오신이다. 마이오신은 구조상 가늘고 긴 섬유 모양을 하여 근원섬유의 구조를 이루며 ATP의 저장 및 분해에 관여 하여 근육의 수축과 이완작용을 돕는다. 액틴은 근원섬유의 22% 정도로 마이오신과 결합하여 망상구조의 액토마이오신(actomyosin)을 형성한다.

(2) 근장단백질

근장단백질은 총 단백질의 20~25%를 차지하며 대부분이 마이오겐(myogen)이라 불리는 수용성 단백질이며, 육색소인 마이오글로빈(myoglobin) 등 50~100종의 단백질이 포함되어 있다.

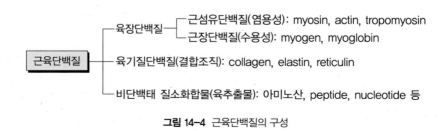

그림 14-4 근육단백질의 구성

(3) 육기질단백질

육기질단백질은 결합조직에 포함된 경단백질로 전체 근육단백질의 25~35%를 차지하며 부위에 따라 차이가 크다. 운동량이 많거나 나이가 든 동물일수록 콜라겐이 많아서 질기나 가수, 가열 후 젤라틴화되면 깊은 맛과 풍미가 있으므로 습열조리에는 콜라겐이 다량 함유된 사태, 양지, 꼬리 등이 좋다.

콜라겐은 백색 평형구조로 신장력이 크며 구성 아미노산은 글리신(glycine), 프롤린(proline), 하이드록시 프롤린(hydroxy proline) 등은 많으나 트립토판(tryptophan)과 함황아미노산이 부족한 불완전단백질이다. 반면 엘라스틴은 황색 망상구조로 탄성이 크며 약 3% 미만의 하이드록시 프롤린이 존재하며 산, 알카리, 가열·가수 등에 의한 화학적인 변화가 거의 없어 조리에 부적합하다.

2) 지방

동물체의 지방은 피하, 내장 주위, 근육 사이에 축적된 축적지방과 근육조직, 장기조직 중에 있는 조직지방으로 나눌 수 있다. 축적지방의 90%는 중성지방으로 그 함량은 동물의 나이, 성별, 사료, 영양 상태, 운동 정도, 부위 등에 의해 좌우된다. 주로 포화지방산인 팔미트산(palmitic acid, C16:0)과 스테아르산(stearic acid, C18:0)이며, 불포화지방산은 대부분 올레산(oleic acid, C18:1)으로 고급 포화지방산 함량이 높으므로 지방의 융점이 높아 뜨겁게 조리한 상태로 식용해야 맛과 질감이 좋고 소화율도 높다.

표 14-1 동물지방의 지방산 조정

지방산	지방산의 함량(지방에 대한 %)					
	소	말	양	돼지	닭	오리
로르산(lauric acid)	0~0.2	0.6	–	–	–	12
미리스트산(myristic acid)	2~2.5	3~6	24	1	0~1	8
팔미트산(palmitic acid)	27~29	20~30	25~27	25~30	24~27	20
스테아르산(stearic acid)	24~29	5~7	25~30	12~16	4~9	6
올레산(oleic acid)	43~44	38~55	36~43	41~51	37~43	41
리놀레산(linoleic acid)	2~3	11~15	3~4	6~8	18~23	6
리놀렌산(linolenic acid)	0.5	28~8	–	1	–	–
아라키돈산(arachidonic acid)	0.1	흔적	–	2	–	–

표 14-2 동물의 지방과 융점

지방	융점(℃)	지방	융점(℃)
우지(牛脂)	40~50	닭	30~32
돈지(豚脂)	33~46	오리	27~39
양지(羊脂)	44~55	칠면조	31~32
마지(馬脂)	30~43	거위	26~34

조직지방의 대부분은 스핑고미엘린(spingomyelin) 등의 인지질이며 그 외에 중성지방, 콜레스테롤(cholesterol), 당지질 등으로 이루어져 있으며, 축적지방에 비해 산패하기 쉬워 가열한 육류의 풍미를 저하시키는 주요한 원인이 된다. 한편 콜레스테롤 함량을 보면 돼지고기 40~83mg%, 양고기 28~120mg%, 닭고기 38~136mg%, 쇠고기 57~125mg%로 다른 수조육류에 비해 돼지고기의 함량이 낮은 편이다.

3) 탄수화물

동물의 근육 내 탄수화물은 글리코겐(glycogen)으로 생육 중에 0.5~1.0% 이하로 극히 적은 양이 들어 있으며 이 글리코겐은 pH 변화를 초래하여 사후강직의 원인이 된다(그림 14-5).

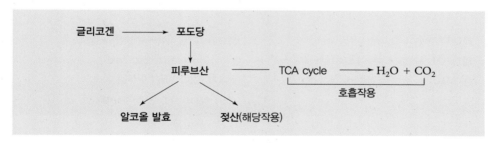

그림 14-5 글리코겐의 해당작용

4) 비타민과 무기질

근육의 비타민은 대부분 비타민 B군으로 B_1(티아민, thiamine), B_2(리보플라빈, riboflavin), 나이아신(niacin) 등이 함유되어 있으며, 티아민은 다른 육류에 비해 돼지고기에 더 많이 들어 있다. 또한 내장 중간에는 비타민 B 복합체, 비타민 A, C 등이 포함되어 있다. 무기질인 칼슘(Ca)은 대부분 뼈에 들어 있고, 근육에는 인(P), 철(Fe)이 있으며 육색소가 진한 육류의 경우 철(Fe)이 많이 함유되어 있다. 간에는 특히 철분과 비타민 A가 많이 들어 있다. 무기질은 육추출물의 맛을 내는 역할을 하며 칼슘(Ca), 마그네슘(Mg), 아연(Zn) 등의 2가 양이온은 고기의 보수성과 밀접한 관계가 있다.

5) 색소

육류의 색소는 지방에 들어 있는 소량의 카로틴(carotene)을 제외하면 헴(heme) 색소가 대부분이다. 살아 있는 동물체에서는 헴 색소 중 혈색소(헤모글로빈, hemoglobin)의 함량이 육색소(미오글로빈, myoglobin) 함량에 비해 9 : 1 정도로 많이 포함되어 있으나 도살 후에는 피 뽑기를 하므로 육류 및 육가공품 색소의 95%가 마이오글로빈에 의한 것이다. 따라서 산소화(oxygenation), 산화, 가열 등에 의한 육류색소의 변화는 주로 마이오글로빈에 의한 것이다(그림 14-6).

　　즉, 숙성에 의해 선적색을 띤 색소는 옥시마이오글로빈(oxymyoglobin)이며 조리 시 가열에 의해 갈색을 띠는 것은 Fe^{2+}인 헴(heme) 색소가 Fe^{3+}인 헤마틴(hematin)으로 산화되어 메트미오글로빈(metmyoglobin)으로 변화되기 때문이다. 동물의 나이가 어릴수록, 운동량이 적을수록 마이오글로빈의 함량이 적어 분홍빛을 띠게 된다. 육류의 색은 다음과 같다.

쇠고기 선홍색 (bright, cherry red)	**양고기** 밝은 적색에서 붉은 벽돌색
돼지고기 회색빛 나는 핑크색(grayish pink)	(light red to brick red)
송아지고기 짙은 핑크색(bownish pink)	**닭고기** 흰회색에서 어두운 적색
	(gray-white to dull red)

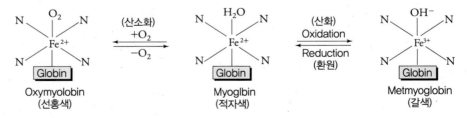

그림 14-6 육색소의 공기 중 산소화 산화

3 근육의 사후경직과 숙성

1) 사후경직

살아 있는 동물이나 도살 직후의 근육은 연하다. 그러나 도살 후 시간이 경과되면 효소 및 미생물에 의해 근육이 경직되고 보수성이 떨어지는데, 이를 사후경직(rigor mortis)이라고 한다. 사후경직의 과정을 살펴보면 다음과 같다.

(1) 글리코겐의 혐기적 해당작용

동물의 사후에 산소공급의 중단으로 근육 내 글리코겐(glycogen)이 혐기적 해당작용을 하여 젖산을 생성한다.

(2) 근육 pH의 저하

보통 근육의 pH는 중성에서 약알칼리(alkali)이지만 젖산의 생성으로 pH가 점차 떨어져 산성으로 변한다.

(3) ATP의 저하

근육의 pH는 6.5 이하로 떨어지면 근육 내의 포스파타이제(phosphatase)의 활성화로 인산화합물의 에스테르(ester)가 가수분해되며 무기인산이 생성된다.

$$\text{ATP} \xrightarrow{-Pi} \text{ADP} \xrightarrow{-Pi} \text{AMP}$$

$$\text{ATP} \longrightarrow \text{AMP} + \text{PPi}$$

$$\text{Creatine Phosphate} \longrightarrow \text{Creatine} + \text{Pi}$$

(4) 마이오신 + 액틴 → 액틴마이오신

근육 내의 ATP 분해로 ATP-마이오신 복합체가 분리되어 유리된 마이오신 단백질은 섬유상의 액틴(actin)과 결합하여 신축성이 큰 망상구조의 액토마이오신(actomyosin)이 생성됨으로써 경직이 일어난다.

(5) 수화력, 보수성의 감소

ATP에 의해 억제되어 있던 근육 내의 Ca^{2+} 등이 ATP의 분해로 활발히 활동하면서 단백질의 수화를 방해하므로 수화력과 보수력이 떨어져 질감이 나쁘게 된다.

사후경직에 의해 굳어진 근육은 질기고 보수력이 떨어져 맛과 질감이 나빠지며, 소화력도 낮아진다. 또한 보수성과 결착성도 낮아져서 가공육의 원재료로 부적당하다. 이러한 사후경직의 시간과 경직 정도는 동물체의 크기에 비례하며 저장온도와는 반비례하여 몸이 큰 동물일수록 경직정도가 크고 기간이 길며, 온도가 낮을수록 경직기간이 오래 걸린다.

경직된 근육의 보수성, 즉 근육 내의 수분 함량은 육류의 물성과 질감에 중요한 양향을 미치는데, 근육 자체 단백질과 결합된 수화수를 유지하는 능력, 즉 보수력(water holding capacity)은 pH에 따라 변한다.

근육의 사후경직이 일어나는 pH 5~6 사이는 근육단백질의 수화력, 즉 보수력이 가장 낮아져서 질감이 질겨지고 맛이 없게 된다. 또한 동물체의 크기와 주위 온도에 의해 사후경직 시작 및 지속시간은 달라진다.

2) 숙성

사후경직기간 중 근육의 pH가 5.4 정도에 이르면 해당 효소계가 불활성화되므로 젖산 생성이 멈춰지고 사후경직 반응속도가 줄어든다. 반면에 근육 내의 단백질분해효소인 카텝신(cathepsin)에 의해 경직 단백질인 액토마이오신(actomyosin)이 가수분해되어 조직이 연화되고 맛과 향이 좋은 정미물질이 생성되는데, 이 단계를 숙성(aging, ripening)이라 한다. 육류의 숙성과정에서는 다음 여러 반응에 의해 성분의 변화가 일어난다.

(1) 단백질의 자가소화

단백질의 자가소화(autolysis)란 카텝신(cathepsin)에 의한 근육 단백질 분해에 의해 유리아미노산이 생성되는 단계로 숙성이 진행될수록 정미성이 점차 증가한다. 유리아미노산은 육 추출물의 주성분으로 육류의 맛을 내는 주요 물질이다.

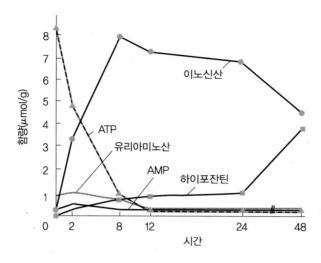

그림 14-7 사후강직과 숙성 중의 성분 변화(닭가슴살)

(2) 핵산 분해물질의 생성

단백질의 분해와 동시에 근육 내 핵산물질인 ADP, AMP가 가수분해되어 정미성을
가진 이노신산(IMP, inosinic acid)을 생성한다.

$$ADP \xrightarrow{\text{-Pi}} AMP \xrightarrow[\text{-NH}_2]{\text{AMP deaminase}} IMP(\text{이노신산})$$

(3) 콜라겐의 팽윤

숙성기간 동안 낮아진 pH로 결합조직의 콜라겐이 팽윤되어 젤라틴화되기 쉬운 상
태가 된다.

(4) 육색의 변화

도살 직후 그리고 경직기간 중 적자색이던 마이오글로빈(myoglobin) 색소는 숙성 중 공
기 중의 산소분자에 의한 산소화(oxygenation) 과정으로 옥시마이오글로빈(oxymyoglobin)
이 되어 선적색으로 바뀌어 기호성을 향상시킨다.

(5) 보수성의 증가

자가소화에 의해 단백질이 분해되므로 유리아미노산, 핵산 분해물질 등 육 추출물의 양이 늘어나며 보수성이 증대된다. 이처럼 숙성은 맛, 색, 풍미 등이 증진되고 조직이 연하며 보수성이 증가되어 질감이 부드러워지므로 식육에서는 반드시 필요한 단계이다.

　　고기의 숙성에는 온도와 pH 등이 영향을 주는데, 온도가 높을수록 숙성속도는 빠르나 변질의 위험이 있으므로 냉장온도에서 서서히 숙성시키는 것이 좋다. 또한 pH 4.0 이하, pH 8~10에서 단백질분해효소의 활성이 증대되고 pH 5~6에서 가장 보수력이 떨어지므로 pH를 조절함으로써 숙성을 촉진시킬 수 있다.

4 육류와 조리

1) 육류의 연화

육류의 연도(tenderness)는 동물의 품종, 나이, 성별, 운동 정도, 부위, 사료 등에 기인하게 된다.

(1) 육류의 연도에 영향을 주는 인자

결합조직 함량, 근섬유의 굵기와 길이　일반적으로 결합조직의 함량이 많을수록 육질이 질겨지며 특히 콜라겐(collagen) 구조는 이중가교(double linkage)를 형성하여 점점 더 질겨진다. 근육조직의 근섬유가 굵고 길수록 고기는 질겨진다. 동물의 나이, 성별, 운동량에 의해 영향을 받는데, 나이가 어릴수록, 운동량이 적을수록, 또한 암컷의 경우 근섬유가 가늘다.

육류의 부위, 지방 함량　육류의 부위는 신체 내의 대사과정 및 운동량에 의해 달라지는데, 동물체의 중심에 있고 운동량이 적은 부위(등심, 안심, 갈비)가 운동량이 많은 말단 부위(목, 다리, 꼬리)에 비해 연하다. 연도는 익힌 정도, 숙성 정도, 저장방법, 연화방법 등에 의해 달라진다. 육류의 지방은 육질을 부드럽게 만드는데, 특히 가열조리 시 액화된 기름이 단백질을 감싸므로 변성속도를 늦추고 연화를 초래한다.

조리방법과 시간   건열조리의 경우 구이용 고기를 높은 온도로 장시간 가열하면 단백질의 과변성이 일어나 질감이 더욱 질겨진다. 따라서 단시간에 조리해야 하며 습열조리는 물을 부어 장시간 끓임으로써 육질이 질긴 부위의 콜라겐을 젤라틴으로 용출시켜 연화시킬 수 있다. 연도는 익힌 정도, 숙성 정도, 저장방법, 연화방법 등에 의해 달라진다.

(2) 육류의 연화법

숙성   가장 이상적인 연화법으로 냉장온도에서 서서히 숙성시키는 것이 바람직하다. 고기를 냉장실에 저온 저장하면 세균에 의한 부패는 일어나지 않고 내부 효소에 의해 분해과정만 일어나므로 연하고 감칠맛 성분이 많이 생겨 먹기에 좋은 상태가 된다. 쇠고기는 1~4℃에서 7~10일, 돼지고기는 2~4℃에서 3~5일, 닭고기는 2일이 적당하다. 최근에는 세균 번식을 억제하면서 숙성시간을 단축하기 위해 자외선을 쪼이면서 저장온도를 높여주는 고온 숙성(hot aging)방식이 이용되기도 한다.

기계적인 방법   근섬유의 결 반대로 절단하거나(cutting, slicing), 잘게 부수는 방법(minching, grounding, chopping), 두들기기(pounding), 잔칼질, 포크로 구멍내기, 연육기를 이용하여 근섬유와 결합조직을 물리적으로 파괴하는 것이다.

첨가물에 의한 연화

- **식염과 설탕**   식염(간장, 소금은 1.5% 용액, 인산염은 0.2M 농도)과 설탕의 첨가로 단백질의 수화력과 보수성을 증가시켜 질감을 부드럽게 하는 것이다. 그러나 농도가 진하면 오히려 삼투압 현상에 의해 탈수작용이 일어나 질겨진다.

- **효소**   단백질가수분해효소(protease)를 첨가하여 단백질을 펩타이드(peptide)나 아미노산으로 분해시키는 방법이다. 브로멜라인(bromelain, 파인애플), 파파인(papain, 파파야), 피신(ficin, 무화과), 액티니딘(actinidin, 키위) 등의 효소로 만든 연육제(meat tenderizer)는 고기연화에 많이 사용된다.

    생강즙이나 배즙을 첨가하는 경우도 이들 속의 단백질가수분해효소를 이용하는 것이다. 많은 양을 사용하거나 장시간 재어두면 육질이 지나치게 연화된다.

- **토마토즙, 식초, 포도주**   근육이 가장 질겨지는 pH 5~6을 피하여 pH 조절을 한다. pH 4 이하, 8~10의 액즙에 담그면 연화시킬 수 있다. 육류 조리 시 산성용액을 넣

어 육류연화와 냄새를 제거한다.

2) 육류의 가열에 의한 변화

육류는 도살 후 오랜 숙성기간이 지난 후에 조리를 하게 된다. 따라서 미생물이 번식하기 쉬우므로 대부분 안전하게 가열하여 식용한다. 가열하면 다음과 같은 변화가 일어난다.

(1) 단백질의 변성

보통 단백질의 변성온도는 60~70℃ 정도이나 근육단백질은 30~50℃에서 근원섬유단백질인 마이오신(myosin)이 불안정한 가교를 형성하며 신축성이 큰 섬유상의 구조로 변한다. 콜라겐은 61~65℃에서 나선구조가 붕괴되어 물속에 젤라틴 상태로 용출되어 졸(sol) 상태를 만들게 된다. 이 젤라틴은 온도가 낮아지면 젤(gel)화가 되면서 물성이 다르게 된다. 콜라겐은 젤라틴화한다.

(2) 수축과 중량 감소

육류의 가열온도가 30℃ 이상이 되면 근육단백질의 2, 3차 구조가 분해되면서 소수기들의 노출로 수화성이 감소하게 된다. 80℃ 이상이 되면 모든 육장단백질은 완전히 응고되어 수축하고 가열온도가 높을수록, 시간이 길수록 수축률이 커지게 된다. 또한 가열에 의한 추출물(drip)이나 지방의 유출 및 수분 증발로 중량이 점차 감소되고 표면이 건조되어 질감이 나빠진다.

(3) 지방의 융해와 풍미의 변화

동물성 지방은 융점이 높으므로 상온에서는 고체 상태이나 가열하여 융점 이상이 되면 액상이 되어 구수한 냄새를 내고 질감과 소화성을 높인다. 육류를 가열하면 아미노산, 핵산 분해물, 유기물질 등에 의해 풍미가 좋아진다. 특히 구이의 경우에는 열에 의한 저급 탄소화합물, 함황화합물, 질소화합물의 생성으로 새로운 향미를 낸다. 구이에서 육즙의 유출을 막으려면 고기 표면을 고온으로 단시간 가열하여 빨리 응고시키고, 불을 줄여 내부를 익힌다.

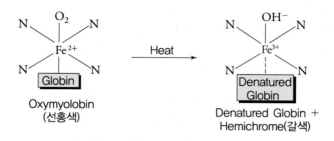

그림 14-8 육색소의 가열에 의한 변색

(4) 색의 변화

육색소인 미오글로빈(myoglobin)과 혈색소인 헤모글로빈(hemoglobin)은 가열에 의해 구성단백질이 변성되어 분리되므로 Fe^{2+}인 헴(heme) 색소가 Fe^{3+}인 헤마틴(hematin)으로 산화되어 갈색화가 일어난다. 조육류의 백색 근육의 적변은 가열에 의한 일종의 화학반응으로 염려하지 않아도 된다. 이 변색은 개체의 크기가 작고 피하지방이 적을수록 잘 일어난다. 닭뼈의 갈변은 냉동 조육류를 해동한 후 조리하면 냉동과 해동으로 골수가 파괴된 후 산화되어 일어나는 변화이다. 맛이나 냄새 등에 이상이 없고 위생상 문제가 되지 않으나 외관상 불쾌감을 줄 수 있으므로 해동하지 않고 조리하여 변색을 최소화하는 것이 좋다.

3) 육류의 부위와 특징

육류의 부위에 따라 단백질과 지방 함량이 다르고 맛에 관여하는 미량 성분에 차이가 있으며 조직의 특성이 있다. 따라서 선택한 조리법이 음식의 맛에 영향을 준다.

(1) 쇠고기

쇠고기는 크게 안심, 등심, 채끝, 목심, 앞다리, 우둔, 설도, 양지, 사태, 갈비로 이루어져 있다. 각 부위는 또 다시 다양한 소분할 부위로 나누어지게 되며 부위별 특징과 조리법은 표 14-3, 14-4와 같다.

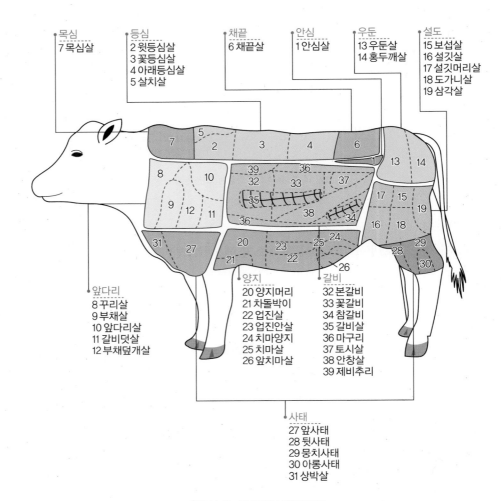

그림 14-9 쇠고기의 부위별 명칭

표 14-3 쇠고기 부위별 특징과 조리법

대분할 부위	소분할 부위	특징	조리법
안심 (tender loin)	안심살	쇠고기 중 가장 부드럽고 연하며, 고깃결이 곱고 맛이 담백하다. 근내지방(마블링)이 적어 오래 가열하면 질겨진다.	구이, 스테이크
등심 (loin)	윗등심살	힘줄(떡심)이 고깃덩어리 바깥쪽에 박혀 있는 것이 특징이며, 근간지방과 근내지방이 많아 고깃결이 곱고, 연하며 육즙과 풍미가 풍부하다.	구이, 스테이크, 산적, 꼬치
	꽃등심살	근내 지방이 좋고 근섬유다발이 굵지 않아 고기결이 부드럽고 연하다. 풍미가 우수하고, 등심 중 육즙이 가장 진하며 고소한 감칠맛이 풍부한 최상급 부위이다.	구이, 스테이크, 샤브샤브

〈 계속 〉

대분할 부위	소분할 부위	특징	조리법
등심 (loin)	아래 등심살	살코기 함량이 많으며, 고기 속에 힘줄이 없고, 근내지방이 잘 발달되어 고기가 연하고 풍미와 감칠맛이 우수하나 근간지방 함량이 적어 오래 구우면 퍽퍽해지고 질겨지기 쉽다.	스테이크, 샤브샤브, 구이
	살치살	쇠고기 부위 중 마블링이 가장 좋은 살코기이다. 결이 부드러우며, 육즙이 풍부하여 구우면 살살 녹는 식감을 가진다.	구이
채끝 (strip, loin)	채끝살	근섬유다발이 굵지 않아 결이 곱고 부드럽다. 근내지방이 근섬유 사이에 골고루 퍼져 있어 적당히 구우면 풍부한 육즙과 고소한 향미가 있으나 근간지방이 없어 오래 가열하면 퍽퍽하고 질겨진다.	구이, 산적, 스테이크
목심 (neck)	목심살	육단백질 함량이 높고 운동량이 많은 목덜미 부위로 고기결이 부드럽지 않다. 육즙이 풍부하여 육향과 맛이 진하고, 씹을수록 고소한 감칠맛이 우러난다.	불고기, 탕, 전골
앞다리 (blad, cold)	꾸리살	둥글게 감아놓은 실꾸리 모양의 앞다리 근육으로 거칠고 지방이 적고 힘줄이 많다. 쫄깃한 식감과 담백한 진한 육향미가 있다. 조리 시 질긴 힘줄은제거하고 얇게 썬다. 구우면 질겨진다.	육회, 불고기, 국거리
	부채살	앞다리 윗부분의 부채모양 근육(낙엽살)으로 근간지방이 없고 마블링과 함께 뻗어 있는 가느다란 힘줄로 약간 질기나 씹을수록 쫄깃하고 은은한 향미와 특유의 감칠맛이 우러난다.	구이, 불고기
	앞다리살	운동량이 많은 근육(대접살)들로 마블링이 적고 결체조직이 많아 질긴 식감과 진한 육향과 육즙이 풍부하다. 물에 장시간 가열하는 요리에 적당하다. 지나친 가열은 퍽퍽하고 질길 수 있다.	국거리, 불고기, 장조림, 산적용
	갈비덧살	운동량이 적은 근육으로 근내지방이 고르게 잘 분포되어 육즙이 풍부하며 식감이 질기지 않다. 갈비살과 유사한 육질로 쫀득하고 고소한 맛이 우수하다.	구이, 불고기, 샤브샤브, 전골, 장조림
	부채덮개살	운동량이 많고 뼈와 가죽을 연결하는 근육으로 근막이 두껍고 질기므로 조리 시 제거하거나 충분히 숙성시켜 사용한다. 근내지방이 적고 고기결은 거칠지만 육즙은 단백하고 고소한 맛이 있다.	불고기, 국거리
우둔 (topside, inside)	우둔살	뒷다리 부위 중 지방이 거의 없는 순 살코기로 가장 연하고 담백하다. 고기결이 거칠지 않고 육단백질 비율이 높은 큰덩어리로 위치에 따라 연도가 다르므로 용도에 따라 써는 두께를 달리한다.	육회, 불고기, 산적, 육포, 장조림
	홍두깨살	우둔살 옆에 긴 홍두깨처럼 붙어 있는 지방이 거의 없는 살코기이다. 고기결이 다소 거칠지만 식감은 좋다. 섬유다발의 굵기가 균일하고 결도 일정하여 찢어지는 결을 이용하는 요리에 적합하다.	장조림, 육개장, 육회, 육포
설도 (butt, rump)	보섭살	채끝과 이어진 운동량이 많지 않은 엉덩이 윗부분의 살코기이다. 고기결은 부드러우며 진한 육향과 설도 부위 중 가장 풍미가 좋은 고기로 평가된다.	스테이크, 구이, 육회, 불고기
	설깃살	설도 부위 중 가장 운동량이 많은 근육으로 근섬유가 굵고 고깃결이 거칠고 결 사이에 힘줄이 많아 질기다. 습열조리에 알맞다.	찜, 전골, 국거리, 불고기

〈계속〉

대분할 부위	소분할 부위	특징	조리법
설도 (butt, rump)	설깃머리살	근내지방이 알맞게 침착되어 지방과 살코기의 비율이 적당하며, 설깃살에 비해 마블링이 좋고 근섬유가 굵지 않고 고깃결이 부드럽고 연하다. 풍부한 육즙과 씹을수록 담백한 육향이 난다.	전골, 구이, 장조림
	도가니살	대퇴네갈래근으로 연골인 물렁뼈가 포함된다. 근내지방이 없는 둥근 덩어리 형태이다. 운동량이 많은 근육으로 고기결이 거칠고 진한 육향이 있다. 육단백질이 풍부하여 도가니와 함께 삶아 탕에 이용한다.	탕, 국거리
	삼각살	삼각형 모양의 대퇴근막긴장근으로 근섬유가 굵지 않고 조직감이 부드러운 부위이다. 풍부한 육즙과 적절한 마블링으로 고소한 맛의 풍미를 느낄 수 있다.	구이, 육회
양지 (basket, flank)	양지머리	제1~7번째 갈비뼈 사이 부위의 근육이다. 운동량이 매우 많은 근육으로 지방이 거의 없고 질기다. 육단백질의 향미가 우수하고 오래 끓일수록 구수한 맛 성분이 우러난다. 근섬유다발이 굵고 결이 일정하여 결대로 잘 찢어진다.	육수, 전골, 탕, 조림
	차돌박이	제1~7번째 갈비뼈 하단 부위이다. 연골처럼 단단한 근간지방이 근육 사이에 차돌처럼 박힌 근육이다. 고깃결이 거칠고, 근내지방으로 고소한 풍미와 다즙성, 쫀득하고 고들꼬들한 식감이다.	구이, 샤브샤브
	업진살	제1~13번째 갈비뼈 하단부 연골부위를 덮고 있는 근육이다. 고깃결이 굵고 거칠지만 근간지방이 있어 육즙 맛이 가장 뛰어나고, 식감이 매우 좋다. 고기의 모양이 일정하지 않아 깍둑썰기 또는 얇게 썰어 이용한다.	수육, 수프, 스튜, 국거리
	업진안살	제7~13번째 갈비뼈 사이 복강 안쪽의 배 가로근으로 한 개의 근육(엄진안창살)이다. 근섬유다발은 굵고 거칠지만 꼬들꼬들한 식감과 마블링이 좋고 고소하고 달콤한 육즙의 맛이 있다.	구이, 국거리
	치마양지	복부 근육(복부양지, 뒷양지, 배받이살)으로 근섬유가 굵고 거칠며, 고깃결 사이에 지방 침착도가 높으며, 장시간 가열 시 진한 향과 부드러운 질감과 결 따라 잘 찢어진다.	육개장, 장조림, 국거리
우둔 (topside, inside)	치마살	치마양지 부위의 배 속 경사근으로 복부 뒷부분(채받이살). 근육이 원통 모양으로 다발을 이루고 있으며, 근간지방이 잘 침착되어 있고 잘 찢어진다. 약간의 단맛과 쫄깃한 감칠맛을 가지며 씹는 맛이 가장 우수하다.	구이, 육회
	앞치마살	배곧은 근으로 근섬유가 굵은 다발을 이루어 있어 고깃결이 다소 거칠고 잘 찢어진다. 육즙이 풍부하며 향이 진하고 고소하다.	구이, 탕, 장조림
사태 (shin, shank)	앞사태	다리뼈를 감싸고 있는 정강이 근육으로 뒷사태에 비해 고깃결이 곱다. 근내지방이 적고 근섬유는 굵은 다발을 이루고 있어 결체조직 함량이 높고 단백하고 쫄깃한 맛과 육향이 진하다.	국, 탕, 찜, 찌개, 불고기
	뒷사태	허벅지 부위로 앞사태보다 근육이 더 크고 근간지방은 더 많으며 근내지방은 적고 근섬유는 굵은 다발을 이루고 있어 결체조직 함량이 높다. 육단백질 농도가 짙어 육향은 진하고 담백하다. 충분히 숙성시키면 쫄깃한 식감을 낸다.	찜, 국거리, 조림, 육회

〈 계속 〉

대분할 부위	소분할 부위	특징	조리법
사태 (shin, shank)	뭉치사태	장단지근으로 뒷사태 근육에서 큰 덩어리로 뭉쳐 있다. 몸무게를 지탱하는 운동량이 많은 근육으로 질긴 근막과 힘줄이 잘 발달되어 거칠고 단단하므로 물에서 장시간 가열하는 요리에 적당하다.	탕, 찜, 찌개, 장조림
	아롱사태	뭉치사태 안쪽에 있는 단일 근육으로 둥근 덩어리 형태. 진한 육향, 육즙이 풍부하다. 지방이 거의 없고 고깃결이 굵고 단단하나 쫄깃한 식감과 삶을수록 육질이 부드러워진다.	육회, 구이, 탕
	상박살	앞사태와 비슷(앞다리의 아롱사태)하다. 근섬유들이 굵은 다발을 이루고 있으며, 육질은 앞사태와 비슷하다.	육회, 구이, 찜, 장조림, 국거리
갈비 (rib)	본갈비	제1~5갈비뼈를 분리한 것으로 횡경막과 연결되는 갈비의 앞부분이다. 근내지방이 많아 육즙이 풍부하고 고소한 맛과 진한 육향이 있다. 근막이 많지 않고 근섬유가 단단한 편이며, 질긴 근막을 제거하면 부드럽고 쫄깃한 식감이 난다.	구이, 찜, 탕
	꽃갈비	제6~8갈비뼈 부위로 갈비 중앙에 위치하고, 운동량이 거의 없는 근육으로 마블링 함유율이 높은 두툼한 고기이다. 마블링과 어우러지는 감칠맛과 식감이 부드럽고 쫄깃하여 갈비 부위 중 가장 맛이 우수하다.	구이
	참갈비	제 9~13갈비뼈의 얇은 삼각형 모양의 근육으로 근막이 많고, 근육은 두툼하지 않고 지방이 적다. 근섬유가 굵고 단단하며, 결체조직들이 갈비뼈를 감싸고 있는데 살코기가 적고 갈비뼈 비율이 높아 물에 넣고 장시간 끓이면 근막이나 육단백질이 풀려 육향과 감칠맛 나는 국물이 된다.	갈비탕
	갈비살	갈비 부위에서 뼈를 제거한 살코기 부위로 표면에 근막이 감싸여 있고 길고 두툼(늑간살)하다. 질긴 근막들을 칼집을 넣어 연하게 하거나 제거 후 조리한다.	구이
	(rib)	갈비살을 얻기 위해 제거되는 척추와 가슴 부위(갈비마구리)로 살코기가 적고 연골과 뼈가 많으므로 물에서 장시간 가열시 고소하고 진한 육수가 우러난다.	갈비탕, 육수
	토시살	제1등뼈와 제1허리뼈 사이의 근육으로 안창살과 등뼈에서 분리되는 근육, 진한 육즙, 마블링이 거의 없고, 근섬유는 부드러워 구우면 쫄깃하고 다즙성의 독특한 식감을 준다.	구이
	안창살	갈비 안쪽의 횡격막을 분리한 근육으로 근섬유 다발이 굵고 고기결이 거칠고 단단하다. 토시살에 비해 근내지방 함량이 많다. 구우면 진한 육즙과 쫄깃한 식감을 준다.	구이
	제비추리	목뼈에서 갈비 앞쪽까지 길게 붙어 있는 운동량이 많은 근육으로 근섬유다발이 굵고 거칠며 단단하고 근막이 있다. 근막을 제거하여 이용한다. 풍부한 육즙과 육향, 근내지방 함량은 적어 담백하다.	구이

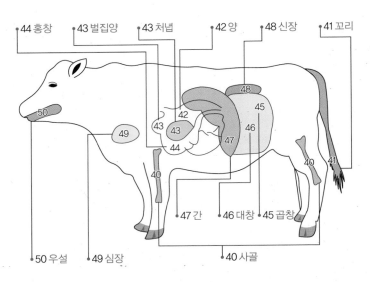

그림 14-10 쇠고기의 부산물 부위별 명칭

표 14-4 쇠고기 부산물 부위별 특징과 조리법

소분할 부위	특징	조리법
사골	소의 네 다리뼈로 앞사골이 작고 골밀도가 높다. 좋은 사골은 단면적이 유백색이며 골밀도가 치밀한 것이 좋다. 찬물에 담가 핏물제거 후 사용한다.	육수
꼬리	꼬리뼈와 꼬리반골로 근육과 살코기가 붙어 있어 사골에 비해 국물이 담백하고 더 고소하며, 쫄깃한 식감을 나타낸다. 찬물에 담가 핏물제거 후 사용한다.	탕, 육수
양	4개의 위 중 첫 번째 위로 굵은 털처럼 융기들이 돋아나 있다. 쫄깃하고 탄력적인 결체조직과 거칠고 단단한 근섬유다발로 이루어져 담백한 맛과 저작감이 있다.	탕, 전골, 볶음
벌집양	두 번째 위로 제일 작고 벌집 모양을 하고 있다.	탕, 볶음, 전골
처녑	세 번째 위(7~8%)로 여러 막이 서로 겹쳐 있어 막 사이 이물질과 막껍질을 제거 후 사용한다.	탕, 전골, 전유어, 구이
홍창	소화효소가 분비되는 네 번째 위로 붉은색, 탕(홍창)과 구이(막창)용으로 구분한다. 구우면 쫄깃하고 식감과 고소한 맛이 우러난다.	탕, 구이
곱창	소장 부위로 콜라겐과 엘라스틴 같은 결체조직이 많아 조금 질긴 감이 있으나 흐물거리는 질감과 쫄깃한 식감이 있다.	탕, 구이
대창	약 30m의 큰창자로 곱창보다 내장지방이 많이 붙어 있다. 특유의 냄새와 표면의 지방 제거 후 겉과 속을 뒤집어 사용한다.	구이, 탕, 전골
간	광택이 나고 탄력성이 있는 것이 신선하고 좋은 맛을 나타낸다.	생식, 탕, 수육
신장	작고 둥근 덩어리가 여러 개가 붙어 있는 모양으로 안쪽 근막 제거 후 이용한다.	구이
심장	근육처럼 횡문근으로 근섬유가 치밀한 구조를 이루며, 지방 함량이 적고 쫄깃하고 담백한 맛을 나타낸다. 독특한 육향이 있다.	탕, 구이, 불고기
우설	혀뿌리 또는 혓날이 붙어 있는 상태로 분리한 것이다. 콜라겐 함량이 높으나 결착력이 낮아 부드럽고 연한 식감의 색다른 맛이다. 편육의 최고의 요리이다.	편육, 찜, 조림, 전골

(2) 돼지고기

돼지고기는 다음과 같은 부위로 분할하며 특징과 조리법은 표 14-5와 같다.

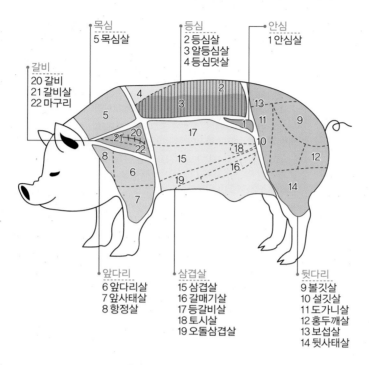

목심
5 목심살

등심
2 등심살
3 알등심살
4 등심덧살

안심
1 안심살

갈비
20 갈비
21 갈비살
22 마구리

앞다리
6 앞다리살
7 앞사태살
8 항정살

삼겹살
15 삼겹살
16 갈매기살
17 등갈비살
18 토시살
19 오돌삼겹살

뒷다리
9 볼깃살
10 설깃살
11 도가니살
12 홍두깨살
13 보섭살
14 뒷사태살

그림 14-11 돼지고기의 부위별 명칭

표 14-5 돼지고기 부위별 특징과 조리법

대분할 부위	소분할 부위	특징	조리법
안심	안심살	허리뼈 안쪽 몸 중앙 부분에 있는 단일근육으로 지방이 거의 없는 순 살코기이다. 근섬유다발이 굵지 않은 가장 부드러운 부위여서 두툼하게 잘라 이용한다.	장조림, 포크커틀릿, 탕수육, 꼬치구이
등심	등심살	등줄기를 따라 길게 형성되어 있는 등심근으로 흰 지방으로 표면이 싸여 있는 살코기이다. 육질이 질기지 않고 부드럽다. 백색 근섬유 비율이 높아 보수력이 약해 보관을 잘못하면 퍽퍽해지기 쉬우므로 주의한다.	포크커틀릿, 스테이크 불고기
	알등심살	등심 부위의 중앙에 위치한 등심근으로 순 살코기이다. 백색 근섬유 비율이 높고, 근섬유 방향이 일정하여 원하는 형태로 이용할 수 있다.	포크커틀릿, 스테이크
	등심덧살	등심을 덮고 있는 등심 앞부분 위쪽 끝에 붙은 근육으로 적색 근섬유 비율이 높고(쇠고기 같은 돼지고기), 육즙이 풍부하며, 피하지방과 근간지방이 근육 양쪽 면을 감싸고 있어 부드럽고 고소한 맛이 나고 저작감이 좋다.	구이

〈 계속 〉

대분할 부위	소분할 부위	특징	조리법
목심	목심살	등심 부위와 머리 사이에 있는 부위로 지방과 살코기의 비율이 적당하여 특징적인 돼지고기의 맛을 가진다. 근간지방 내 육즙이 풍부하다.	수육, 보쌈 구이, 불고기
앞다리	앞다리살	앞다리에서 앞사태살을 분리하고 남은 부위로 운동량이 많아 근막과 힘줄 등 결체조직이 잘 발달되어 있어 다소 질기다. 지방 함량이 적고, 육단백질 함량이 높아 육향과 육즙이 풍부하다.	불고기, 찌개 국거리, 육개장 육가공용
	앞사태살	정강이 근육으로 앞다리살보다 운동량이 많아 육색이 더 짙고 지방 함량은 적으며 근막도 더 잘 발달된 부위이다. 근섬유다발이 굵고, 질기나 저작감이 좋다. 뒷사태보다는 부드럽다.	수육, 장조림, 찌개, 국거리
	항정살	목덜미살로 근내지방이 두껍게 골고루 잘 분포되어 살코기와 적절한 비율을 이루고 쫄깃한 식감과 풍부한 풍미를 나타낸다.	구이
뒷다리	볼깃살	궁둥이 부위의 살이자 다리의 힘을 받는 근육이다. 근섬유다발이 굵고 결이 약간 거칠지만 고기는 질기지 않고 저작감이 좋다. 진하고 풍부한 육즙이 나온다.	산적, 탕, 장조림, 국거리, 불고기
	설깃살	뒷다리의 넓적다리 바깥쪽을 이루는 부위로 볼깃살과 달리 운동량이 적은 근육이다. 백색 근섬유 비율이 높고, 근내지방 함량이 적고, 근섬유다발이 굵어 약간 질긴 식감이다. 보수력이 낮아 퍽퍽해지기 쉽다.	탕, 찌개, 국거리, 탕수육, 불고기
	도가니살	뒷다리의 무릎뼈와 함께 넓적다리뼈를 감싸고 있는 근육이다. 근내지방의 함량이 가장 적은 살코기 부위로, 근섬유다발이 굵고 고기의 결이 거친 편이지만 저작감이 좋다. 수분 함량이 높아 육향과 육즙이 풍부하다.	국거리, 찌개, 탕수육, 불고기
	홍두깨살	뒷엉덩이 부분 안쪽에 있는 홍두깨 모양의 살코기이다. 근내지방 함량이 가장 많은 뒷다리 부위 중 구이로 이용한다. 운동량이 많지 않아 고기의 결도 부드러운 편이다. 육즙이 풍부하고 부위별로 다른 맛이 난다.	구이
	보섭살	엉치뼈를 감싸고 있는 근육이다. 뒷다리 부위 중 운동량이 가장 적다. 근막도 많지 않고, 근섬유의 결과 가장 부드럽다. 백색 근섬유 비율이 높다. 조직감을 잃고 쉽게 흐물거리며 육즙의 손실이 쉽게 일어나 퍽퍽해지므로 취급에 주의해야 한다.	불고기, 장조림, 돈가스, 잡채
	뒷사태살	하퇴골을 감싸고 있는 근육이다. 지방은 거의 없는 순 살코기이다. 가장 운동량이 많아 질기다. 근섬유의 풍부한 육즙과 진한 육향이 있으며 장시간 삶아 이용한다.	수육, 보쌈, 장조림, 불고기, 다짐육, 육가공용
삼겹살	삼겹살	제5 또는 제6갈비뼈에서 뒷다리까지의 복부 부위이다. 근육과 근간지방이 세 층을 이룬다. 지방 함량이 높아 부드럽고 고소한 맛이 난다. 고기의 감칠맛과 좋은 저작감이 조화를 이룬다.	구이, 수육, 보쌈, 육가공용
	갈매기살	갈비뼈 윗면을 가로지르는 평평한 횡격막근(소고기의 안창살)으로 갈비뼈에서 분리된다. 잘 발달된 근막, 근내지방 함량이 낮고, 굵은 근섬유다발의 보수력이 좋다. 육즙이 풍부하고 쫄깃한 식감과 향미가 좋다.	구이
	등갈비살	제5 또는 제6갈비뼈에서 마지막 갈비뼈 쪽에 해당하는 부위이다. 마블링이 좋고 진하다. 풍부한 육즙, 감칠맛, 골돔향, 등심근의 담백한 고기 맛이 조화를 이룬다. 근막 제거 후 칼집을 넣어서 이용한다. 갈비살의 육즙과 육향 및 골즙 추출을 위해 장시간 가열 처리를 하는 것이 적합하다.	찜, 구이

⟨ 계속 ⟩

대분할 부위	소분할 부위	특징	조리법
삼겹살	토시살	가슴뼈에 부착되어 있는 근육으로 갈매기살에서 분리한다. 근내지방 함량이 거의 없고, 힘줄과 근막이 있어 쫄깃한 식감을 준다. 양이 적어 갈매기살과 함께 이용한다. 씹을수록 육즙과 육향이 진하게 우러난다.	구이
	오돌삼겹살	제5 또는 제6갈비뼈부터 마지막 갈비뼈까지 연골을 감싸고 있는 근육이다. 지방 함량은 삼겹살과 비슷하나 세 층으로 이루어지지 않았다. 오도독 씹히는 식감과 달고 고소한 고기 맛이 난다.	구이, 찜, 김치찌개
갈비	갈비	다소 질긴 근막으로 둘러싸여 있다. 근막 제거 후 이용한다. 갈비에 붙어 있는 살코기는 부드럽고 근내지방도 많으며 육즙이 풍부하다. 고소한 육향, 쫄깃한 저작감, 갈비뼈 즙액의 구수한 단맛이 조화를 이룬다.	구이, 바비큐립
	갈비살	갈비 부위에서 뼈를 제거한 살코기이다. 지방과 층을 이루고 부드러우며 고소한 육향, 쫄깃한 저작감, 갈비뼈 즙액의 구수한 단맛이 조화를 이룬다.	구이, 볶음요리, 떡갈비
	마구리	갈비 부위에서 갈비살을 제거한 연골과 뼈를 감싸고 있는 약간의 살코기 부위이다. 장시간 끓이면 구수하고 진한 육수가 우러난다. 근막의 콜라겐, 엘라스틴의 결체조직 성분이 맛과 영양을 더한다.	육수, 불갈비

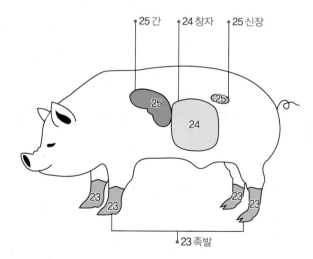

그림 14-12 돼지고기의 부산물 부위별 명칭

표 14-6 돼지고기 부산물 부위별 특징과 조리법

부위	특징	조리법
족발	뼈, 근육 및 가죽으로 구성되며 장족과 단족으로 나누어진다. 조리 전에 잔털과 잔존 혈액, 이물질 등 특유의 냄새를 제거해야 한다. 젤라틴 성분이 풍부하고, 고온에서 찌거나 삶아서 요리한다.	찜

〈 계속 〉

부위	특징	조리법
창자	소창, 대창, 막창 순서로 이루어져 있따. 소창은 창자 중 가장 얇은 부위로 순대 외피의 재료로 쓰인다. 식감이 꼬들꼬들하고, 돼지 냄새가 거의 없다. 대창은 주로 볶음용으로 쓴다. 기름기가 거의 없고, 쫄깃한 식감을 내지만, 냄새가 심한 것이 단점이다. 막창은 항문까지 연결되는 마지막 부분으로 냄새가 심하기 때문에 세척 후 이용한다.	구이, 볶음요리
간	혈액 잔존량이 많고, 특유의 냄새 제거를 위한 전처리가 필요하다.	찜, 탕
신장	안쪽의 흰 근막은 암모니아 냄새 원인. 혈관, 요관, 점막과 함께 제거 후 이용한다.	찜, 탕

(3) 닭고기

닭고기는 크게 가슴살, 안심살, 넓적다리살, 다리살, 날개살로 이루어져 있으며 다양한 조리에 이용된다.

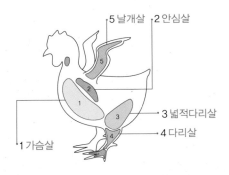

그림 14-13 닭고기의 부위별 명칭

그림 14-14 닭고기의 부산물 부위별 명칭

가슴살 가슴을 뒤덮고 있는 근육으로 백색 근섬유만으로 이루어져 있다. 지방 함량이 가장 적고, 부드러운 살코기로 맛이 담백하다. 근섬유다발이 가늘고 쉽게 육즙이 손실되어 퍽퍽해지므로 가열 시 주의한다. 구이, 찜, 튀김, 볶음요리로 이용한다.

안심살 가슴살 안쪽에 길게 붙어 있는 근육으로 근섬유다발은 가늘고 부드러운 살코기이다. 근섬유 보수력이 약해 육즙이 쉽게 빠진다. 조직감이 단단하지 않아 취급에 주의하고, 퍽퍽해지지 않도록 단시간 가열한다. 튀김, 볶음, 찜, 샐러드, 냉채로 이용한다.

표 14-7 닭고기 부산물 부위별 특징과 조리법

소분할 부위	특징	조리법
모래주머니	근위(닭똥집)로 근육이 강하고 단단하여 쫄깃한 식감과 씹을수록 담백하고 독특한 향미가 있다. 지방이 거의 없고, 근단백질과 결합조직단백질로 되어 있다.	소금구이, 튀김, 양념 볶음요리, 꼬치구이
닭발	발끝과 다리살을 제거한 발 부위이다. 뼈는 연골 형태로 오도독한 저작감이 있다. 연골 부위에는 콘드로이친 성분이 많이 있다. 껍질은 콜라겐의 결합조직단백질이 많아 쫀득한 식감을 준다.	양념 볶음요리

넓적다리살 넓적다리 부위(윗다리살)로 운동량이 많은 근육으로 적색 근섬유 비율이 높아 적색을 나타낸다. 근섬유다발이 굵고 고깃결은 거칠며, 단단하고 다즙성이다. 근내지방은 많이 축적되어 부드럽고 감칠맛이 나며 쫄깃한 식감을 준다. 튀김, 구이, 바비큐, 조림, 찜, 볶음요리로 이용한다.

다리살 아래 다리살로 운동량이 가장 많은 근육이다. 적색근섬유로 근섬유다발은 굵고 단단하다. 고깃결은 탄력적이고, 보수력이 좋아 육즙이 풍부하고, 근내지방이 많고 쫄깃한 식감을 준다. 구이, 튀김, 조림, 찜으로 이용한다.

날개살 가슴살 위의 날개 부분이다. 운동량이 많으나 근섬유다발이 굵지 않고, 단단하고 탄력이 있다. 지방 함량이 높아 고소하며 콜라겐이 풍부해 쫄깃한 식감과 다즙성으로 좋은 풍미가 있다. 튀김, 조림, 육수, 수프로 이용한다.

4) 육류의 조리방법

(1) 건열조리

수분이나 액체를 사용하지 않고 공기, 기름 등으로 150~250℃에서 조리하는 방법으로 결합조직이 적고 지방이 고루 산재된 안심, 등심, 채끝 등의 부드러운 살코기 부위와 월령이 어린 조육류의 조리에 적합하다. 구이에서 가열방법은 처음 높은 온도에서 표면의 단백질을 빨리 응고시켜 육즙의 유출을 막고 불을 줄여 내부를 서서히 익힌다.

건열조리법에서 구이 조리는 직화구이나 번철 위에 올려놓고 굽는 철판구이가 있고 오븐을 이용한 오븐구이가 있다. 직화나 철판구이는 가열시간이 짧아 근육단백질이 많은 부드러운 살코기 조리에 편리하다. 콜라겐의 젤라틴화는 어렵다. 오븐에서 굽는 로스팅에서는 오랜 시간 가열하므로 젤라틴화가 일어나 육즙이 맛있고 향미도 증가된다. 로스팅은 가열 정도를 확인하기 어려우므로 육온도계(meat thermometer)를 사용하여 고기 중심부의 내부온도를 측정하여 조리한다. 로스트비프와 비프스테이크의 익힌 정도는 표 14-9와 같다(p.46 조리방법 참조).

(2) 습열조리

물을 열 전달매체로 하여 가열하는 조리법이다. 결합조직이 많은 질긴 부위의 고기는 콜라겐이 많아 물속에서 오랜 시간 가열하면 젤라틴으로 되어 부드러워지므로 소화 흡수가 잘된다. 사태육, 양지육 등의 육류와 크기가 크고 연령이 오래된 조육류의 조리법으로 적합하다. 곰국이나 백숙, 수프스톡(soup stok), 장조림, 숙육조리에 많이 이용한다.

육류의 등급과 선택

축산물 등급제는 쇠고기와 돼지고기를 육량과 육질에 따라 등급을 표시하는 것으로 육량에 따른 등급은 도매유통과정에서 사용하고 소매유통(식육 판매점)에서는 육질에 따른 등급만 표시한다. 쇠고기 육질등급은 근내지방도, 육색, 지방색, 조직감, 성숙도에 따라 판정하고 쇠고기 육량등급은 등지방 두께, 배척장근단면적, 도체 중량, 조직감, 성숙도를 검사하여 판정한다. 소매유통에서는 쇠고기의 육질(고기질)등급을 1++등급, 1+등급, 1등급, 2등급, 3등급, 등외등급으로 표시한다. 돼지고기 등급은 육색, 지방색과 질, 조직감, 지방침착도, 삼겹살 상태, 결합 상태에 따라 육질과 육량을 종합하여 1+등급, 1등급, 2등급 및 등외로 구분한다.

육류를 구입할 때는 음식의 종류와 양을 정하고 예산을 고려하여 알맞은 육질등급을 선택하는 것이 좋다.

구분		쇠고기의 육질등급					
		1++등급	1+등급	1등급	2등급	3등급	등외등급
육량등급	A등급	1++A	1+A	1A	2A	3A	등외
	B등급	1++B	1+B	1B	2B	3B	
	C등급	1++C	1+C	1C	2C	3C	
	등외등급	등외					

자료: 농림축산식품부 축산법시행규칙 제38조 4항(2015년 1월 6일 등급판정 기준).

표 14-8 육류의 성분

구분	열량(kcal)	수분(%)	단백질(g)	지방(g)	탄수화물(g)	회분(g)	무기질				비타민					
							Ca (mg)	P (mg)	Fe (mg)	Na (mg)	A		B₁ (mg)	B₂ (mg)	나이아신 (mg)	C (mg)
											retinol (μg)	carotene (μg)				
쇠고기(한우, 생 것)																
갈비	307	56.4	16.5	24.4	1.9	0.8	9	110	3.0	127	0	0	0.03	0.27	0.9	0
등심	378	48.6	15.9	31.7	3.0	0.8	7	130	0.3	54	tr	0	0.07	0.16	1.0	0
안심	148	71.6	20.8	6.3	0.2	1.1	23	175	4.7	453	12	0	0.08	0.25	5.2	0
사태	130	74.1	20.2	4.7	0.1	0.9	3	156	2.1	75	12	0	0.04	0.14	1.4	0
설도	186	68.2	19.6	10.8	0.3	1.1	18	181	3.7	446	8	0	0.05	0.19	5.2	0
양지	214	63.1	19.1	12.2	4.6	1.0	8	167	2.9	75	tr	0	0.13	0.28	1.4	0
우둔	132	73.1	21.2	4.5	0.1	1.1	20	180	5.8	449	7	0	0.07	0.22	5.3	0
채끝	126	76.2	17.1	5.6	0.2	0.9	11	111	2.2	63	7	0	0.07	0.19	4.2	0
쇠고기(수입산, 생 것)																
갈비	263	60.8	18.5	19.5	0.3	0.9	3	160	1.2	41	10	0	0.07	0.15	4.6	1
등심	224	65.5	17.5	15.9	0.2	0.9	15	159	1.6	44	6	0	0.07	0.23	4.3	0
안심	198	66.8	20.2	12.0	0.2	1.0	10	152	2.0	45	8	0	0.07	0.20	4.2	0
사태	119	76.6	17.8	4.6	0.2	0.8	9	153	1.8	50	7	0	0.07	0.17	3.3	0
설도	141	73.5	18.7	6.5	0.2	1.1	13	167	1.8	60	7	0	0.05	0.15	3.1	0
양지	150	71.1	21.2	6.6	0.1	1.0	6	180	2.7	48	6	0	0.07	0.18	5.5	1
우둔	135	72.5	21.9	4.5	0.1	1.0	9	185	2.1	45	8	0	0.06	0.18	3.3	0
채끝	214	66.9	17.4	14.9	0.1	0.7	10	158	2.0	–	7	0	0.08	0.18	4.2	0
소 부산물(생 것)																
간	132	72.8	19.0	4.6	2.2	1.4	6	228	8.0	65	9455	99	0.27	2.23	14.7	20
뇌	123	79.5	9.3	8.2	1.7	1.3	14	292	2.8	154	91	0	0.15	0.15	3.0	10
꼬리	252	62.7	17.4	19.0	0	0.9	22	165	1.5	42	6	0	0.07	0.12	4.2	0
대창	162	77.2	9.3	13.0	0	0.5	9	77	0.8	61	2	tr	0.04	0.14	2.1	6
선지	51	85.3	10.1	0	2.2	2.4	8	9	23.7	598	0	0	0.04	0.01	0.6	–

〈계속〉

구분	열량(kcal)	수분(%)	단백질(g)	지방(g)	탄수화물(g)	회분(g)	무기질				비타민					
							Ca (mg)	P (mg)	Fe (mg)	Na (mg)	A		B₁ (mg)	B₂ (mg)	나이아신 (mg)	C (mg)
											retinol (μg)	carotene (μg)				
신장	90	81.7	15.6	1.7	2.2	0.9	22	168	6.4	122	48	0	0.44	1.60	7.0	11
소장	145	79.2	9.0	11.3	0.1	0.4	12	97	2.1	45	15	0	0.05	0.11	1.4	0
양	61	87.7	9.9	2.0	0.1	0.3	14	67	3.0	33	2	0	0.05	0.16	1.5	0
지라	50	88.5	10.3	0.7	0.1	0.4	16	103	3.5	28	24	0	0.05	0.25	1.4	0
허파	81	80.4	15.8	0.9	1.6	1.3	106	193	6.6	54	14	0	0.05	0.11	4.0	0
혀	191	71.8	13.0	14.5	0	0.7	5	136	2.5	87	5	0	0.06	0.16	3.0	0
돼지고기(생 것)																
갈비	249	56.3	18.1	13.4	11.2	1.0	15	198	1.3	20	0	0	0.52	0.32	1.3	0
넓적다리	137	73.6	18.9	5.8	0.7	1.0	6	145	0.8	36	0	tr	0.68	0.33	8.1	0
뒷다리	235	63.6	18.5	16.5	0.3	1.1	1	179	1.7	59	2	0	0.92	0.18	4.9	0
등심	155	66.7	22.2	3.8	6.2	1.1	9	225	0.8	7	6	0	1.00	0.29	2.0	0
안심	186	70.8	14.1	13.2	0.5	1.4	2	227	1.6	49	2	0	0.91	0.18	4.1	0
삼겹살	348	48.9	15.8	26.4	8.0	0.9	10	164	1.0	1	0	0	0.58	0.27	1.3	0
사태	120	74.2	22.0	2.9	0	0.9	4	166	1.2	50	5	0	0.42	0.20	0.8	1
닭고기(생 것)																
가슴살	102	75.1	23.3	0.4	0	1.2	3	203	1.8	41	40	0	0.15	0.08	1.8	0
날개	218	66.0	17.5	15.2	0.2	0.8	9	107	1.1	68	36	0	0.12	0.33	1.4	0
넓적다리	188	69.7	17.0	12.3	0.2	0.8	4	160	1.6	68	47	0	0.07	0.17	1.3	0
목	297	60.0	14.1	26.2	0	0.6	18	112	1.9	64	65	0	0.05	0.19	3.6	0
가공육																
소시지 (프랑크푸르트 소시지)	272	56.9	14.4	21.9	4.4	2.4	12	211	1.5	656	5	0	0.21	0.10	3.9	10
햄(로스)	124	70.8	16.0	4.2	5.6	3.4	6	320	0.9	1000	0	0	0.10	0.21	7.0	47
베이컨	304	53.4	17.1	25.5	1.4	2.6	7	194	0.8	706	8	0	0.50	0.10	4.7	27

자료: 농촌진흥청(2012), 2011 표준 식품성분표(제8개정판).

표 14-9 스테이크의 가열 정도와 내부온도

굽는 정도	내부온도(℃)	특징
덜 익은 상태 (rare)	55~65	고기의 표면은 갈색이지만 내부 색은 빨갛고 추출물(drip)이 많으며 갈변은 겉에만 조금 생길 뿐이다.
반쯤 익은 상태 (medium well done)	65~70	고기의 표면은 갈색이지만 내부에는 빨간색이 약간 남아 있으며 추출물은 적다. 덜 익은 상태보다 고기가 수축되어 있다.
완전히 익은 상태 (well done)	70~80	고기의 표면도 내부도 갈색이며 추출물이 적다. 더욱 수축되어 있다.
바짝 구운 상태 (very well done)	90~95	근섬유가 갈라지기 쉬우며 고기의 중량이 많이 감소된다. 고기색은 안팎 모두 짙은 갈색이다.

(3) 복합조리

복합조리를 할 때는 먼저 건열조리로 단백질을 응고시킨 후 습열조리로 마무리한다. 예를 들어 브레이징(braising)은 건열조리와 습열조리를 복합적으로 이용하는 조리법인데, 처음에 고기를 굽거나 튀겨서 표면을 갈색화한 후 소량의 물, 채소즙, 소스 등을 넣어 뚜껑을 덮고 낮은 온도에서 찌듯이 익힌다. 고기가 연해질 때까지 수분을 보충하면서 끓이는 것이며 대표적인 요리로는 스위스 스테이크(swiss steak), 포크 찹(pork chop) 등이 있다.

5 육류의 저장과 가공

육류의 저장은 저장기간 동안 미생물에 의한 변질, 지질산패 및 효소에 의한 가수분해속도 등을 최소화하여 저장성을 높이는 데 있다.

1) 온도 저하

(1) 냉장

육류는 구입 후 2~4℃의 냉장고에서 포장된 상태로 2~3일 이상 저장하지 않으며, 조리된 육류는 냉장고 내에서 3~4일 동안 보관이 가능하다. 조육류는 불포화지방산이 많아 부패되기 쉽고 살모넬라(salmonella) 등 미생물 감염이 쉬우므로 냉장저장 중이라도 감염에 의한 식중독을 주의해야 한다.

표 14-10 수육류의 냉동온도별 저장기간

식육	저장기간(달)			
	−12℃	−18℃	−23℃	−29℃
쇠고기	4~12	6~18	12~24	24 이상
송아지고기	3~4	4~14	8	12
돼지고기	2~6	4~12	8~15	10
양고기	3~8	6~12	12~28	18 이상

(2) 냉동

장기 저장할 경우는 포장된 상태로 1℃ 이하에 보관하며, 조육류는 산패되기 쉬우므로 도살 직후 -5~15℃의 온도에서 얼린 후 냉동 저장하면 9~12개월은 저장할 수 있다. 냉동 저장 시는 1회 분량씩 소분하여 저장하는 것이 해동 시 편리하다.

가장 바람직한 해동방법은 급격한 온도 변화를 주지 말고 냉장고 내에서 1~2일 해동하는 방법이다. 만약 급히 사용할 경우에는 밀폐성 포장지나 방수백에 고기를 넣은 상태에서 흐르는 물에 담그는 방법 및 전자레인지를 이용하여 해동하는 방법이 있으며 해동시킨 고기는 다시 냉동시키지 않도록 한다.

2) 건조, 염장

(1) 건조

식품의 수분을 감소시켜 저장성을 주는 가장 기본적인 방밥이다. 건조하기 알맞는 고기 부위는 지방이 적고 근섬유가 발달한 우둔육 부위가 좋다. 축산이 발달한 미국, 남미, 호주 등에서 육포가 많이 생산된다.

(2) 염장, 훈연

열대국인 자메이카 및 카리브만 지역의 주민들의 경우 소금절이 돼지고기를 많이 이용하고 있으며. 훈제법에 의한 가공은 육색의 변화와 미생물에 의한 변패를 막고 독특한 향미를 준다. 일반적인 염장·훈제육 제품으로는 햄(ham), 소시지(sausage), 베이컨(bacon) 등이 있다.

햄 햄(ham)은 돼지의 넓적다리살을 일컫는 말이며, 그 가공품도 햄이라고 한다. 훈연과정 중 연기 속에 포함된 알데하이드류(aldehyde)나 페놀류(phenol)가 고기 속에 침투하여 방부효과가 증가되는 동시에 독특한 풍미를 가지게 된다. 돼지고기에 소금, 질산칼륨, 아질산염, 조미료, 향신료 등을 섞어 절인 다음 훈연한 가공육이다.

- 레귤러 햄(regular ham) 넓적다리살을 뼈가 붙은 채로 가공한 햄
- 본리스 햄(boneless ham) 뼈를 제거하고 살코기만 갈아서 가공한 햄
- 로스트 햄(roast ham) 로스고기와 그 밖의 살코기를 잘게 갈아서 가공한 햄
- 숄더 햄(shoulder ham) 어깨살로 가공한 햄
- 프레스 햄(press ham) 햄이나 베이컨을 만들고 남은 고기 조각 등으로 혼합, 압착하여 가공한 햄

베이컨 베이컨(bacon)은 돼지의 뱃살을 소금에 절인 후 훈연한 가공육으로 제조법은 햄과 거의 같다.

- 롤드 베이컨(rolled bacon) 돼지의 옆구리살을 원통형으로 가공한 베이컨
- 보일드 베이컨(boiled bacon) 훈연을 하지 않고 삶아서 가공한 베이컨
- 로스 베이컨(roast bacon) 로스고기를 사용하여 가공한 베이컨

소시지 소시지(sausage)는 정육 이외의 내장 등 부산물을 이용하여 소금, 질산칼륨, 조미료, 향신료 등을 섞은 후 케이싱(casing)에 담아 훈연하고 삶아 건조하여 만든 가공육이다.

- 도메스틱 소세지(domestic sausage) 기본적인 방법으로 가공한 소시지
- 드라이 소세지(dry sausage) 훈연 후 건조시킨 소시지

15 어패류

우리나라는 삼면이 바다로 둘러싸인 지리적인 특성상 어업이 발달하여 사람들이 다양한 어패류를 많이 식용해오고 있다. 어패류의 단백질은 그 질이 우수하며 결합조직량이 적고 근섬유가 짧아서 연하고 소화율이 높다. 불화지방산이 많아 산패되기 쉽고 미생물의 번식 등에 의한 품질 저하로 저장, 운반, 가공, 조리과정에서 주의가 요구된다.

1 어패류의 분류

1) 어류

어류(fishes)는 지방 함량과 살의 색에 따라 붉은살생선과 흰살생선으로 나누어진다.

붉은살생선 지방 함량이 5~20%로 근섬유 내에 혈합육이 많아 붉게 보인다. 비린내가 강하고 맛이 진하다. 이 생선은 해표면 가까이 사는 표층어로 예로는 고등어, 꽁치, 삼치, 정어리, 가다랑어 등이 있다. 이들은 자가소화시간이 짧고 지방산 산패 때문에 빨리 변질된다.

흰살생선 지방 함량이 5% 이하로 적어 맛이 담백하다. 흰살생선은 해저 가까이 사는 해저어로 붉은살생선에 비해 자가소화시간이 길고 지질산패가 잘 일어나지 않으므로 변패속도가 늦다. 도미, 명태, 가자미, 대구, 넙치, 민어 등이 이에 속한다.

또한 어류는 서식하는 곳에 따라 해수어, 담수어로 나누어진다. 담수어는 해수어에 비해 비린내가 특이하며 자가소화속도가 높으므로 변패하기 쉽다.

2) 갑각류

갑각류(shell fish, crustaceans)는 딱딱한 외피로 덮여 있으며 마디마다 체절된 구조를 가지고 있다. 종류로는 게(crab), 왕게, 꽃게(blue crab), 새우(shrimp), 가재(sping labster), 곤쟁이(mysis) 등이 있다.

3) 연체류

연체류(mollusks)에 속하는 해산물로는 문어(octopus), 꼴뚜기(seaarrow), 오징어(squid), 낙지(poulp), 해파리(jelly fish), 해삼(sea cucumber) 등이 있다.

4) 조개류

조개류(shell fish-mollusk type)는 연한 내부조직을 가지고 있으며 딱딱한 껍데기에 싸여 있다. 종류로는 대합(big clam), 모시조개(corb shell), 고막(ark-shell), 굴(oyster), 소라(top-shell), 가리비(scallop), 우렁이(snail), 바지락(short neck clam), 전복(abalone), 홍합(mussel) 등이 있다.

5) 기타

포유동물인 고래는 어패류에 속하지는 않으나 수산가공 식품으로 취급되어 어육, 소시지, 햄 등으로 가공되고 있으며 부산물이 간유, 기름, 젤라틴 제조에 쓰인다.

2 어패류의 구조와 성분

1) 어류의 구조

(1) 외부

어류는 머리, 동체, 꼬리 세 부분으로 나누어지며 표면이 피부와 비늘로 덮여 있다. 표피에는 점액선이 있어 생선 어취의 요인이 되고 있다.

(2) 내장

아가미, 위, 장, 담낭, 췌장, 유문수 등의 호흡기관과 소화기관 등의 내장이 있다. 내장에는 각종 효소가 많아 가수분해, 산패 등에 의한 어육변패를 빠르게 한다. 따라서 저장할 때는 내장을 우선 제거해야 한다. 내장은 젓갈로 이용되고 있다.

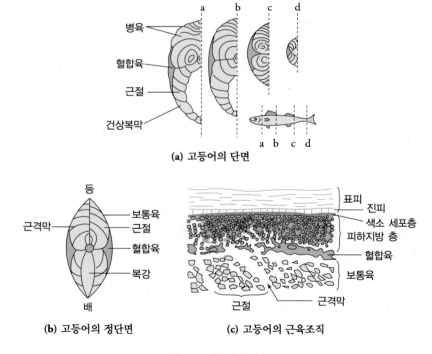

(a) 고등어의 단면

(b) 고등어의 정단면　　　**(c)** 고등어의 근육조직

그림 15-1 고등어의 단면도

표 15-1 어종에 따른 혈합육의 비율   (단위: %)

정어리	꽁치	청어	고등어	방어	상어	삼치
31.1	23.3	19.5	18.1	16.4	6.9	4.5

(3) 근육조직

등뼈를 중심으로 상하좌우 4개의 근육군으로 구성된 근육조직으로 근섬유의 길이가 짧고 결합조직의 함량이 적어 근육이 연하다. 근절, 근속, 근군 등을 둘러싸고 있는 막과 연결시키는 막은 주로 단백질로 구성되어 있기 때문에 가열 시 변성되어 분해되므로 근절이 쉽게 떨어져 나오게 된다.

생선은 등뼈가 있는 측선을 중심으로 등쪽과 배쪽으로 나누어지는 곳에 암갈색의 근육이 있는데 이를 혈합육이라 하며 마이오글로빈(myoglobin)의 함량이 높아 적색-갈색을 띠게 되고 일반 근육에 비해 근섬유가 가늘고 짧아 잘 부스러진다. 또한 혈합육은 껍질 쪽으로 갈수록 분포량이 많고 붉은살생선에 더 많이 포함되어 있어서 조리, 가공, 저장 중의 갈변 또는 흑변의 원인이 되고 있다.

2) 오징어의 근육구조

오징어의 바깥쪽 근육조직은 몸체 길이 방향으로 4겹의 껍질로 되어 있다. 제1층(표피), 제2층(색소층), 제3층(다핵층) 및 제4층(진피)로 구성되어 있다. 내장 쪽인 내층은 몸의 길이와 직각으로 근섬유(평활근섬유), 결합조직, 내근주막이 나란히 연결되어 있다. 제1층과 제2층의 껍질은 벗겨지지만, 제3층과 제4층은 잘 벗겨지지 않으므로 그대로

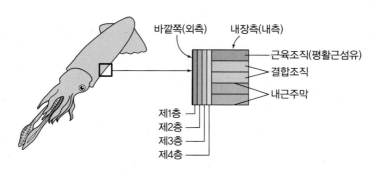

그림 15-2 오징어의 근육구조

조리한다. 콜라겐이 있어 질긴 제4층의 껍질은 가열하면 응고되어 몸의 길이 축 방향으로 수축되므로 동그랗게 말린다. 내장 쪽의 내층을 구성하고 있는 결합조직은 약화되어 몸의 길이 축과 직각 방향으로 쉽게 찢어진다.

3) 어패류의 성분

어패류의 일반적인 성분은 수분 70~85%, 단백질 17~28%, 지질 1~10%, 당질 1% 이

표 15-2 어패류의 일반 성분 (단위: %)

어패류		수분	단백질	지질	탄수화물	무기질
붉은살생선	꽁치	70.9	22.7	4.7	0.4	1.3
	고등어	68.1	20.2	10.4	0	1.3
	송어	73.8	21.0	3.4	0.1	1.7
	다랑어(붉은살)	88.4	8.5	2.4	0	0.7
	다랑어(흰살)	85.0	12.4	2.1	0	0.5
	연어	75.8	20.6	1.9	0.2	1.5
	청어	66.3	16.3	15.1	0.4	1.9
흰살생선	농어	78.5	18.2	1.9	0.2	1.2
	광어	75.2	20.9	2.1	0.3	1.5
	가자미	72.3	22.1	3.7	0.3	1.6
	조기	70.2	15.8	9.5	3.1	1.4
패류	새고막	78.8	11.9	1.7	5.1	2.5
	바지락	81.5	12.5	1.2	2.3	2.5
	굴	81.4	14.7	2.7	0	1.2
	전복	87.5	6.8	1.1	2.7	1.9
	패주	81.8	12.4	1.1	1.9	2.8
기타	오징어	77.5	19.5	1.3	0	1.7
	문어	81.5	15.5	0.8	0.2	2.0
	새우	77.2	20.5	0.7	미량	1.6
	게	81.4	13.7	0.8	2.0	2.1
	고래	72.5	26.5	0.5	0	0.6

자료: 농촌진흥청(2012). 2011 표준 식품성분표(제8개정판).

표 15-3 생선의 EPA와 DHA 함량(100g당)

구분	어종	EPA	DHA
등푸른생선	전갱이	0.29	0.37
	가다랑이	0.09	0.34
	고등어	0.84	0.91
	방어	1.69	−
	정어리	1.03	0.95
	꽁치	0.83	0.66
	다랑어(붉은색)	0.11	0.08
기타 생선	벤자리	0.27	0.38
	흙도미	0.03	0.16
	대구	0.05	0.05
	농어	0.19	−
	복어	0.00	0.01
	광어	0.06	0.06

하, 회분 1~2%이다. 그러나 이는 어종, 계절, 연령, 서식환경 등에 따라서 크게 달라진다.

(1) 단백질

어육단백질은 수육류와 유사한 아미노산 구성을 가지며, 근섬유의 길이가 짧고 결체조직 단백질량이 적어 연하고 소화율이 높으며, 근섬유단백질(70%), 근장단백질(20~25%), 결합조직단백질(3~5%)로 구성되어 있다. 또한 전체 단백질 중 근섬유단백질량이 수육류(50%)에 비해 높아 근원섬유의 주체인 마이오신(myosin)이 중성염에 잘 녹는 성질을 이용해 어묵, 맛살 등의 수산가공품과 어류단백질 농축물(fish protein concentrate, FPC) 및 어분(fish flour) 같은 고단백 분말 제조에 쓰이고 있다. 결합조직 단백질은 콜라겐으로 근격막, 피부, 건 등을 구성하나 그 양이 많지 않아 어육이 연한 원인이 되고 있다. 어피의 주 단백질은 콜라겐이며 소량의 엘라스틴(elastin)과 당단백질이 있다. 어란 단백질은 주로 알부민(albumin), 글로불린(globulin) 등이므로 열응고되어 단단해진다. 알껍데기는 경단백질인 케라틴(keratin)이므로 소화되지 않는다.

(2) 지방

어류의 지방 함량은 평균 1~6% 정도이나 20%까지 어종에 따라 다양하다.

- 지방 5% 미만의 저지방 어류   농어, 도미, 대구, 넙치, 조기, 가자미 등
- 지방 5~15%인 중지방 어류   고등어, 연어, 빙어 등
- 지방 15~20%인 고지방 어류   은대구, 정어리, 장어, 뱀장어 등

어류근육의 지방은 주로 중성지방이며 지방산 조성은 포화지방산 15~20%, 불포화지방산 80~85%로 구성되어 있다. 등푸른생선인 고등어, 참치, 꽁치 등은 고도 불포화지방산인 EPA, DHA 등 ω-3지방산을 함유하여 혈중 중성지방과 콜레스테롤 축적을 막는 역할을 한다. 또한 EPA(Eicosapentaenoic acid $C_{20:5}$)와 DHA(Docosahexaenoic acid $C_{22:6}$)는 프로스타그라딘(prostagradin)이란 생리활성물질의 전구체로 이들의 항혈전, 항염증작용 등 생리효과에 대한 관심과 연구가 활발히 진행되고 있다. 이들은 융점이 낮아 상온에서 액상인 유(oil) 상태로 존재하며, 저장·가공 시에 산패되기 쉬운 단점이 있다. 패류에는 지방 함량이 매우 적다.

(3) 탄수화물

어패류의 탄수화물은 대부분 근육에 포함된 글리코젠(glycogen)으로, 종류에 따라 함량이 다르다. 어육에는 0.2~1%, 전복이나 굴 등에는 3~5%의 글리코젠이 함유되어 있다. 생선회, 갑각류, 조갯살 등이 감미를 갖는 것은 근육 내 글리코젠의 해당작용에 의해 생긴 당류 때문이다.

(4) 무기질과 비타민

나트륨, 칼륨, 마그네슘, 인 등 무기질이 있다. 굴에 요오드가 많고 해수어는 담수어보다 많은 요오드가 함유되어 있다. 뱀장어, 바다장어, 내장(대구의 간) 등에는 비타민 A가 많이 들어 있고 정어리, 참치 등에는 비타민 D가 많다.

(5) 색소

어류의 색소   어피의 색소 층에 많이 축적되어 있다. 적색의 카로테노이드(carotenoid,

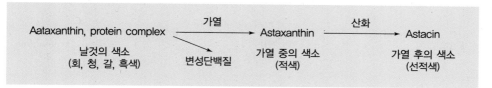

그림 15-3 갑각류의 가열에 의한 변색과정

도미, 연어, 적어)가 대부분이고 은색의 구아닌(guanine, 병어, 갈치), 녹색의 빌리베딘 (biliverdin, 꽁치, 복어, 오징어, 문어 먹물), 어란의 주성분인 카로티노이드계 색소 에키네논 (echinenone, 성게알) 등이 있다.

어류의 혈색소 미오글로빈, 헤모글로빈으로 혈합육이 많은 붉은살생선에 많이 함유되어 있다. 패류, 연체류의 혈색소는 녹색으로 구리를 포함한 헤모사이아닌 (hemocyanin) 색소이다.

갑각류의 혈색소 카로테노이드계 색소 중 적색 색소인 아스타잔틴(astaxanthin)이다. 이 색소는 신선한 상태에서 단백질, 지단백질과 복합된 상태로 존재하므로 보라색, 청색, 회색, 갈색, 흑색 등의 색깔을 띤다. 그러나 가열하면 단백질 변성으로 적색을 띠고 곧 산화되어 안정된 아스타센(astacene)이 된다. 새우, 게 등의 신선도가 떨어지면 머리와 다리 부분이 까매지는데, 이는 혈액에 포함된 페놀분해효소(phenolase), 티로시네이스(tyrosinase)에 의하여 아미노산인 티로신(tyrosine)이 산화·갈변된 멜라닌 (melanine)이 생성되기 때문이다.

(6) 맛 성분

유리아미노산의 만난맛 글루탐산(glutamic acid)의 주된 만난맛과 글리신(glycine), 알라닌 (alanine) 프롤린(proline)이 있다.

IMP, AMP, ATP의 구수한 맛 근육의 사후강직과 숙성의 과정에서 생성되는 핵산분해물에서 IMP가 주로 맛을 낸다.

트리메틸아민옥사이드(trimethylamine oxide, TMAO) 단맛을 내고 저분자 유기물질 카노신 (carnosine), 앤서린(anserine), 베타인(betaine), 타우린(taurine) 등도 맛을 낸다.

유기산 호박산(succinic acid)은 조개류의 감칠맛 성분이다.

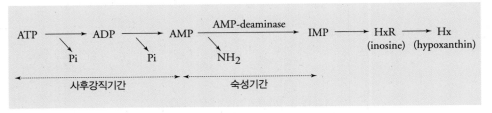

그림 15-4 어육 내에서의 핵산 분해과정

오징어, 문어 등에는 AMP-아미노기제거효소(AMP-deaminase)가 없으므로 이들의 지미물질은 IMP 등 핵산부 분해물에 의한 것이 아니고 아미노산, 베타인, 타우린 등에 의한 것이다. 어패류는 물을 넣고 가열하면 유리아미노산, 핵산분해물질, 저분자 질소화합물, 유기산 등의 수용성 물질이 용출되어 국물이 맛있어진다. 따라서 멸치, 디포리, 가다랑어 등이 육수로 많이 이용된다.

(7) 냄새 성분

어류의 냄새는 선도 및 어종에 따라 다르다. 신선한 어류의 표피에는 점액 내에 TMAO(trimithyamine oxide)가 다량 포함되어 있어 약간의 단맛을 내는데, 이 성분이 세균의 번식에 의해 환원되어 TMA(trimethyl amine)으로 변하여 비린내를 낸다. 상어나 홍어 등의 경우에는 표피점액 내에 요소가수분해효소(urease)가 많아 신선어라도 암모니아 냄새를 난다. 신선한 담수어의 냄새 성분은 피페리딘(piperidine)과 아세트알데하이드(acetaldehyde)가 축합된 것이다.

$$
\begin{array}{ccc}
& CH_3 & CH_3 \\
& | & | \\
CH_3 - N = O & \xrightarrow{\ \text{환원}\ } & CH_3 - N \\
& | & | \\
& CH_3 & CH_3 \\
& TMAO & TMA
\end{array}
$$

그림 15-5 TMA의 생성

(8) 유독 성분

테트로도톡신 테트로도톡신(tetrodotoxin)은 복어의 천연 독성 성분으로 근육에는 거의

표 15-4 어패류의 추출물질과 소재

명칭	소재
크레아틴(creatine)	어육 중에 가장 흔히 들어 있는 것으로 문어, 새우, 게 등에는 별로 들어 있지 않음
카노신(carnosine)	히스티딘과 알라닌(alanine)의 펩타이드
베테인(betaine)	오징어, 문어, 새우 등에 함유되어 있는 감미물질
타우린(taurine)	생선의 혈합육에 많이 들어 있음. 오징어, 문어의 근육과 내장에 많음
히스티딘(histidine)	꽁치, 고등어, 전갱이 등의 붉은살에 많고 냉장 중에도 양이 증가
이노신산(inosinic acid)	육류 맛의 주성분
아르지닌(arginine)	오징어, 문어, 새우 등 무척추동물에 많이 들어 있음
TMAO(trimethylamine oxide)	바다생선, 특히 상어에 많이 들어 있고 담수어에는 거의 없으며 단맛을 냄. 환원되면 어취 성분의 하나인 트리메틸아민을 생성함
석신산(succinic acid)	조개류에 많이 든 유기산으로 생육 중 0.4~0.5%가 들어 있음

없으나 내장, 혈관, 난소 등에 많으므로 복어 조리 시 주의해야 한다. 복어의 독은 가열해도 없어지지 않는다.

마이틸로톡신 마이틸로톡신(mytilotoxin)은 여름철 홍합의 간에 있는 독소이다.

베네루핀 베네루핀(venerupin)은 모시조개에 있는 독성 성분이다. 어패류의 독소는 호흡 마비를 일으킨다. 또한 뱀장어의 혈청에는 용혈 성분이 있으므로 생으로 먹거나 덜 익힌 것을 먹을 때 주의해야 한다.

3 어패류의 구입과 보관

어패류의 강직기간이 끝나면 근육 및 내장에 있는 가수분해효소에 의해 단백질 및 지방의 분해, 즉 자가분해가 일어난다. 숙성 중 생성된 아미노산인 글루탐산(glutamic acid)과 핵산분해물질인 IMP는 상승작용(synergism, flavor intensify)을 하므로 맛이 좋아진다.

1) 어류의 선도 감별법

변질·부패된 어류는 외관상의 변화로 알 수 있으나 식중독의 원인이 되는 히스타민은 무취이며 다른 어취가 생기기 전에 생성되므로 선택과 저장 및 취급에 유의해야 한다.

(1) 관능적 감별법

사후 10분에서 수 시간 내에 강직되는 생선의 근육은 탄력이 있고 신선하여 꼬리 끝이 올라가며 눌러도 자국이 생기지 않는데 이때가 가장 맛이 좋다. 붉은살생선은 흰살생선에 비해 강직이 빨리 시작되고 시간도 짧다. 강직 중인 붉은살생선은 pH 5.6~5.8이고, 흰살생선은 pH 6.0~6.2이다.

- 피부 밝고 광택이 나며 표면에 점액이 거의 없다.
- 눈 신선어의 안구는 맑고 투명하며 밖으로 약간 돌출되어 있다.
- 비늘 비늘이 표피에 단단히 붙어 있다.
- 복부 복부가 탄력이 있고 내장이 나오지 않는다.
- 아가미 밝은 선홍색이다.
- 근육의 밀착도 뼈에서 쉽게 분리되지 않는다.
- 냄새 TMA, 아민, 암모니아 등의 발생으로 인한 비린내가 나지 않는다.

(2) 화학적 감별법

단백질 부패, 지질 산패에서 생성되는 암모니아, TMA, 휘발성 염기질소, 히스타민 등을 측정하여 신선도를 감별하는 방법이다. 이외에도 휘발성 지방산 증가, SH기 증가, 카탈레이스(catalase) 활성 증가 등도 부패의 감별요인이 된다.

(3) 세균학적 감별

어체의 세균 수를 측정하고 번식 정도에 따라 진행 상황을 판정하는 방법이다. 테트라졸륨(tetrazolium)용액을 적신 여과지를 어체에 밀착시켜 검사하는 것으로, 근육의 세균 수가 10^5/g 이하이면 신선한 것, $10^5 \sim 10^6$/g이면 초기 부패, 10^6/g 이상이면 부패로 판정한다.

(4) 물리적 방법

경도측정법, 전기저항측정법, 어체압착즙의 점도측정법, pH측정법 등이 있다.

2) 패류의 구입법

생 패류(굴, 대합조개, 가리비, 홍합 등)는 껍데기가 단단히 닫힌 상태여야 하며, 열려 있는 것은 건드렸을 때 닫히는 것을 선택한다. 냉동 상태의 패류 구입 시 포장 상태를 확인하여야 하며, 구입 직전까지 냉동 보관되어 있던 제품을 구입한다.

3) 어패류의 보관

(1) 냉동

어패류는 구입 후 바로 조리하거나 -18℃에서 급속동결하여 저장하는 것이 좋다. 어육은 0℃ 부근의 온도에서 서서히 얼리면 얼음결정이 커져서 육질의 손상이 일어나 해동 시 추출물(drip)이 많이 생기고 근섬유도 파괴되어 어육에 탄력성이 없어지고 맛도 감소된다. 생패류는 교차오염을 방지하기 위해 밀폐용기에 보관한다.

(2) 건조

완만한 속도로 건조를 할 경우 미생물 번식이 쉽고 단백질이 석출, 피막을 형성하게 되어 표면이 경화 상태가 되며, 단백질의 변성과 지질산패가 일어나고 흑갈색의 색소가 침착되는 유소현상(rusting)으로 품질이 저하된다.

4) 부패한 어패류에 의한 식중독

일반적으로 어패류의 근육보다 아가미, 내장 등의 변질속도가 빠르며 보통 근육보다 혈합육이, 흰살생선보다 붉은살생선이, 해수어보다 담수어의 변질이 더욱 빠르다. 어패육이 수조육에 비하여 쉽게 부패되는 이유는 다음과 같다.

- 수분이 많고 지방이 적어 세균 발육이 쉽다.
- 수조육에 비해 근섬유단백이 많고 결합조직이 적으므로 조직이 연약하여 세균 침

입이 쉬우며 표피의 점액물질이 세균 번식을 촉진한다.

- 수육류와 달리 아가미, 내장 등이 있는 채 저장·운반하므로 세균 번식의 가능성이 크다.
- 근섬유의 길이가 짧고 작으므로 사후강직기간과 숙성기간이 짧아 조직의 연화가 더욱 빨라진다.

어육의 부패과정에서 일어나는 반응은 다음과 같다.

탈탄산	$RCHNH_2COOH$	$\xrightarrow{- CO_2}$	RCH_2NH_2
가수분해	$RCHNH_2COOH$	$\xrightarrow{+ H_2O}$	$RCHOHCOOH + NH_3$
탈아미노	$RCHNH_2COOH$	$\xrightarrow{- NH_3}$	$RCH_2OH + NH_3 + CO_2$
아미노산발효	$RCHNH_2COOH$ (아미노산)	$\xrightarrow{+ H_2O}$	$RCH_2OH + NH_3 + CO_2$

어패류(오징어, 조개 등), 생선회 등을 날로 섭취 시 병원성 호염균(장염 비브리오)에 의해 급성장염이 유발될 수 있다. 고등어, 청어 등의 프로테우스 모르가니(proteus morganii) 같은 부패균에 의한 히스타민과 같은 아민(amine)류는 식중독의 원인이 되고 있다.

4 어패류와 조리

1) 식염에 의한 변화

어묵을 만들 때처럼 어육에 2~6%의 소금을 첨가하면 어육의 투명도, 점도가 증가하며 탄력성이 커진다. 이는 어육단백질인 마이오신(mysoin)과 액틴(actin)이 염용해성이므로 염에 녹아 나와 서로 결합하여 망상구조인 액토마이오신(actomyosin)을 만들기 때문이다. 그러나 자반생선이나 젓갈 제조 때처럼 소금량을 15% 이상 증가하면 어

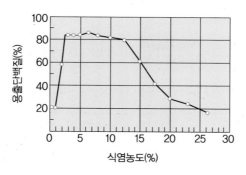

그림 15-6 대구 근육의 단백질 용출곡선

육은 탈수·응고되므로 조직의 보수성과 탄력성이 줄어들게 된다.

생선의 신선도가 떨어지면 같은 양의 소금을 뿌려도 젤(gel)화가 일어나지 않는데, 이는 근육의 pH가 알칼리화되어 단백질의 팽윤성이 높아지기 때문이다. 이때는 소금의 농도를 늘려야 한다.

2) 산에 의한 변화

단백질은 산에 의해 근육이 응고하고 단단해진다. 생선회, 해삼 등이 초고추장에 의해 살의 탄력성이 커지는 경우이다. 또한 어취는 대부분 염기성 물질이므로 산과 중화하면 어취를 제거할 수 있다. 생선 조리시 술, 레몬즙, 식초 등을 넣는 것도 바로이 때문이다.

3) 가열에 의한 변화

(1) 단백질의 변성

생선의 근육 단백질인 마이오신, 액틴과 근장 단백질인 마이오겐(myogin)은 열 응고성이 있어 가열하면 응고·수축된다. 또한 근섬유의 S형 근절을 연결하는 격막이 열에 분해되므로 근절이 떨어져나온다. 보통 근섬유 단백질인 액토마이오신은 40~50℃에서 변성되기 시작한다. 따라서 구이 조리 시 추출물의 유실을 막기 위하여 철판이나 석쇠를 뜨겁게 한 후 어육 표면의 단백질을 응고시키는 것이 좋다. 이때 생선이 석쇠나 팬에 붙는 열 응착성이 일어난다. 이 현상은 단백질 중 마이오겐 때문

표 15-5 생선 가열 시 탈수율과 단백질 손실률

최초 온도(℃)	탈수율(%)	용출 단백질량 (전단백질에 대한 %)	최초 온도(℃)	탈수율(%)	용출 단백질량 (전단백질에 대한 %)
20	23.4	3.4	55	18.4	1.1
25	18.5	1.2	60	21.0	0.4
30	18.8	2.1	65	20.3	0.5
35	18.8	2.3	70	23.9	0
40	21.4	3.9	75	23.1	0.2
45	24.0	2.9	80	20.8	1.0
50	25.7	1.0	90	24.8	0.4

으로, 구형 마이오겐이 열에 의해 펩타이드 결합이 끊어져 활성기가 금속면과 반응하여 발생하는 것이다. 따라서 팬에 식용유를 두르면 마이오겐과 금속면이 반응하는 것을 방지할 수 있다.

또한 생선은 껍질째 구우면 껍질이 먼저 수축되어 뒤틀림이 생긴다. 이때는 껍질 쪽에 칼집을 넣어주면 평평해진다. 오징어에 칼집을 내어 솔방울 모양으로 만드는 것도 근섬유의 수축현상을 이용한 것이다.

(2) 수용성 물질의 용출

어패류를 습열조리하면 물에 녹는 수용성 단백질, 수용성 비타민 및 염분의 유출로 국물의 맛이 좋아진다. 어육의 주된 맛 성분은 5'-IMP(inosinic acid)이며 멸치국물의 경우에는 MSG 성분이 많이 들어 있다. 조개국물의 주된 정미물질은 유기산인 석신산(succinic acid)이다.

(3) 조직감, 중량 감소

가열하면 단백질이 응고되어 근육은 수축하여 살이 단단해지고 중량은 감소한다. 보수력이 떨어져서 표면이 건조한다. 선도가 좋을수록 탈수가 적어 중량감소가 적다. 온도가 상승하면 탈수율은 더욱 증가하여 흰살생선은 15~20%, 붉은살생선은 20~25%, 오징어나 문어 등은 30~40% 탈수된다. 특히 건열조리법의 경우 심한데, 지방함량이 적은 흰살생선은 표면에 기름이나 양념장을 바르지 않으면 껍질이 질겨지

고 건조하여 외관이 보기 싫어지고 질감도 나빠진다.

(4) 콜라겐의 젤라틴화

생선껍질과 근섬유를 싸고 있는 불용성 단백질인 콜라겐은 50~60℃에서 젤라틴화하여 어육의 질감을 좋게 하고 점성과 투명성을 높여준다. 생선찌개나 조림을 냉각해두면 국물이 젤화되어 있음을 쉽게 볼 수 있다. 상어나 넙치 등은 근육의 단백질의 11%가 결합조직이기 때문에 이러한 현상이 더 잘 일어난다.

4) 생선의 전처리

수세와 다듬기를 마친 생선은 조리 용도에 따라 토막을 내거나 포를 뜬다(그림 15-7). 준비한 생선 토막은 조리할 때까지의 저장을 위해 약간의 소금을 뿌려두고 필요에 따라 후춧가루, 레몬즙, 생강즙 등을 뿌린다. 생강즙은 단백질가수분해효소(protease)에 의하여 육질이 연화되므로 가열조리 중에 뿌리는 것이 좋다.

5) 어취의 제거

(1) 수세법

어취의 성분은 수용성 물질로 대부분 어피, 아가미 주위, 내장이 있던 복강 등에서 나므로 물에 가볍게 씻으면 많은 양이 제거된다. 또한 생선을 엷은 소금물에 씻으면 단백질의 일부가 응고되어 수용성 맛 성분의 손실을 막을 수 있다. 만약 생선의 선도가 떨어져 어취가 나고 육질이 연하다면 식초를 소량 탄 산성물로 씻으면 어취 제거와

필렛(Fillet), 튀김용, 꼬리 쪽부터 칼을 넣어 가운데 등뼈 위로 밀어올린다.   껍질을 제거한다.   전유어, 껍질 쪽을 도마에 놓고 결대로 저며 뜬다.

그림 15-7 생선 포 뜨는 방법

동시에 단백질 응고로 인한 근육의 탄력성 증가로 조리가 용이해진다.

조개류의 경우 해수와 비슷한 염도인 3% 소금물에 1~2시간 담가두면 해감을 뱉어낸다. 염용액의 농도가 더 진해지면 삼투압에 의하여 조갯살이 탈수되어 질겨지고 맛이 떨어진다. 껍데기를 벗긴 조갯살 굴, 홍합 등은 소금물에 흔들면서 일어 씻고 물 빼기를 한다.

(2) 산

식초, 레몬즙, 맛술(미림), 술, 버터밀크(butter milk)의 유산, 레몬즙의 구연산(citric acid) 술과 맛술의 석신산(succinic acid) 등을 첨가하면 염기성 물질인 어취 성분이 산성물질에 의해 중화된다.

(3) 우유, 간장, 된장

생선을 우유에 담그면 우유 단백질 카세인(casein)이 냄새 성분을 흡착하여 냄새를 약화시킨다. 간장은 향미와 생선살을 단단하게 하고 된장, 고추장은 흡착성이 강하여 비린내 억제효과가 크다.

(4) 향미채소

마늘의 알리신(allicin), 고추냉이, 겨자, 무, 배추의 머스터드오일(mustard oil), 고추의 캡사이신(capsicine), 후추의 차비신(chavicine), 카레의 커큐민(curcumine), 생강의 진저롤(zinzerol), 진저론(zinzeron), 쇼가올(shogaol), 산초의 산쇼올(sanshool) 등의 강한 향미와 양파, 파, 미나리, 쑥갓, 깻잎, 부추, 달래, 파슬리, 셀러리 등을 사용함으로써 이들의 강한 알릴(allyl)류의 황화합물이 어취를 약화시킬 수 있다.

6) 어패류의 조리방법

생선의 조리방법은 종류에 따라 적절히 선택한다.

- **흰살생선** 탕, 찌개, 전유어, 회 등의 조리에 알맞다.
- **붉은살생선** 구이, 튀김 등의 조리에 적합하다.

생선을 조리할 때는 기름기를 제거하여 어취를 휘발시킨다. 또한 신선도에 따라서도 조리법을 달리할 수 있다.

- 신선한 생선 회, 구이, 맑은탕 등 양념을 약하게 하는 조리법으로 재료의 맛을 살릴 수 있다.
- 신선하지 않은 생선 생선의 신선도가 저하된 상태라면 조림, 매운탕 등 조미료나 향신료를 많이 첨가하여 양념과 혼합된 맛으로 조리한다.

(1) 생어육 조리
생어육은 선도가 가장 중요하며 사후강직 중에 가장 맛이 좋다. 흰살생선은 결합조직 단백질이 많아 육질이 질기므로 얇게 또는 가늘게 썬다. 붉은살생선은 지방 함량이 많아 육질이 연하므로 두껍게 썬다.

(2) 담수어 조리
민물고기는 어취가 강하여 향신채소를 삶은 끓는 물에서 한 번 데쳐 어취를 제거한 후 조리한다. 담수어는 향신양념을 강하게 하고 매운탕이나 조림으로 만든다.

(3) 오징어 조리
오징어는 껍질을 벗기고 가늘게 썰어 회로 이용하기도 하고 가열조리에서는 껍질을 벗기고 칼집을 넣어 모양을 만들어 사용한다. 색소가 있는 겉쪽 껍질을 벗겨내고 조리한다. 안쪽에 칼집을 넣어 가열하면 근섬유가 끊겨 껍질 쪽으로 칼집은 벌어지면서 동그랗게 말린다. 장시간 가열하면 중량의 30~40%가 감소되어 질겨지므로 단시간에 가열하여 연한 조직감을 갖게 한다.

(4) 젓갈과 식해
젓갈 어패류의 근육, 내장, 알 등에 다량의 소금(25~30%)을 첨가하여 숙성시킨 염장 발효식품이다. 육질은 분해되어 비린내가 제거되고 구수한 풍미와 조직감, 감칠맛을 낸다. 젓갈은 소화·흡수가 잘 되어 반찬으로 먹기도 하고 김치에 맛과 발효원으로 쓰이며, 또한 음식의 맛을 내는 조미료로, 간장 대용 등으로 그 사용 범위가 확대되고 있다.

식해 어패류에 비교적 소량의 소금(10%)을 첨가하고, 곡류와 무, 엿기름, 고춧가루 양념 등의 부재료를 혼합하여 숙성시킨 발효식품이다. 식해는 저염 상태에서 어패류의 염장발효와 식물성 탄수화물의 유기산을 생성하는 발효가 함께 일어나 발효가 빨리 진행되어 상대적으로 젓갈보다 저장기간은 짧다. 가식기간은 숙성 2주 정도에 최상의 맛을 내고 이후는 과도한 젖산을 생성하므로 1개월 정도가 알맞다.

- **원료와 전처리** 젓갈이나 식해는 날것으로 이용하므로 원료의 선도가 매우 중요하다. 젓갈을 만들 때는 내장을 제거하지 않아야 숙성이 빠르고 어류 특유의 냄새와 맛이 좋아진다. 식해는 내장을 제거하고 풍건으로 단시간 말려 사용한다. 10℃ 이하의 찬물(3% 소금물)에서 단시간에 세척하여 물 빼기를 한다.
- **소금 혼합** 젓갈은 20~30% 소금을 사용한다. 저염 젓갈은 10% 정도를 쓰지만 장기간 저장이 어렵다. 식해는 10% 정도 사용하고 곡류와 부재료(무, 엿기름 등)를 혼합하여 쓴다.
- **숙성, 발효** 용기에 담고 웃소금을 두껍게 얹어 눌러 침지 상태를 유지한다. 뚜껑을 잘 봉하여 광선과 공기를 차단시켜 시원하고 그늘진 곳에 보관한다.

유지류 16

유지는 탄수화물, 단백질과 함께 고열량을 내는 에너지원이며 주로 동물의 지방조직이나 내장과 식물의 종자에 많이 함유되어 있다. 유지는 식품 그대로 또는 유지를 추출, 정제하여 이용한다. 유지는 세포막을 구성하는 매우 중요한 성분이며 신체 내 여러 조직과 기관을 보호하고 지용성 비타민의 이용률을 높인다. 유지는 식품의 조직감에 영향을 주어 부드러운 질감과 풍미를 부여하고 크림성이 있어 제과·제빵에 많이 사용한다.

1 유지의 종류

1) 식물성 유지

(1) 대두유

대두유(soybean oil)의 지방산은 리놀레산(linoleic acid) 52%, 올레산(oleic acid) 33%, 리놀렌산(linolenic acid) 8%로 이루어져 있으며 건성유이다. 레시틴을 다량 함유하고 비타민 E가 많아 미용과 노화 방지에 효과가 있다. 발연점(183~210℃)이 높아 튀김조리에 적합하다. 마가린과 쇼트닝의 재료로 널리 사용된다.

(2) 옥수수유

옥수수유(corn germ oil)의 지방산은 올레산 46%, 리놀레산 42%, 팔미트산 8%로 반건성유이다. 발연점(270℃)이 높아 튀김조리에 적합하다.

(3) 미강유

미강유(rice bran oil)의 지방산은 리놀레산 44%, 올레산 38%, 팔미트산 17%이며 반건성유로 발연점(250℃)이 높다. 미강에 내포된 효소에 의해 변패가 잘되고 불순물과 유리지방산이 많아 산값이 높고 빛깔도 좋지 않다. 미강유를 정제하면 항산화성 물질인 비타민 E(tocopherol), 오리자놀(oryzanol)이 함유되어 산패를 지연시킬 수 있다.

(4) 유채유

유채유(canola oil)의 지방산은 올레산 63%, 리놀레산 21%, 리놀렌산(linolenic acid) 13%이며 반건성유이다. 담백한 풍미가 있으며 발연점(230℃)이 높아서 튀김조리에 사용하기 적합하다.

(5) 참기름

참기름(sesame oil)의 지방산은 리놀레산 46%, 올레산 40%로 이루어져 있으며 반건성유이다. 비타민 A, B₁, B₂, C 등이 풍부하고 아세틸피라진(acetylprazine) 성분이 있어 고소한 향미가 난다. 항산화성이 있는 토코페롤과 세사몰sesamol, 세사몰린sesamolin을 함유하고 있어 저장성이 좋다. 발연점(160℃)이 낮아 무침용이나 소스로 쓰고 가열할 경우는 낮은 온도에서 잠시 가열한다.

(6) 들기름

들기름(perilla oil)의 지방산은 리놀렌산((linolenic acid) 63%, 리놀레산 13%, 올레산 14%이며 건성유이다. 리놀렌산을 많이 함유하고 있어 장성이 매우 낮다. 발연점(140℃)이 낮아 부침용, 소스 등의 비가열조리에 적합하다.

(7) 면실유

면실유(cotton seed oil)는 지방산은 리놀레산 63%, 올레산 18%, 팔미트산 17%이며 반건성유이다. 목화의 종실에는 생장저해물질인 고시폴(gossypol)을 함유하고 있어 정제해야 한다. 면실유는 마가린, 쇼트닝 원료에 사용된다.

(8) 팜유
팜유(palm oil)는 지방산은 올레산 45%, 팔미트산 38%, 리놀레산 8%이며 불건성유이다. 정제된 팜유는 산화에 안정하고 맛이 담백하며 마가린, 제과 등의 재료로 사용된다.

(9) 올리브유
올리브유(olive oil)의 지방산은 올레산 83%, 리놀레산 7%이며 불건성유이다. 산도에 따라 엑스트라버진, 파인버진, 레귤러버진등으로 나뉜다. 발연점(160℃)이 낮고 독특한 향과 색이 있어 샐러드드레싱, 무침 등으로 이용한다.

(10) 땅콩기름
땅콩기름(peanut oil)의 지방산은 올레산 43%, 리놀레산 39%이며 불건성유이다. 튀김용, 샐러드용으로 이용할 수 있다.

(11) 포도씨유
포도씨유(grape seed oil)의 지방산은 올레산 25%, 리놀레산 65%, 팔미트산 8%이며 리놀렌산은 거의 없다. 토코페롤(50mg/100g)과 카테킨 함량이 많아 항산화기능이 있으며 동맥경화나 고혈압을 예방하고 피부 미용과 노화 방지에 효과가 있다. 발연점(250℃)이 높아 튀김 등 가열조리에 안전하고 모든 조리에 적합하다. 기름 특유의 향미가 없어 식재료의 고유한 맛을 살릴 수 있다.

2) 동물성 유지

(1) 버터
버터(butter)는 우유 중의 지방을 주성분으로 하는 유제품이다. 비타민 A의 좋은 급원이고 다른 지방에 비하여 소화가 쉽고 향미가 있어서 식품으로 가치가 높다.

버터의 특징적인 향기는 휘발성 지방산과 디아세틸(diacetyl), 아세틸메틸카비놀(acetylmethylcarbinol)의 산화생성물에 기인하며, 버터의 색소는 카로텐(carotene)에 의한 것이다. 좋은 버터는 밝은 담황색을 나타내고 버터 특유의 방향을 가지며 칼로 자르면 절단면이 매끈하며, 이곳에서 물방울이 나오지 않고 입안에서 잘 녹는 것이 좋은 제품이다.

(diacetyl)   (acetyl methylcarbinol)

버터의 종류로는 우유의 크림을 발효시켜 만든 발효버터(sour cream butter)와 발효를 시키지 않고 만든 무발효버터(sweet cream butter)가 있다. 발효버터는 방향이 있어 좋으나 저장 중에 변질하기 쉽다. 또 버터에는 가염한 것과 무염한 것이 있는데, 가정용으로는 가염한 것이 쓰이며, 무염한 것은 주로 유제품의 원료용으로 사용한다. 버터는 제과 · 제빵 및 각종 요리에 널리 이용된다.

(2) 우지

우지(beef tallow)는 소의 지방조직으로부터 얻어지는 연한 황색을 띠는 고체지방으로서 신선한 것은 냄새나 맛이 없다. 융점이 높으므로 더운 요리에 이용하거나 공업용으로 이용한다.

(3) 라드

라드(lard)는 돼지의 지방조직을 정제한 지방으로 색이 희고 냄새가 나지 않는 것이 좋다. 라드의 융점은 30~50℃로 우지에 비해 낮기 때문에 쇼트닝성이 커서 음식을 부드럽게 하여 입안에서의 촉감이 좋다. 라드는 쇼트닝성이 뛰어난 반면, 크리밍성이 적어 제과용으로 사용할 때는 다른 유지(버터, 마가린 등)와 함께 크림성을 보완하여 사용한다.

(4) 어유

어유(fish oil)는 정어리, 청어 등에서 얻은 기름으로 EPA, DHA와 같은 고도 불포화지방산이 다량 함유되어 있어 자동산화가 쉽게 일어나고 비린내 때문에 직접 식용유지로 사용되지 못하고 경화유로 만들어 마가린, 쇼트닝 제조에 사용한다.

3) 가공유지

(1) 마가린

마가린(margarine)은 버터 대용으로 식물성 유지에 수소를 첨가하여 만든 경화유를 주재료로 하고 유화제, 비타민 A, D, 식염, 보존료, 착색료, 향료, 산화방지제 등이 사용되어 천연 버터와 유사한 인조버터이다. 제조되는 마가린은 최근 지방 함량을 40~70%로 낮추고 수분 함량을 높여 다음과 같은 마가린을 만들고 있다. 경성마가린은 융점이 높아 퍼짐성이 부족하나 연성마가린은 냉장온도에서도 잘 퍼진다. 저열량마가린은 경성마가린보다 2배 이상의 수분을 함유하고 있어 마가린 스프레드(spread)라고 부르며, 거품마가린은 경성마가린을 휘핑하여 공기가 골고루 분산되어 부피가 증가하고 부드럽게 퍼짐성이 매우 좋다.

(2) 쇼트닝

쇼트닝(shortening)은 라드의 대용으로 정제유를 경화시킨 다음 원하는 정도에 맞도록 결정화시켜 가소성의 고체 형태를 일반적으로 말한다. 원료유지는 정제한 식물성유, 라드, 우지, 어유 등이 쓰인다. 무색, 무미, 무취이고 쇼트닝성, 크리밍성이 크기 때문에 빵, 케이크, 쿠키 등의 부피와 품질을 높인다. 또한 순수한 식물성 기름에 수소를 첨가한 것은 발연점도 대단히 높아 튀김용으로도 쓰인다.

(3) 땅콩버터

땅콩버터(peanut butter)는 버터에 볶은 땅콩 또는 견과류를 갈아서 만든 것으로, 소금과 안정제를 첨가하여 쓴다. 빵에 스프레드용으로도 사용하고 제과류 제조에 많이 이용된다.

2 유지의 성질

1) 용해성

유지는 물에 녹지 않고 클로로폼, 에테르, 석유에테르, 벤젠 등과 같은 비극성 유기용매에 잘 녹는데 이를 유지의 용해성(solubility)이라고 한다.

2) 비중

유지의 비중(specific gravity)은 0.92~0.94로 물보다 가볍다. 또한 유지는 저급지방산의 함량이 많을수록 또 지방산의 불포화도가 높을수록 그 비중이 커진다.

3) 융점

융점(melting point)이 높아서 상온에서 고체인 것은 지방(fat)이라 하고, 융점이 낮아서 상온에서 액체인 것은 기름(oil)이라고 한다. 포화지방산이 많을수록, 고급지방산이 많을수록 융점이 높아진다. 반면에 불포화지방산 및 저급지방산이 많을수록 융점은 낮아진다. 융점이 낮은 유지는 입속에서 쉽게 녹기 때문에 맛을 느낄 수 있고, 소화되기도 쉬우며 혈관에 침착되는 양도 감소한다.

4) 가소성

실온에서 고체상인 지방은 부스러지지 않고 다양한 모양으로 성형되거나 눌러서 펼 수도 있다. 외부의 응력이 어느 크기를 넘을 때 그 응력을 제거하여도 원상태로 회복되지 않는 성질을 가소성(plasticity)이라 한다. 버터, 마가린, 쇼트닝 등이 가소성이 있으며, 가소성 지방은 크리밍성이 있어 공기를 혼합할 수 있다.

5) 비열

유지의 비열(specific heat)은 0.47로 작아 온도가 쉽게 상승하거나 저하한다. 따라서 튀김음식을 할 때는 두꺼운 용기를 사용하는 것이 바람직하다.

6) 발연점

유지를 가열할 때 유지가 분해되기 시작하여 푸른 연기가 발생할 때의 온도를 발연점(smoking point)이라 한다. 발연점은 지방의 종류에 따라 다르며, 발연점이 낮은 기름은 자극성의 냄새를 내므로 튀김에 적합하지 않다.

7) 굴절률

지방산의 불포화도가 클수록 탄소사슬의 길이가 길수록 가열 산화되면 굴절률(refractive index)이 커진다. 일반적으로 1.45~1.47이다.

8) 점도

구성 지방산의 탄소 수가 적거나 불포화도가 높은 경우 점도(viscosity)는 약간 저하한다. 공기와 접촉면적이 넓어지고 200℃ 이상의 고온으로 가열할 때는 점도가 증가한다. 이는 유지가 가열됨으로써 산화·중합되기 때문이다.

9) 색도

정제한 유지는 탈색·탈취를 하기 때문에 보통 담황색 내지 황금색이나 보존조건에 따라 착색 정도가 다르다. 공기, 온도, 광선의 영향에 따라 기름 중에 존재하는 미량의 금속, 철, 구리 등은 착색을 촉진한다.

10) 검화값

유지를 알칼리로 가수분해하면 글리세롤과 비누가 생성되는데, 이러한 가수분해를 검화(saponification) 또는 비누화라고 한다. 비누화가(saponification value)은 1g의 유지를 검화하는 데 필요한 수산화칼륨(KOH)의 mg 수로 나타낸다.

검화가는 지방산의 평균 탄소 수나 분자량을 측정하는 데 이용된다. 즉, 검화가가 클수록 유지의 평균 분자량은 적다(구성 지방산의 탄소 길이가 짧다).

유지(triglyceride) + 3NaOH ⟶ 글리세린 + 지방산의 나트륨염
(3KOH)　　(glycerine) +　　(비누)

11) 산가

유지 1g 중에 함유한 유리지방산을 중화하는 데 필요한 수산화칼륨(KOH)의 mg 수로
표시한다. 유지의 정제가 불충분하였을 때, 사용횟수가 증가했을 때, 기름이 오래되
었을 때 산가(acid value)이 높다. 새 기름의 산값은 0.05~0.07이다.

12) 요오드가

유지 100g에 흡수되는 요오드의 g 수로 표시한다. 유지의 불포화도를 나타내며 이중
결합이 많은 불포화지방산을 다량 함유한 액체유는 요오드가(iodine value)이 높고 고
체유는 낮다. 그러나 기름을 공기 중에 오랜 시간 그대로 놓아두면 이중결합에 산소
가 결합하여 요오드가 감소한다.

13) 과산화물가

유지가 산패되면 이중결합에 산소가 결합하여 과산화물을 형성한다. 유지 1kg에 생
성된 과산화물의 mg당 양으로 표시하며, 과산화물가(peroxide value, POV)가 10 이하이
면 신선한 기름이라고 본다.

14) TBA가

싸이오바비투르산(thiobarbituric acid)을 사용하여 유지의 산화 정도를 측정하는 것이
다. 유지가 산화하여 생성되는 알데하이드(aldehyde), 말론알데하이드(malonaldehyde)
가 TBA 시약과 반응하여 적색을 나타내는 반응을 이용하여 유지의 산화 정도를 측
정하는 방법으로 가열시간이 길수록 TBA가는 높아진다.

15) 유화성

지질은 분자 중에 친수성기와 소수성기를 가지고 있으므로 유화시키는 성질이 있는데 이를 식품의 유화성(emulsifying)이라고 한다. 이러한 성질을 가지고 있는 유화제는 식품공업에서 광범위하게 이용된다.

16) 수소화

실온에서 액체인 기름에 수소를 첨가하면 수소화(hydrogenation)되어 가소성인 지방으로 변한다. 즉, 불포화지방산의 이중결합에 수소가 결합되면 불포화도가 낮아지고 경화유가 된다. 식용경화유는 완전하게 수소를 첨가하지 않고 융점이 30~36℃가 되도록 결합하는 수소의 양을 조절한다. 원료로는 어유(魚油), 고래기름, 대두유, 면실유 등을 이용하며, 식용경화유는 탈취 후 마가린과 쇼트닝의 원료로 사용된다.

3 유지의 저장

1) 유지의 변향

유지는 구성하는 지방산 조성과 저장환경에 따라 품질 변화에 영향을 받는다. 산패가 일어나기 전에 산소, 빛(자외선), 온도, 수분, 효소, 미생물 등에 의해 이취가 발생하는데 이것을 유지의 변향이라 한다. 이취는 주로 지방산의 이중결합이 산소와 반응하여 생성되는 알데하이드에 의해 나타나는데, 예로는 좋지 않은 찐 냄새 등이 있다.

2) 가수분해에 의한 산패

가수분해에 의한 산패는 지방이 물과 접촉하는 동안 구성분인 트라이글리세라이드(triglyceride)가 화학적으로 가수분해 되거나 식품 중의 라이페이스(lipase) 또는 미생물에 존재하는 라이페이스 등에 의하여 가수분해되어 글리세롤과 지방산으로 분해되면 산값이 증가되고 산화가 촉진되고 저급지방산인 뷰티르산(butyric acid), 카프로산

(caproic acid), 카프릴산(caprylic acid) 등 휘발성 지방산을 생성하기 때문에 나쁜 냄새가
난다. 우유나 버터 등의 유제품에서 많이 발생한다. 저장 중인 곡식의 지방도 라이페
이스에 의해 가수분해되어 산패가 진행되면 좋지 않은 냄새가 난다. 가수분해성 산
패는 열처리, 라이페이스 분해 억제 미생물 첨가, 수분을 감소시켜 미생물의 성장을
억제하면 많이 감소된다.

3) 산화에 의한 산패

유지가 공기 중의 산소와 결합하여 나타나는 변화이며, 지방분자 내에 불포화지방산
이 많을수록 잘 일어난다. 유지의 자동산화(autoxidation)과정은 초기반응, 연쇄반응,
하이드로과산화물(hydroperoxide)의 분해반응, 종결반응의 단계로 일어난다.

(1) 초기반응
지방산 내에 이중결합이 있는 탄소에 인접한 메틸기의 수소가 광선, 열, 금속, 저장온
도 및 기계적 에너지 등의 작용으로 떨어져 유리기(free radical, R·)를 형성한다.

(2) 연쇄반응
유리기들이 공기 중의 분자상의 산소와 결합하여 활성의 과산화유리기(peroxy radical,
ROO·)를 형성하며, 이 과산화유리기가 새로운 기질에 작용하여 하이드로과산화물
(ROOH)와 또 다른 유리기(R·)를 생성한다. 이러한 과정이 반복되어 연쇄적으로 산
화가 일어난다.

(3) 하이드로과산화물의 분해반응
계속 산화·분해되어 각종 알코올류, 알데하이드류(aldehydes), 케톤류(ketones), 산
(acid) 등과 같은 카보닐(carbonyl) 화합물을 형성하며 불쾌한 맛과 냄새 및 유지의 점
도 증가 등의 원인이 된다.

(4) 종결반응
자동산화 과정에서 생성된 각종의 유리기들이 서로 결합을 하여 이중체, 삼중체 등

의 중합체들을 형성하는 단계로 자동산화의 후기 단계에서 급속히 일어나며, 그 결과 자극적인 냄새가 생기고 맛이 나빠지며 색이 짙어지고 점도가 상승하게 되어 영양가의 저하와 유독 성분이 생성된다.

4) 가열에 의한 산패

튀김을 만들거나 고온으로 지방을 가열하면 산화와 분해반응이 일어난다. 계속 가열하면 지방은 휘발성 저분자 산화물질로 분해되기도 하고 중합하여 중합체를 만들어 점도가 증가하며 가열시간 증가에 따라 색깔이 갈색으로 진해진다. 가수분해 된 글리세롤은 탈수반응에 의해 휘발성이 크고 자극성이 강한 아크롤레인(acrolein)을 생성한다.

아크롤레인이 생성되면 기름에 거품이 나고 색이 짙어지며, 강한 냄새가 심하게 나면서 연기가 발생하므로 기름의 발연점이 낮아지게 된다.

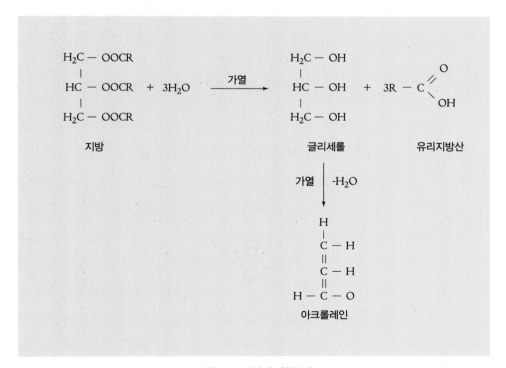

그림 16-1 지방의 가열분해

5) 항산화제

항산화제는 유지의 산화속도를 늦추거나 산화에 의한 산패를 억제하는 물질로 가공식품에 첨가하여 보존기간을 조절한다. 합성 항산화제에는 BHA, BHT, PG, TBHQ 등이 있으며 천연 항산화제에는 식물성 기름의 토코페롤, 아스코브산, 플라보노이드(특히 콩의 아이소플라본) 등이 있다. 콩기름이나 참기름과 같은 일반 식물성 기름은 자체 항산화물질을 가지고 있어 보존성이 높으나 들기름은 산패가 빨리 진행되어 보존성이 매우 낮다. 들기름에 참기름이나 다른 천연 항산화물질이 있는 기름을 20% 정도 섞어 사용하면 보존기간을 연장할 수 있다.

6) 유지관리

유지는 산소, 빛(자외선), 온도, 수분, 철, 동 등의 환경에서 산화가 촉진되므로 갈색 유리 용기에 담아 뚜껑을 하여 냉장보관하는 것이 좋다. 유지류는 냄새의 흡수력이 강한데, 특히 버터는 밀폐용기를 사용하여 특유의 향미를 유지시킨다.

튀김에 사용한 기름보관은 튀김이 끝나면 바로 용기에 이물질을 걸러 붓고 침전시킨다. 식으면 상등 액만 유리병에 담아 냉장보관하고 단시일 내에 사용하도록 한다. 튀김냄비에 그대로 방치하면 금속냄비와 이물질에 의해 산화가 촉진된다.

4 유지와 조리

1) 향미

참기름, 들기름, 올리브유, 버터, 베이컨 지방 등은 독특한 향미를 가지고 있어 빵에 바르거나 무침, 드레싱으로 음식의 맛을 크게 향상시키고 입안에서 매끈한 느낌으로 먹기 편하게 한다.

2) 연화 및 크리밍성

지방은 제과제빵에서 연화작용을 하여 부드러움을 주는 주요한 재료이다. 지방은 밀가루와 물로 반죽하는 동안 글루텐 섬유 표면을 둘러싸 글루텐이 서로 결합하지 못하도록 방해하고 글루텐 섬유의 성장을 방해하여 짧은 섬유가 되도록 하는 쇼트닝파워라는 기능이 있어 제품을 부드럽게 한다.

유지를 교반하여 속에 공기가 들어가는 것을 크리밍성이라 한다. 아이스크림, 생크림, 버터 등을 교반하면 공기를 함유하여 부피가 증가되며 매우 부드럽게 된다. 쇼트케이크를 만들 때 지방과 설탕을 크리밍하여 제품을 부드럽게 만든다. 패스트리는 거의 지방으로 반죽하며 켜를 형성시켜 가벼운 조직감을 갖게 하고 쿠키반죽도 지방을 사용하여 연화시킨다. 크리밍성은 쇼트닝이 가장 높고 다음이 마가린이며, 버터가 가장 낮다.

3) 유화

유화(emulsion)란 서로 섞이지 않는 두 종류의 액체가 함께 혼합된 상태를 말한다. 비누나 레시틴이 기름을 물에 분산시키는 작용을 유화작용이라 할 수 있고 이러한 액을 유화액이라고 한다.

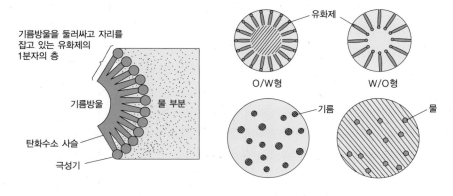

그림 16-2 유화액에서의 유화 상태

(1) 유화성

유화액에는 2가지 형태가 있다. 연속상이 기름이고 불연속상이 물인 유중수적형(W/O)과 연속상이 물이고 불연속상이 기름인 수중유적형(O/W)이 있다. 버터나 마가린은 W/O형이고, 우유나 마요네즈는 O/W형이다.

(2) 유화제

친수성기와 친유성기를 동시에 갖고 있으며 기름과 물을 섞어 주어 유상액(乳狀液)을 만드는 물질을 유화제(emulsifier)라고 한다. 식품 제조 시 유화제와 안정제로 작용하는 물질에는 분리 우유단백질 카세인, 유청단백질과 유청농축물, 분리대두단백질, 기름종자, 단백질 농축물, 젤라틴(gelatin), 레시틴(lecithin), 향신료 분말 같은 미세분말, 여러 가지 식물성 검(gum), 전분풀 등이 있다.

(3) 유화액의 종류

유화액에는 마요네즈와 프렌치드레싱, 소스, 그레이비(gravies), 푸딩, 크림수프, 케이크 반죽 등이 있다. 그 밖에 땅콩버터, 과자, 소시지 등과 같은 식품의 가공 시에 유화액이 형성된다. 마요네즈는 물에 기름방울이 유화되어 있는 것으로, 물이 연속계이고 기름이 분산 상태이며, 이 유화 상태는 난황의 레시틴(lecithin)에 의해 유지된다.

프렌치드레싱(french dressing)과 같이 기름과 수분뿐이고 이들을 연결시키는 유화제가 없어서 흔들거나 젓는 순간에만 유화 상태였다가 중지하면 분리되는 유화액을 일시적 유화액이라 하고, 마요네즈 등과 같이 유화제를 넣고 유화시킨 안정성이 있는 유화액을 영구유화액이라고 한다.

(4) 프렌치드레싱

프렌치드레싱(french dressing)의 주재료는 기름과 식초이다. 기름과 식초를 힘차게 흔들면 유화 상태를 형성되나 동작이 정지되면 기름 방울은 즉시 결합된다. 이것은 유화제로서의 보호막이 분산상을 보호할 수 없기 때문이다. 시판되는 프렌치드레싱은 채소검류나 젤라틴을 첨가하기 때문에 유화 상태를 유지할 수 있는 것이다.

(5) 마요네즈

마요네즈(mayonnaise)의 기본 재료는 식용유, 달걀 노른자 혹은 달걀 전체, 식초(레몬즙 또는 구연산)이며 그 외에 소금, 겨자, 후추, 감미료 등이 섞인 반고형 유화액이다.

온도 차가운 기름은 더운 기름보다 기름의 입자가 작은 입자로 쪼개지는 데 시간이 걸려서 유화가 더디나, 일단 유화액을 형성하면 점성이 높은 안정된 유화액을 얻을 수 있다.

그릇 및 기구 마요네즈 분량에 맞고 밑이 둥근 모양의 그릇이 좋다. 젓는 기구는 회전속도가 빠른 것일수록 유화속도가 빠르다.

마요네즈의 분리와 재생 마요네즈는 유화액이 형성되는 동안이나 저장 중에 분리가 일어날 수 있다. 만드는 동안 분리가 일어나는 이유는 초기의 유화액 형성이 불완전할 때 기름을 너무 빨리 넣은 경우, 유화제에 비해 기름의 비율이 너무 높을 때, 젓는 방법이 부적당할 때이다.

저장 중에 분리가 일어나는 이유로는 마요네즈를 얼렸을 때, 고온에서 저장하여 물과 기름의 팽창계수가 다를 때, 뚜껑을 열어 놓아 건조되었을 때, 운반 중 지나친 진동이 있을 때이다. 재생할 때는 노른자 1개에 분리된 마요네즈를 조금씩 넣으며 세게 저어주거나, 이미 형성된 마요네즈를 분리된 마요네즈에 조금씩 넣어주며 계속 저어준다.

4) 튀김

지방이 열전달 매체가 되어 조리하는 방법으로 튀김(deep fat frying), 지짐(pan frying), 볶음 등의 조리가 있다. 지방은 물보다 높은 온도에서 끓기 때문에 고온에서 식품을 빠르게 조리할 수 있어 영양 손실이 적다. 튀김은 탈수, 흡유 등에 의해서 바삭바삭한 질감과 색상, 향미를 갖는다.

(1) 튀김기름

튀김에 적합한 기름은 충분히 정제하여 발연점이 높은 대두유, 면실유, 옥수수유, 카놀라유 등이 좋다. 발연점이 낮은 참기름, 들기름, 올리브유는 가열하지 않는 조리나

표 16-1 튀김의 온도

온도(℃)	식품
140~150	약과
160~180	닭, 생선, 도넛
190~195	약간 익힌 새우, 크로켓
195~200	감자튀김, 양파튀김
200~205	감자칩

지짐, 볶음조리에 적합하다.

(2) 튀김온도 유지

튀김음식은 재료의 종류에 따라 튀기는 온도가 달라진다. 즉, 표면만을 가열할 음식은 고온에서 단시간 튀겨야 하고, 속까지 충분히 익혀야 하는 음식은 낮은 온도에서 장시간 가열해야 한다. 튀김할 때의 적온을 알기 위해서는 온도계를 사용하는 것이 가장 정확하며, 온도계가 없을 경우에는 끓는 기름에 튀김옷을 조금 넣어 떠오르는 상태로 온도를 판단할 수 있다. 적정온도를 계속 유지하려면 조금씩 넣어야 한다. 한꺼번에 많이 넣으면 온도 상승이 늦어서 흡유량이 늘어난다.

튀김옷의 재료와 만드는 방법

- **밀가루** 박력분이 가장 적합하나 중력분을 사용할 경우에는 밀가루의 10~15% 정도의 전분을 섞어서 사용한다. 지나치게 휘저어 글루텐이 생기지 않도록 가볍게 섞는다.
- **달걀** 튀김옷을 만들 때 약간의 달걀을 섞어 주면 달걀에 함유되어 있는 단백질과 지질이 반죽의 글루텐 형성을 방해하므로 맛이 좋아질 뿐만 아니라, 튀김옷이 연해진다. 그러나 많은 양을 넣으면 튀김옷이 약간 단단해질 수 있다.
- **식소다** 튀김옷을 만들 때 밀가루 무게의 0.2% 정도의 식소다를 넣으면 가열 중 탄산가스를 방출하고 동시에 수분도 많이 증발되므로 튀김옷의 수분 함량이 적어져서 가볍게 튀겨진다.
- **설탕** 튀김옷을 만들 때 약간의 설탕을 첨가하면 튀김옷의 색이 적당하게 갈변되고 글루텐의 형성을 방해하므로 튀김옷이 연하고 아삭아삭해진다.
- **물의 온도** 밀가루 반죽에 사용하는 물의 온도는 글루텐 형성에 영향을 미치는데, 물의 온도가 높으면 튀김옷의 점도가 높아지므로 가벼운 질감이 되지 않는다. 냉장 온도의 물을 사용한다.

(3) 튀긴 후 기름 제거

튀김을 만든 후에는 흡수지를 이용하여 기름을 제거한다.

(4) 튀김기름의 감소원인

■ 식품재료에 흡수된다(튀김 10~15%, 도넛 13%, 크로켓 20~30%, 달걀볶음 8~10%, 뫼니에르 5~7%, 기름에 볶은 것 3%).

■ 가열하는 동안 기름이 분해하여 휘발성 물질을 생성한다.

■ 수분이 증발할 때 비산한다.

튀김냄비의 선택과 기름 사용

• **재질** 알루미늄 재질은 열전도가 빨라 조리 중에 기름의 온도 변화가 심하다. 열 전도가 느리고 열용량이 큰 무쇠냄비가 좋다.

• **형태** 넓은 냄비는 공기 노출 면적이 커서 산화분해가 빨리 진행되므로 표면이 좁고 깊은 냄비가 좋다.

• **기름 사용량** 필요한 양만큼만 사용한다.

---

5) 기타

지방은 초콜릿을 부드럽게 녹게 하고 결정형 캔디나 아이스크림의 결정성을 방해하여 부드럽고 매끈한 질감을 준다.

17 젤라틴과 한천

동물성 단백질인 젤라틴과 식물성 해조류에 함유된 다당류인 한천은 그 성분은 다르지만 젤 형성능력이 있어 조리, 또는 식품산업에서 사용범위가 매우 넓다.

젤라틴은 동물의 결체조직인 콜라겐을 가수·가열하면 섬유상 구조가 분해되어 졸(sol) 상태의 단백질 용액인 콜로이드(colloid)용액, 젤라틴이 만들어지는데, 이것을 굳혀서 젤(gel) 상태로 만들어 제과, 후식 등에 이용한다. 한천(agar)은 우뭇가사리 등

표 17-1 젤라틴과 한천의 특성 비교

구분	젤라틴	한천
급원, 성분, 영양가	동물의 결체조직	우뭇가사리
	경단백질(콜라겐) • 필수아미노산이 부족한 단백질 • 우유, 육류, 달걀과 함께 사용하면 단백질을 보완	갈락토스의 중합체인 다당류 • 소화·흡수 불가 • 변통 조절, 공업용품, 의약품 • 미생물 배지
용해온도	35~40℃	80℃ 이상
응고온도	10℃ 이하	30~35℃ 전후
사용농도	3~4%	0.8~1.5%
특성	• 응고온도가 낮아 냉각·냉동가공식품에 이용한다. • 융해온도가 낮아 여름에 취급이 불편하며 조직이 부드럽다.	• 응고온도가 높아 조리와 이용이 편리하다. • 융해온도가 높아 질감이 단단하고 거칠며 단맛의 역치가 높다.
조리의 예	족편, 젤라틴 후식, 얼린 후식, 샐러드, 마시멜로, 아이스크림 등의 유화제	과일젤리, 양갱

홍조류의 세포벽을 추출하여 정제·건조시킨 것으로 주성분은 갈락토스(galactose)의 중합체이다. 물을 흡수하면 용적이 증대되고 점성이 커지는 검(gum)질이므로 각종 젤 식품 가공 시 유화제, 증점제, 농후제, 안정제, 증량제로 첨가하고 있다. 소화성은 없으나 통변에 도움을 주어 저열량식으로 이용되고 있다. 젤라틴과 한천의 주요한 특성을 비교하면 표 17-1과 같다.

1 젤라틴

1) 젤라틴의 물리적 성질

젤라틴은 건조 상태의 건조젤(xerogel)이므로 물을 흡수하면 6~10배 정도로 부피가 늘어난다. 용해온도는 35~40℃이므로 따뜻한 물에서 팽윤속도가 빨라진다. 흡수표면적이 클수록 팽윤속도가 빠른데, 분말 상태는 5분 정도에서 융해가 되나 판상 젤라틴은 20~30분이 소요된다. 젤라틴의 응고온도는 10℃ 정도이므로 냉장온도에서 냉각시켜야 안정된 구조의 젤 상태가 되므로 찬 후식(cool dessert)이나 얼린 후식(frozen dessert)에 이용된다.

젤라틴은 단백질이므로 등전점에서의 기포 형성을 이용해 산을 첨가하여 pH를 낮추어 스노 푸딩(snow pudding) 등 후식을 만들기도 한다. 한천에 비해 융해온도가 낮으므로 체온에서 쉽게 녹아 질감이 부드럽고 단맛을 쉽게 느낄 수 있어 역치가 낮아지므로 같은 농도의 당 첨가에도 한천보다 달게 느껴진다.

2) 젤라틴과 조리

(1) 젤라틴 응고에 영향을 주는 요인

온도 젤라틴의 응고온도는 여러 요인에 의해 좌우된다. 대체로 10~15℃ 이하이면 고화되고 안정된 젤 상태를 유지하기 위해서는 3~4℃(냉장온도)가 적당하다. 양질의 젤라틴일수록, 농도가 높을수록 고화온도는 높아지며, 단단한 젤을 만든다.

농도 젤라틴의 농도는 응고물의 경도 및 응고속도에 영향을 주는데, 농도가 높으면 응고온도가 높고 속도가 빠르며 단단한 젤을 형성한다. 흔히 3~4% 정도를 사용하나 거품을 낼 경우나 설탕 등이 첨가된 경우 농도가 높아야 한다.

산 산은 젤라틴 단백질의 등전점에 영향을 주므로 응고를 도와준다. 그러나 pH가 3~4 이하로 낮아지면 오히려 단백질 분해를 일으켜 고화가 방해된다. 따라서 산이나 과즙 첨가 시에는 농도를 높이는 것이 좋다. 첨가시키는 젤라틴액을 10℃에서 보존하거나 생난백 정도의 상태가 될 때 넣어 주는 것이 좋다.

염류 염류는 젤라틴의 응고속도와 경도를 높여주므로 우유, 소금, 경수 등의 사용으로 단단한 젤을 만들 수 있다(표 17-2).

설탕 보통 농도의 설탕은 별 지장이 없으나 과도한 양은 단백질분해작용으로 응고물을 약화시킨다(표 17-3).

생과일 생과일에는 단백질가수분해효소가 들어 있어 젤 형성을 방해한다. 파인애플의 브로멜라인(bromelain), 배의 단백질가수분해효소(protease), 무화과의 피신(ficin), 파파야의 파파인(papain), 키위의 액티니딘(actinidin) 효소는 단백질을 분해하므로 응고를 방해한다. 통조림으로 된 과일은 가열에 의해 효소가 불활성화되어 사용해도 무방하다.

표 17-2 젤라틴 젤 형성에 대한 염류의 영향

염류농도(M)	강도(D)	점도(sec/unit)	염류농도(M)	강도(D)	점도(sec/unit)
0.000	128.4	21.7	0.200	139.9	23.2
0.050	131.2	21.7	0.800	137.9	23.0
0.075	135.3	22.0	1.000	139.0	23.1
0.100	136.1	22.3	–	–	–

표 17-3 젤라틴 젤 형성에 대한 슈크로스의 영향

슈크로스 용액농도(M)	강도(D)	점도(sec/unit)	슈크로스 용액농도(M)	강도(D)	점도(sec/unit)
0.000	125.31	21.0	0.225	120.2	20.4
0.050	124.7	21.1	0.800	118.9	20.3
0.100	121.5	20.8	1.000	117.5	20.3
0.200	120.8	20.5	–	–	–

(2) 젤라틴의 기포 형성

젤라틴은 단백질이므로 등전점에서 점도가 최저가 되어 기포 형성성이 커지며 탄력성·점착성도 높아진다. 이때 도버(dover)형의 교반기로 휘핑(whipping)을 하면 공기가 포함되어 용질이 2~3배로 커지게 된다. 교반의 시기는 젤라틴용액이 생난백 정도의 상태가 되었을 때가 적당하다. 이를 이용한 후식으로는 스노 푸딩(snow pudding), 레몬 스펀지(lemon sponge), 파인애플 바바리안 크림(pineapple barbarian cream) 등이 있다.

(3) 젤라틴의 조리방법

젤라틴의 사용방법　시판되는 젤라틴에는 가루젤라틴과 판상젤라틴이 있다. 젤라틴은 사용 전에 반드시 찬물에 불려야 뭉쳐지지 않는다. 가루젤라틴은 굵은 설탕입자 같은 형태인데, 젤라틴 양의 5배가 되는 차가운 물에 불린 다음 중탕하여 녹인 후 사용한다. 판상젤라틴은 비닐판 같은 형태인데 물의 양에 관계없이 차가운 물에 먼저 담가 불린 후 건져 손으로 물기를 짠 다음 중탕하여 쓴다. 가루젤라틴 1작은술은 3.33g으로 판젤라틴 2장과 같다. 판상젤라틴 1장은 1.66g이다

- **족편**　우족의 콜라겐을 물과 함께 푹고아 끓이고 끓인 국물을 그릇에 담아 냉각시키면 단단한 젤의 족편이 된다. 최근에는 양지머리, 사태 육수에 10~12%의 시판 젤라틴을 넣어서 만들기도 한다.
- **샐러드**　여러 가지 채소와 과일 등을 일정한 크기로 잘라 젤라틴 용액에 넣어 굳힌 것으로 투명하고 아름다운 색 조화로 샐러드에 많이 이용된다.
- **디저트**　젤라틴 젤의 투명한 외관은 청량감을 주며 내용물의 색을 잘 나타낼 수 있으므로 찬 후식(cool dessert)이나 얼린 후식(frozen dessert)에 이용되고, 기포성을 이용한 후식도 많이 제조되고 있다.

2 한천

1) 한천의 성질

(1) 흡수, 팽윤
한천은 구조상 굵은 한천, 가는 한천, 입상 한천, 분상 한천 등이 있다. 물을 흡수하면 20배 정도로 부피가 팽창된다. 팽윤도는 물의 pH에 영향을 받는데 중성~약알칼리성에서 팽윤도가 높아지나 산성에서는 낮아진다.

(2) 융해
한천의 융해온도는 80℃ 이상으로 젤라틴에 비해 높아 가열·용해시켜야 한다. 농도가 2% 이상이면 용해가 힘들다. 그러나 과즙이나 설탕을 첨가한 경우에는 농도가 2% 이상일 때도 있다. 융해온도가 높아서 한천을 이용한 양갱이나 과일젤리는 입안에서 녹지 않으므로 단맛의 역치가 높아져서 같은 양의 설탕을 넣더라도 젤라틴젤리보다 덜 달게 느껴진다.

(3) 응고
한천의 응고온도는 35~40℃로 응고온도가 높아 냉각·냉장하지 않아도 되므로 대량 가공하는 경우 가공, 운반, 저장에 편리하다. 농도가 높을수록 응고온도가 높아 빨리 응고하고 젤 강도도 높다.

2) 한천과 조리

(1) 한천 응고에 영향을 주는 요인
온도 한천의 응고온도는 35~40℃로 냉각이 필요 없다. 온도가 낮을수록 고화속도가 빠르며 경도가 높다.

농도 한천 이용식품에 따라 다르나 대개 0.8~1.5% 정도이다. 농도가 높으면 응고속도가 빠르고 단단한 젤이 형성되나 지나치게 높으면 결이 갈라진다.

설탕 한천에 설탕을 첨가하면 점성과 탄력이 증가하고 투명감도 증가한다. 한천의 농도가 일정한 경우에는 설탕농도가 높을수록 젤의 강도가 높아지나 75% 이상의 설탕 첨가는 젤의 망상구조 형성이 어려워 강도가 오히려 저하된다.

산 한천용액에 과즙을 첨가한 후 가열하면 유기산에 의한 가수분해로 젤이 약화되므로 한천용액을 60~70℃ 정도 가열한 후 과즙을 넣는 것이 좋다.

표 17-4 동물성 젤과 식물성 젤의 특성 비교

구분		동물성	식물성			
		젤라틴	한천	카라기난	고메톡실펙틴	저메톡실펙틴
성분		단백질	다당류			
원료		동물의 뼈나 가죽 등 콜라겐	홍조류인 우뭇가사리 등의 해초	홍조류인 김 등의 해초	과일, 채소	–
전처리 및 용해방법		물에 담가 불린 후 가열하여 끓임	물을 흡수시킨 후 뜨거운 물을 넣음	설탕과 잘 섞어 가열		
용해온도(℃)		35~40	90~100	70~100	99~100	
융해온도(℃)		25	68~84	–	–	–
젤화 조건	농도(%)	1.5~4	0.5~1.5			
	온도(℃)	10 이하에서 냉장 필요	28~35			
	pH	산에 약간 강함	산에 상당히 강함	산에 약간 강함	산에 상당히 강함	산에 약간 강함
	기타	단백질분해 효소에 분해	–	종류에 따라 칼륨, 칼슘 등에 젤화	다량의 설탕 (55~80%)	칼슘 등(펙틴의 1.5~3.0%)
젤의 특성	촉감	연하고 독특한 점성을 지님. 입안에서 녹음	투명성이 낮고 점성이 없으며 부서지기 쉬움	약간의 점탄성을 지님	상당한 탄력성을 지님	점성과 탄성을 지님
	보수성	높음	이수되기 쉬움	약간 이수	최적조건에서 벗어나면 이수	
	열안정성	여름철에는 떨어짐	온도에 안정적			
	냉동내성	냉동 불가	냉동 보관 가능			
	소화 · 흡수	소화 · 흡수됨	소화 · 흡수되지 않음			
사용 예		과일젤리, 무스, 족편, 아이스크림	양갱, 과일젤리, 미생물용 배지,	젤리, 아이스크림	잼, 젤리	잼

우유 우유의 지방과 단백질이 망상구조의 형성을 방해하여 젤 형성을 저해시킨다.

난백 난백을 거품 내의 한천 젤에 첨가할 경우 난백이 한천에 비해 비중이 작으므로 위에 떠서 분리될 수가 있으며, 난백을 넣었을 때의 온도가 65℃ 이상이면 열에 의한 난백 단백질의 응고로 투명도가 떨어질 수가 있다.

팥앙금 팥뿐만 아니라 밤이나 고구마 등을 이용해 양갱을 만들기도 하며 최근에는 유자, 감귤 등을 조려서 재료로 쓰기도 한다. 잣, 호두, 밤 등 고형물을 넣을 경우에는 가라앉을 우려가 있으므로 한천용액이 응고되기 직전인 40℃ 전후에서 고형물을 넣어 잘 저은 후 굳히는 것이 좋다.

(2) 한천의 사용방법
시판되는 한천에는 가루한천과 실한천이 있다. 사용 전에는 충분히 불린 다음 끓여서 녹인 후에 사용한다. 보통 한천 양의 10배 정도 되는 물을 사용한다. 물의 양은 앙금의 양과 설탕의 양 등에 따라 조절할 수 있다.

(3) 젤라틴과 한천의 비교
젤라틴 동물성 단백질인 젤라틴의 부드러움과 유연성으로 족편이나 과자의 젤화제로 사용한다. 융해온도가 25℃이므로 여름철 온도가 높아지면 녹는다. 젤라틴 샐러드를 만들 때 파인애플, 키위 등의 단백질분해효소가 함유된 생과일을 함께 사용하면 응고되지 않는다. 젤라틴은 응고점이 낮으므로 냉장온도에서 응고시킨다.

한천 식물성 우뭇가사리로 만든 한천은 조직이 단단하고 거칠며 잘 녹지 않고 탄력성과 강도는 높다. 한천은 응고점이 높아 실온에서 굳힐 수 있다.

음료 18

음료(飮料, beverage)는 수분 공급으로 갈증과 피로를 회복하게 하며, 식사할 때 음식의 맛을 돋우고 식욕을 증진시키며 분위기를 즐겁게 한다. 식사뿐만 아니라 식간 어느 때라도 음용할 수 있고 기분을 상쾌하게 만드는 액체류 식품이다. 종류로는 술을 포함한 알코올성 음료와 청량음료나 기호음료 같은 비알코올성 음료가 있다.

1 알코올성 음료

1) 양조주

양조주(fermented liquor)는 과실이나 곡물을 효모의 작용으로 발효시킨 알코올성 음료이다. 종류로는 포도주(wine), 맥주(beer), 청주(sake), 탁주(rice wine) 등이 있으며, 알코올 함유량이 3~18%로 비교적 낮아 변질되기 쉬우나 특유의 향미와 색상이 다양하고 원료의 좋은 성분을 많이 함유하고 있다. 발효주는 숙성시키면 맛이 더욱 좋아진다.

(1) 색에 따른 포도주의 분류

백포도주 백포도주(white wine)는 백색 포도를 원료로 쓰지만 흑색 포도의 과피를 벗겨 과육과 즙을 발효시킨다. 적색 포도주에 비하여 당분 함량이 적어서 숙성기간도

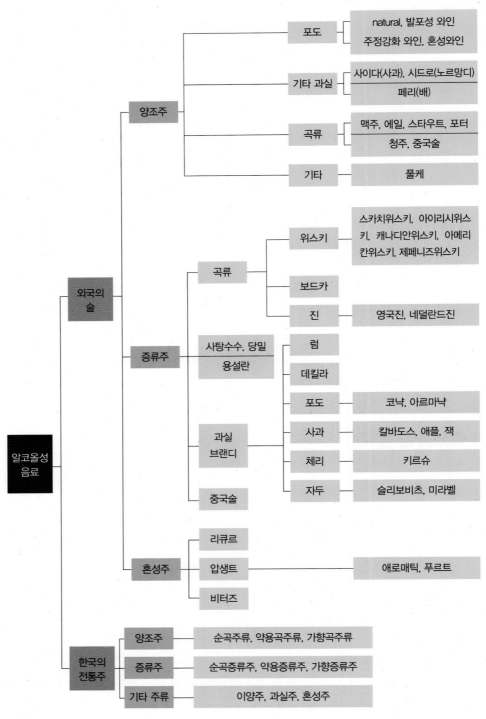

그림 18-1 알코올성 음료의 분류

짧고 보존기간도 짧다.

적포도주 적포도주(red wine)는 포도를 껍질째 으깨어 발효시킨 것이다. 적포도주는 과피의 영양 성분과 좋은 생리활성물질이 들어 있다. 숙성기간과 보존기간이 길다.

분홍색 포도주 분홍색 포도주(pink wine)는 일명 로제(rose)와인이라고도 하며 적색과 백색 포도주를 혼합하거나 흑색 포도를 껍질째 발효시키다가 도중에 껍질을 제거하면 분홍색 포도주가 된다. 착색제를 사용하기도 한다.

황색 포도주 황색 포도주(yellow wine)는 백색 포도주의 제조과정에서 색이 황색 쪽으로 짙게 나온 것이다.

(2) 식사 코스에 의한 분류

식사 전 포도주 식사 전에 입맛을 돋우기 위하여 마시는 알코올 도수가 다소 높으며 (16~30%) 드라이한 느낌과 감미가 적은 포도주가 적당하다.

식사 중 포도주 주요리(main dish)와 함께 마시는 포도주이다. 일반적으로 어패류와 조육류는 백포도주나 샴페인, 육류는 적포도주를 마신다.

식사 후 포도주 알코올 도수가 다소 높고 단맛이 있는 포도주를 택한다.

2) 증류주

증류주(distilled liquor)는 양조주를 다시 증류시켜 알코올 도수를 높인 술이다. 양조주를 서서히 가열하면 끓는점이 낮은 알코올(78.3℃)이 먼저 증발하는데, 이 증발하는 기체를 모아서 냉각시키면 알코올 도수가 높은 증류주를 얻을 수 있다. 저장기간이 길어질수록 순한 향미를 지닌다. 종류로는 위스키(whisky), 브랜디(brandy), 진(gin), 럼(rum), 보드카(vodka), 테킬라(tequila), 아쿠아비트(aquavit) 등이 있다.

3) 혼성주

혼성주(compounded liquor)는 증류주나 양조주에 약초나 과실을 첨가하여 색과 향미를 내고, 감미료를 첨가하여 만든 술이다.

2 비알코올성 음료

1) 청량음료

청량음료는 칵테일을 조주할 때 많이 사용하고 상쾌한 맛을 주며 청량감을 주는 비알코올성 음료이다. 탄산음료 (콜라(coke), 사이다(cider), 소다수(soda water), 진저엘 (ginger ale), 토닉수(tonic water)와 무탄산음료(광천수, mineral water)가 있다.

2) 영양음료

영양음료(nutritions beverage)는 영양 성분이 함유된 음료이다. 우유류(요거트)와 주스

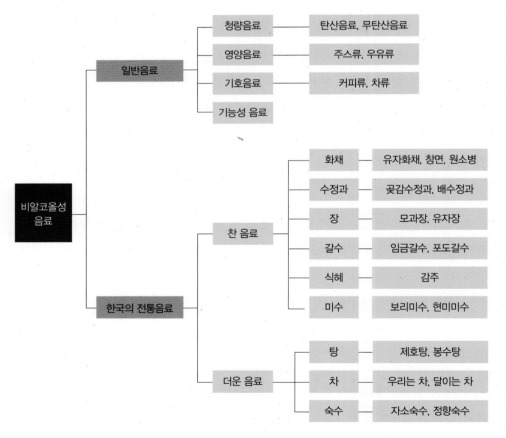

그림 18-2 비알코올성 음료의 분류

류(생과일 또는 가공) 등이 있다. 주스류와 탄산수를 섞어 만드는 펀치(punch)도 있다.

3) 기호음료

기호음료(favorite beverage)는 차, 커피, 코코아 및 허브차와 같이 각 식물의 열매나 잎
에 함유된 고유한 향미를 즐겨 마시는 음료이다.

(1) 녹차

품종은 잎이 작은 소엽종과 잎이 큰 대엽종으로 분류하고 있다. 우리나라 야생차는
소엽종이며, 재배차는 일본의 야부키타종이 대부분이다. 대체로 소엽종은 녹차를 만
드는 데 쓰이고 대엽종은 홍차 제조에 이용된다.

차의 분류 차나무의 품종, 채엽시기, 발효 정도, 제다방법 및 형상 등에 따라 향미가
차를 생산하고 있다. 찻잎의 제조방법(발효 정도)에 따라서는 불발효차, 반발효차, 후

그림 18-3 제조방법에 따른 차의 분류

발효차로 구분한다.

- **불발효차** 곡우(4월 20일) 전 어린잎을 따서 찌거나(증제차) 덖어(부초차) 효소를 불활성화시킨 것으로 녹차(綠茶)가 주종이다.
- **반발효차** 10~70% 발효시킨 것으로 색상에 따라 백차, 청차로 구분한다. 우롱차, 포종차, 재스민차 등이 있다.
- **발효차** 80% 이상 발효시킨 것으로 홍차가 있다.
- **후발효차** 열처리로 먼저 효소를 불활성시킨 후 미생물로 나중에 발효시킨 것으로 색상에 따라 황차, 흑차가 있으며, 군산은침(群山銀針), 보이차 등이 있다.

또한 수확시기에 따라서 우전, 세작, 중작, 대작으로 분류할 수도 있다. 차의 찻잎을 따는 시기는 매우 중요하며 이 시기가 늦어질수록 품질이 저하된다.

- **우전(雨前)** 곡우(穀雨, 4월 20일~4월 21일) 전에 아주 어린 찻잎을 따서 만든 차로 작설차(雀舌茶, 참새의 혀를 닮았다 하여 붙여진 이름)라고 하며, 차맛이 부드럽고 향이 진하여 가장 상품(上品)이고 생산량이 적어 값이 비싸다.
- **세작(細雀)** 우전 다음의 고운 찻잎과 펴진 어린잎으로 차를 만든다.
- **중작(中雀)** 잎이 좀더 자란 후 펴진 잎을 따서 만든 차로 일명 명차(銘茶)라고도 한다.
- **대작(大雀)** 한여름에 생산되는 큰 잎으로 만든 차이다. 잎이 억세어 녹차의 맛을 내기 어렵다.

차의 성분 차의 생잎에는 수분이 약 75%이고, 나머지 25%는 고형 성분이다. 차에 함유된 기능성 성분은 표 18-1, 18-2, 18-3과 같다.

녹차에 함유된 카테킨은 폴리페놀의 하나로 차의 맛, 향기와 색에 깊이 관여하는 중요 성분이다. 함량은 10~15%이며, 녹차 가용성 성분의 70~75%를 차지하여 가장 함유량이 많다. 맛은 떫고 온화한 쓴맛이다. 카테킨은 광합성에 의해 합성되므로 채엽시기가 늦을수록 카테킨 함량은 많다. 첫물차보다는 세물, 네물차에 많아 차맛이 부드럽지 못하며 떫은맛이 강하고 90℃ 물에 잘 용출된다. 따라서 차를 우릴때는 70℃ 이하에서 우려낸다. 카테킨 성분은 페놀성수산기(-OH)를 많이 가지고 있고 여

표 18-1 차의 화학 성분

구분		성분
수용성 성분 (35~40%)	초탕(10~13%) 재탕(7~10%) 삼탕(5~7%) 기타(8~10%)	카테킨, 카페인, 아미노산, 비타민 B₁, 비타민 B₂, 비타민 C, 사포닌, 수용성 식이섬유, 칼륨, 인, 불소, 아연, 망간 등
불용성 성분(60~65%)		β-카로텐, 비타민 E, 단백질, 지질, 불용성 식이섬유, 엽록소 등

표 18-2 차 성분의 기능성 분류

기능	성분
1차 영양성 (영양 보급기능)	• β-카로텐, 비타민 B군, 비타민 C, 비타민 E 등. 칼륨, 인, 마그네슘, 아연, 망간, 셀레늄 등의 무기질 • 테아닌 등 유리아미노산류(감칠맛), 카테킨(떫은맛), 카페인(쓴맛), 다당류(단맛) 등 맛 성분
2차 기호성 (감각기능 성분)	• 테르펜류, 알코올류, 카보닐 등 정유 성분의 향기 성분 • 엽록소, 플라본올류, 테아플래빈, 테아루비긴 등의 색소 성분 • 수용성 펙틴 등 물성 성분
3차 조절성 (생체 조절기능)	폴리페놀류(카테킨, 플라본올), 카페인, 헤테로다당, 항산화비타민(비타민 C, 비타민 E, β-카로텐), 사포닌, 미량 필수원소(아연, 망간, 셀레늄, 불소), GABA(γ-Aminobutyric acid)

표 18-3 차의 성분 및 효능

성분	함량	효능
카페인	2~4%	중추신경 흥분, 대사항진, 각성, 강심, 이뇨작용
카테킨류 (산화물 포함)	10~18%	항산화성, 항암, 혈중 콜레스테롤 저하, 혈압 상승 억제, 항균·소취작용, 항알러지, 항궤양, 혈소판 응집 억제작용
아연	35~75ppm	미각 이상 방지, 피부염 방지, 면역력 저하 억제
β-카로텐	13~29mg%	항산화성, 암예방, 면역력 증강
비타민 C	150~250mg%	항괴혈병, 항산화성, 암 예방
비타민 E	25~70mg%	항산화성, 암 예방, 항불임
플라본올	0.6~0.7%	모세혈관벽 강화, 항산화성, 혈압 강하, 소취작용
헤테로다당	약 0.6%	혈당치 상승 억제(항당뇨)작용
사포닌	약 0.1~0.2%	거품 형성, 거담·소염·항균작용
불소	90~350ppm	충치 예방
GABA	100~200mg%	혈압 상승 억제

표 18-4 차의 종류에 따른 카테킨류의 조성 (단위: %)

차의 종류		EC	ECG	EGC	EGCG	합계
녹차	옥로	0.40(4.0)	1.48(14.0)	1.88(18.0)	6.64(64.0)	10.40
	찐차	0.87(6.3)	2.18(15.9)	2.94(21.4)	7.70(56.2)	13.70
	평균	0.63(5.2)	1.83(15.0)	2.41(19.7)	7.17(60.1)	12.05
홍차	다즐링	0.67(7.7)	8.47(45.5)	0.91(4.8)	8.56(46.0)	18.61
	아쌈	1.35(11.2)	4.56(37.8)	0.80(6.6)	5.36(44.4)	12.07
	평균	1.01(9.5)	4.24(41.1)	0.40(4.0)	4.69(45.4)	15.34

러 가지 물질과 쉽게 결합하는 성질과 강한 환원성이 있어 항산화작용, 발암 성분을 무력화한다. 따라서 항산화성, 항암작용, 총 콜레스테롤 저하, 지방 분해, 혈압 강하, 혈당 강하, 혈소판 응집 억제 등의 생리활성을 나타낸다.

(2) 홍차

홍차(紅茶)는 찻잎을 따서 35℃ 이하의 실내온도에 15~18시간 방치하여 약 40%의 수분을 증발시켜 시들게 한다. 잎을 말아 조직을 파괴시켜 세포액이 공기와 접촉하여 산화작용이 활발하게 일어나게 하고 25℃, 습도 95% 이상의 실내에 1.5~3시간 발효시킨다. 산화가 진행되어 녹색이 적동색으로 변하고 풋내가 없어지며 홍차 특유의 향기가 나는데, 이것을 건조시킨다.

홍차의 분류

- 원산지에 따른 스트레이트 차(straight tea) 인도의 다즐링(darjeeling), 아삼(assam), 닐기리(nilgiri) 등이 있으며, 스리랑카의 우바(uva), 딤불라(dimbula), 누와라 엘리야(nuwara eliya) 등이 있고, 중국의 기문(keemun), 랩상소우총(lapsang souchong) 등이 있다. 이외에도 자바(java, 인도네시아), 라밍(raming, 태국), 크냥(knyam, 네팔), 조지(georgie, 러시아), 리제(rize, 터키)차 등이 있다.
- 여러 산지의 찻잎을 블렌딩하여 만든 차(blended tea) 잉글리시블랙퍼스트(english breakfast), 오렌지페코(orange pekoe) 등이 있다.
- 다른 향을 첨가하여 만든 차(flavory tea) 얼그레이(earl grey), 로열블렌드(royal bland), 재

스민(jasmine), 애플(apple) 등이 있다.

홍차의 등급

홍차의 품질 순서는 FOP, OP, BOP, P, BP, F, D이다.

- **플라워리 오렌지페코**(flowery orange pekoe, FOP) 최상급으로 작설잎을 사용하고 향이 좋다.
- **오렌지페코**(orange pekoe, OP) 상급으로 어린 잎을 사용하고 등황색을 띠어 아름답고 향이 좋다.
- **브로큰 오렌지페코**(broken orange pekoe, BOP) 중상급으로 부스러진 OP잎을 사용하고, 일반적으로 흔히 마시는 홍차이다.
- **페코**(pekoe, P), **브로큰페코**(broken pekoe, BP) 중급으로 향기, 차의 색이 엷은 홍차이다.
- **패닝**(fanning, F) 제조 시 부스러진 잎을 사용한 하급품이다.
- **더스트**(dust, D) 제조 시 부스러진 잎의 가루를 이용한 최하급품이다.

(3) 커피

커피의 식물명은 카파(kaffa)이다. 커피가 처음 발견되었다고 알려진 에티오피아의 지명 카파에서 유래되었다는 설이 있으며, '힘'이란 뜻으로 이는 커피의 효능을 의

미한다.

15세기 이후 중동을 거쳐 17세기 초 회교도에 의해 베니스로 전파되면서 전 세계에 보급되었다. 오늘날에는 브라질, 콜롬비아, 가나, 케냐, 에티오피아, 콩고 등 여러 나라에서 상당량의 커피가 생산되고 있다. 대표적으로 아라비카종(Arabica)과 로부스타종(Robusta)이 있다. 아라비카종은 커피 생산량의 90%를 차지하며 품질이 우수하다.

커피의 성분   전분, 단백질, 지방을 함유하고 있고 대부분은 섬유소로 되어 있다. 여러 가지 성분들 중에 음료로서 중요한 성분은 카페인(caffein), 타닌(tannin), 유기산, 트리고넬린(trigonelin), 향기 성분 등이다(표 18-5).

커피의 종류   열매 상태인 것을 원두커피라 하고, 원두를 갈아 추출하여 동결건조시킨 분말을 인스턴트커피라고 한다. 원두는 볶은 정도에 따라 다크, 미디엄, 라이트로 구분한다. 많이 볶을수록 색이 검고 향이 짙다. 커피는 가공방법, 이용방법, 첨가물의 종류에 따라 여러 형태가 만들어진다.

- **블랙커피**(black coffee)   우려낸 커피를 그대로 마신다. 인스턴트커피(instant coffee) 가루에 물을 넣어 마시면 되므로 사용이 편리하다.
- **데미타스**(demitasse)   저녁 후 먹는 커피(after-dinner coffee)로 농도가 진하다. 우유, 크림, 설탕을 첨가하지 않는 경우가 많다.
- **커피로열**(coffee royal)   커피를 넣는 컵에 로열 스푼을 걸치고 각설탕을 올린 후 설탕 위로 브랜디를 붓고 불을 붙인 것으로 각설탕이 커피 속으로 녹아내리면서 특이한 향이 난다.

표 18-5 음료별 카페인 함량

(단위: mg)

음료(1컵)	카페인	음료(1컵)	카페인
인스턴트커피	40~108	차(3분 우린 것)	20~46
원두커피	110~150	차(5분 우린 것)	20~50
탈카페인커피	2~5	코코아	5

- 헤이즐넛(hazelnut) 헤이즐넛향은 개암나무의 열매에서 추출하여 제조되며 향미가 좋다.
- 프렌치바닐라(french vanilla) 바닐라향은 멕시코가 원산지인 난초과 식물에서 추출된 감미로운 향이다.
- 아이리시크림(irish cream) 위스키, 설탕, 커피를 섞은 후 생크림이나 휘핑크림을 얹는다. 아일랜드풍의 커피이다.
- 비엔나커피(vienna coffee) 오스트리아의 비엔나에서 유래되었다는 커피로, 설탕과 휘핑크림을 얹어 마신다.
- 아이스커피(ice coffee) 얼음을 넣어 차게 마시는 커피이다. 설탕시럽, 럼주나 브랜디를 섞은 휘핑크림을 얹기도 한다.
- 버터커피(butter coffee) 커피에 버터를 띄워 서서히 녹기 시작할 때 마시는 커피이다.
- 진저커피(ginger coffee) 생강의 향긋한 냄새와 커피의 향이 어우러진 커피이다.
- 커피펀치(coffee punch) 커피에 꿀, 위스키, 달걀노른자 등을 넣은 것으로 스테미너 커피라고도 한다.
- 커피밀크셰이크(coffee milk shake) 모카셰이크라고도 하며 아이스커피와 아이스크림이 조화된 음료이다. 달걀노른자를 넣기도 한다.
- 카페카푸치노(cafe cappuchino) 진한 커피로 우유와 커피에 시나몬향을 더하거나 레몬이나 오렌지 등의 껍질을 갈아서 섞기도 한다.
- 허니커피(honey coffee) 설탕 대신에 꿀을 이용한 커피이다. 브랜디나 위스키를 첨가하기도 한다.

커피 추출과 보관 커피를 추출할 때는 간 커피(ground coffee)에 뜨거운 물을 부어서 내리는데, 이때 커피의 향미 성분이 손실되지 않고 타닌은 적게 우러나도록 해야 한다. 커피의 맛은 신선도, 입자의 크기, 커피와 물의 비율, 추출하는 시간 등에 영향을 받는다. 가는 과정에서는 향미의 손실이 일어나므로 즉석에서 갈아 사용하는 것이 좋다. 커피의 보관 상태도 맛에 영향을 준다. 커피의 변질은 산화에 의해 일어나므로 원두보다 갈아놓은 커피가 더 빨리 변질되고, 공기에 노출되면 품질이 빨리 저하된다. 수분도 영향을 미치므로 습기나 냄새를 흡수하지 않게 밀봉하거나 진공 상태로 보관해야 한다.

(4) 코코아와 초콜릿

코코아나 초콜릿 음료는 자체 내에 전분, 단백질, 지방 등이 함유되어 있고 대개 물 대신 우유와 혼합하여 마시므로 커피나 차보다 영양가가 높다.

코코아와 초콜릿의 제조 카카오 열매를 따서 쌓아두거나 상자에 넣고 잎으로 덮어두면 열매의 이스트와 세균에 의해 발효가 일어난다. 이 과정에서 씨가 쉽게 빠져 나올 수 있으며 씨의 쓴맛이 감소되고 바람직한 향미가 생성되며 코코아 특유의 검은 적갈색으로 변한다. 7일 동안의 발효가 끝나면 씨를 씻어 건조시킨다. 건조된 씨를 볶아 쓴맛을 감소시키고 바람직한 향미가 생기게 한 후 부수어 간다. 이 과정에서 열에 의해 지방이 녹아 코코아가루가 코코아버터(cocoa butter)에 분산된 초콜릿 리커(chocolate liquor)라는 된 반죽이 만들어지는데, 이것으로 여러 가지 제품을 만든다.

코코아와 초콜릿 성분 코코아에는 지방 22~25%, 전분이 11% 정도 들어 있다. 카페인은 극소량 함유되어 있으나 이와 비슷한 구조의 생리적 자극이 없는 테오브로민(theobromine)을 상당량 함유하고 있다. 코코아 제품의 카페인과 테오브로민의 함량은 표 18-5와 같다. 향미와 색은 카카오콩에 있는 폴리페놀 성분에 의한 것으로 발효 과정 중에 산화되어 여러 가지 불용성 적갈색 화합물이 생성되므로 발효 전 콩에 있던 떫은맛과 쓴맛은 발효되면서 감소된다. 초콜릿은 50~58%의 코코아버터가 있어 지방 함량이 높고 전분은 약 85%가 들어 있다.

(5) 허브차

지구상에 자생하는 허브(herb)에는 약 2,500여 종이 있다. '푸른 풀'이란 뜻의 라틴어 '허바(herba)'가 어원으로 향과 약초라는 뜻으로 쓰여왔다. 꽃, 종자, 줄기, 잎, 뿌리 등을 이용하여 약, 요리, 향료, 살균, 살충 등의 용도로 사용하며(표 18-6) 원산지는 주로 유럽, 지중해 연안, 서남아시아이다.

4) 기능성 음료

기능성 음료(functional beverage)는 생체리듬이나 방어 등의 기능을 하는 음료로 건강음료, 다이어트 음료 등이 이에 해당된다. 최근 건강에 대한 관심이 높아지면서 피부

표 18-6 허브차의 종류와 효과

종류	효과
캐모마일(chamomile)	달콤한 사과향이 있어 맛이 부드럽고 긴장 완화에 도움을 준다. 불면증, 신경통에 쓰이며, 체온을 따뜻하게 해주며 발한작용이 있어 감기에 효과가 있다. 5~10분 정도 우려낸 후 꽃잎을 걸러내는 것이 좋다.
레몬밤(lemon balm)	신맛이 없는 은은한 레몬향으로 장수의 허브로 알려져 있다. 감기, 두통, 불면증, 집중력과 기억력 향상에 효과가 있다.
로즈메리(rosemary)	강한 향과 뒷맛이 개운한 특징으로 생잎으로 만드는 것이 좋다. 뇌를 활성화시키므로 노화 방지, 갱년기 장애, 기억력 증진, 신진대사 촉진에 효과가 있으며 생리통, 혈액순환에 좋다. 또한 동맥경화를 예방하고 저혈압, 비만에도 도움이 된다.
라벤더(lavender)	유럽에서는 주로 신경안정을 목적으로 마신다. 라벤더워터는 화장수로도 쓰이고, 상처 치료나 거칠어진 피부를 개선하는 미용효과도 있다. 임신 중에는 많이 마시지 않는 것이 좋다.
페퍼민트(peppermint)	독특한 향과 단맛이 있어 청량감을 주며 소화를 촉진시키고 두통, 불면증, 감기에 효과가 있다. 임신이나 수유 중에는 피하는 것이 좋다.
히비스커스(hibiscus)	우린 물은 붉은색을 띤다. 대사 촉진, 이뇨작용, 신맛의 구연산이 함유되어 있어 피로회복에도 효과가 있다.
스피아민트(spiearmint)	청량한 맛이 있고 소화에 도움을 주며 기분전환이나 잠을 쫓을 때 효과적이다.
세이지(sage)	기분을 맑게 하고 진정작용, 구강염, 구취 예방에 효과적이나 강하므로 연속하여 마시는 것은 피한다. 입욕제로도 쓰이며 임신부나 간질환자는 피한다.
마테(mate)	섬유질이 풍부하고 식욕을 억제하며 지방의 대사를 촉진하여 디어어트에 좋다.
타임(thyme)	상쾌한 향과 약간 쓴맛이 있다. 목에 통증과 감기로 오는 두통을 완화시킨다. 임신 중에는 마시지 않는 것이 좋다.
로즈힙(rose hip)	로즈힙은 장미꽃이 핀 후의 열매이다. 비타민 C가 레몬의 20배이다. 신진대사를 촉진시켜 다이어트에 도움이 되고 감기 예방에 좋다.
레몬버베나(lemon verbena)	연한 레몬향이 나며 시고 단맛이 난다. 몸을 따뜻하게 해주어 감기 예방에 효과가 있다. 위에 다소 자극을 주기 때문에 장기간 마시는 것은 피한다.

미용 음료, 숙취해소 음료, 해조류 음료, 키토산 음료, 스포츠 이온 음료 등 다양한 기능성 음료가 나오고 있다.

5) 전통음료

우리나라의 전통음료는 음청류라고도 하며 술 이외의 기호성 음료를 총칭하는 말이다. 전통음료는 재료와 만드는 방법에 따라 화채(花菜), 식혜(食醯), 수정과(水正果), 탕(湯), 장(漿), 미수(米水), 갈수(渴水), 숙수(熟水), 녹차(綠茶), 차, 과일차 등으로 나누어진다. 전통음료의 종류 및 효능은 표 18-7과 같다.

표 18-7 전통음료의 종류 및 효능

차의 이름	재료	효능	사용법
결명자차	결명자	구내염, 눈병, 녹내장, 뇌병, 류머티즘, 늑막염, 결막염, 당뇨, 만성변비, 노인성 변비, 만성위장병, 위확장, 위하수, 위산과다, 신장염, 신우염, 심장병, 소화불량, 부종, 방광염, 부인병, 폐결핵, 중독증 등	결명자를 볶아 3~5g을 1회분 기준으로 달인 후 기호에 따라 꿀을 첨가. 장기간 복용하지만 6개월 이상은 복용하지 말고 다시 마실 때는 3~4개월 쉼
구기자차	구기자의 잎 또는 열매	자양강장제, 피로회복, 동맥경화 예방, 정력 보강 등	생잎이나 말린 잎 또는 열매 15g 정도를 1회분 기준으로 달여서 복용
국화차	식용 국화, 황국화의 꽃이나 잎	해열, 해독, 현기증, 이명증, 눈 충혈, 종기 해소, 두통, 기침, 신경통, 피부 윤택, 냉증, 복통 등	꽃이나 잎 말린 것 3~4g을 1회분으로 하여 끓는물을 붓고 1~2분간 수시로 마심
들깨차	들깻가루	위장, 자양강장제, 천식, 원기회복, 피부미용(들깨죽) 등	들깨를 말리고 가루내어 40~50g 정도를 1회분 기준으로 하여 끓는 물에 타서 복용
모과차	모과	기침, 변비, 식욕 부진, 원기회복, 각기병, 급체, 신진대사 촉진, 근육 경련 등	모과는 생으로 쓰거나 말린 것을 잘게 썰어 씨는 버리고 10g 정도를 1회분 기준으로 달여서 복용하거나 10일 이상 숙성시킨 모과청을 사용
생강차	생강	이뇨작용, 숙취 해소, 부종 제거, 소화 촉진, 곽란, 비위, 건위, 구역질, 이질, 하혈, 진통, 복통, 정력 보강 등	생강을 생으로 쓰거나 쪄서 말린 것 10g 정도를 1회분 기준으로 달여서 장기간 복용
쌍화차	감초, 계피, 당귀, 대추, 생강, 천궁, 숙지황, 작약, 황기 등 9가지	기침, 피로회복, 건위, 정력 증진, 진해, 강장회복, 강심 등	적당량을 약한불로 은은하게 달여 물의 양이 절반으로 줄면 1일 2회씩 복용
오미자차	오미자	자양강장, 해소, 천식, 거담, 눈을 밝게 하는 효능, 폐기 보호 등	말린 오미자 1회분 기준 10g 정도를 하루 정도 담가 국물만 이용하며 끓이지 않아도 됨
유자차	유자	발한, 해열, 소염, 진해, 과음, 피부미용, 임산부 식욕 촉진, 두통, 소화기능 증진, 신경통, 요통 등	유자껍질을 생으로 쓰거나 말린 것 10~15g 정도를 1회분 기준으로 끓는 물에 타서 복용하거나 유자청을 이용
율무차	율무	피부미용, 피로회복, 담낭, 방광결석, 영양 공급, 건위, 진해, 이뇨, 물사마귀, 기미, 주근깨 등	율무를 볶아 가루내어 15~20g을 1회분 기준으로 달여서 4~5개월 복용 또는 껍질째 볶아 보리차처럼 약하게 끓여서 사용
매실차	청매실	갈증 해소, 피로회복, 식중독 예방, 머리를 맑게 하는 작용, 식욕 증진 등	청매실과 황설탕을 1 : 1의 비율(무게)로 담아 3개월 후 씨를 걸러내고 냉장 보관하면서 물로 희석하여 사용
용안육차	건조용 안육	정신 안정, 건망증, 불면증 등	말린 용안육 30g을 약한불로 끓여 3~4회씩 나누어 마심

조리실습

곡류

백설기

재료 및 분량
멥쌀가루 500g
백설탕 60g
소금 5g

만드는 방법

1 멥쌀은 물을 부어 6시간 이상 충분히 불린 후 헹구어 물 빼기를 한다.

2 소금을 넣고 곱게 빻아 체에 내린다.

3 설탕물을 뿌리고 비벼서 체에 내린다. 가루를 손으로 쥐었을 때 뭉쳐져 있어야 설익지 않는다.

4 시루 밑에 젖은 베보자기를 깔고 멥쌀가루를 손으로 솔솔 뿌려 편편하게 한다.

5 찜기에 김이 오르면 뚜껑을 덮고 20분 정도 찐다. 젓가락으로 찔러보아 흰 가루가 묻어나지 않으면 익은 상태이다. 잠시 뜸을 들인 후 쏟아 김을 내보낸다.

TIP ：：
– 시루와 찜기 사이로 증기가 새어나갈 경우에는 시룻번(밀가루 반죽덩이)을 붙인다.
– 설탕 대신 꿀물을 사용하면 부드럽고 보습성이 있는 떡이 된다.

송편

재료 및 분량
멥쌀 10컵
소금 2큰술
오미자물 1/2컵
치자물 1/2컵
쑥가루 3큰술
코코아가루 5큰술
소
깨소금 2컵
설탕 1/2컵
참기름 2큰술
소금 약간

만드는 방법
1 멥쌀은 물에 담가 6시간 이상 충분히 불린 후 헹구어 물 빼기를 한다.
2 소금을 넣고 곱게 빻아 체에 내린다.
3 쌀가루는 5등분하여 각각 색상별로 비벼 섞어 체에 내린 다음 치대어 익반죽하여 둔다.
4 소 재료를 모두 섞어 소를 만든다.
5 반죽덩이를 떼어내어 동그랗게 빚어 소를 넣고 터지지 않게 맞붙인다.
6 찜기에 솔잎을 깔고 서로 닿지 않게 송편을 얹어 20분 정도 찐 후 찬물에 넣었다 건져내어
   참기름을 바른다.

사진: 조미자 외(2013). 고급한국음식.

콩나물밥

재료 및 분량
불린 쌀 150g, 콩나물 60g, 쇠고기 30g,
양념 간장 1/2 작은술, 다진 파 1/2 작은술, 다진 마늘 1/4 작
은술, 참기름 조금

만드는 방법
1 콩나물은 꼬리를 다듬어 씻는다. 쇠고기는 곱게 채 썰고,
파, 마늘은 다진 후 양념한다.
2 냄비에 쌀을 넣고 콩나물 쇠고기를 얹는다. 1컵보다 작은
양의 물을 부어 센 불로 가열해 끓으면 불을 줄이면서 5
분 정도 끓이고 약한 불로 15분 정도 가열한다. 밥물이
잦아들게 한 후 불을 끈 다음 뜸을 들인다.
3 쇠고기와 콩나물을 고루 섞어 담는다.

칼국수

재료 및 분량
밀가루(중력분) 100g, 애호박 길이 5~6cm로 채 썬 것 60g,
표고버섯 불린 것 1개, 실고추 1g, 간장 5mL, 설탕 5g, 식
용유 10mL, 참기름 5mL, 소금 5g, 다시멸치국물 멸치(국용)
20g, 물 3컵, 대파(흰 부분으로 4cm) 1토막, 마늘(중간 크기
의 깐 것) 1쪽

만드는 방법
1 멸치는 머리와 내장을 제거하고 물을 부어 파, 마늘과 함
께 약한 불로 끓여 우려 면포에 거른 후 간장으로 색을
내고 소금으로 간을 하여 장국을 준비한다.
2 밀가루는 덧가루용 1큰술을 남겨 두고 소금을 약간 넣
은 물 3~4큰술로 되직하게 반죽하여 비닐봉지에 넣어
둔다.
3 애호박은 5cm로 자르고 0.2cm 두께로 돌려 깎아 0.2cm
폭으로 채 썰어 소금을 뿌려 잠깐 절인 후 헹구어 물기
를 뺀다.
4 표고버섯은 기둥을 제거한 후 곱게 채 썰어 간장, 참기
름으로 양념한다.
5 호박을 볶아 식히고 버섯을 볶는다. 실고추는 2cm 길
이로 자른다.
6 반죽은 0.2cm 두께로 밀어 덧가루를 뿌리고 겹겹이 접
은 후 0.3cm 폭으로 일정하게 썰어 서로 붙지 않도록 덧
가루를 뿌려 펼쳐 놓는다.
7 장국이 끓으면 국수는 서로 붙지 않게 털어서 넣고 바닥
에 붙지 않도록 저어주면서 끓인 후 국수와 국물을 1 : 2
정도로 그릇에 담아 호박, 표고버섯, 실고추를 얹는다.

사진: 조미자 외(2013), 고급한국음식.

식빵

재료 및 분량

밀가루(강력분) 300g
설탕 30g
소금 4g
인스턴트이스트 6g
따뜻한 물 1컵(200mL)
버터 20g
덧밀가루 약간
버터 약간

만드는 방법

1 물에 설탕, 소금, 이스트를 넣고 잠시 수화시킨 후 밀가루에 섞어 한 덩어리가 되도록 반죽하면서 버터를 넣어 충분히 반죽한다.

2 그릇에 넣어 비닐을 씌운 후 30℃에서 30분 정도 1차 발효한다.

3 반죽 덩어리에 덧밀가루를 뿌리고 가스를 뺀다. 반죽을 3등분한 후 손으로 둥글리기를 한 후 비닐을 덮어 실온에서 15~20분간 중간 발효한다.

4 반죽을 밀대로 밀어 펴면서 큰 가스를 빼주고 3겹 접기로 둥굴게 말아 이음매를 잘 봉한다.

5 기름 칠한 팬에 이음매가 바닥으로 가게 하여 세 덩이를 넣고 가볍게 눌러준다.

6 식빵 팬에 비닐을 덮어 38℃에서 45분 정도 2차 발효한다.

7 윗불 200℃, 밑불 180℃로 예열한 오븐에서 35~40분간 굽는다.

TIP : :
– 중간발효 때 건조하지 않게 주의한다.

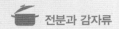
식혜

재료 및 분량
엿기름 2컵
물 10컵
불린 멥쌀 1컵
설탕 1컵 반
생강 10g
잣 8알 정도

만드는 방법

1 엿기름가루에 물을 부어 담가두었다가 손으로 주물러 씻어 체에 받치고 2~3회 씻어 가라앉힌다. 앙금이 가라앉으면 맑은 웃물을 가만히 따라내어 엿기름 물 8컵을 준비한다.

2 멥쌀로 고슬고슬하게 밥을 짓고 엿기름 물을 고루 섞어 60~65℃의 보온통에서 4~5시간 정도 유지한다.

3 밥알이 4~5개 정도 뜨면 밥알만 건져 국물과 분리시킨다. 밥알은 헹구어 건져내어 용기에 담고 물을 부어 냉장보관한다.

4 국물은 생강편과 설탕을 넣고 끓인 후 식힌다.

5 그릇에 담고 식혜밥알과 잣을 띄워낸다.

메밀묵

재료 및 분량
메밀전분가루 1컵
물 5컵
소금, 참기름 약간

만드는 방법

1 전분가루를 물에 풀어 충분히 저어준다.

2 센 불로 끓이면서 가끔 저어준다.

3 끓으면 불을 줄여 계속 저어주면서 점성과 투명하게 풀이될 때까지 7분 정도 가열한다.

4 풀이 만들어지면 소금과 참기름을 넣고 잠시 뜸을 들인다.

5 용기에 붓고 냉각시킨다.

식혜

매시트포테이토

매시트포테이토

재료 및 분량
감자 400g
우유 60mL
버터 30g
소금 · 후추 약간

만드는 방법
1 감자는 껍질을 벗겨 삶는다.
2 감자가 뜨거울 때 건져내어 버터를 넣고 감자 으깨는 기구로 곱게 으깬다.
3 우유, 소금, 후추를 넣고 계속 으깨어 섞는다.

TIP : :
– 감자가 뜨거울 때 재빨리 으깨거나 체에 내려야 조직세포가 파괴되지 않는다. 낮은 온도에서 무리하게 으깨면 세포 내 호화전분이 유출되어 끈적끈적해진다.

감자볶음

재료 및 분량
감자 300g
양파 100g
식용유 30g
소금 5g
참기름 5g
깨소금 5g
흰후춧가루 3g

만드는 방법
1 감자는 껍질을 벗기고 채 썰어 찬물이나 옅은 소금물에 5분 정도 담가 전분을 제거한다.
2 양파는 채 썰어 준비한다.
3 팬을 달궈 식용유를 두르고 양파와 감자를 볶는다.
4 감자가 적당히 익으면 소금과 후춧가루로 간을 한다.
5 참기름과 깨소금을 넣고 그릇에 담아낸다.

TIP : :
– 감자를 찬물에 씻어서 전분을 제거하고 물기를 제거해야 팬에 들러붙지 않는다. 팬에 기름이 뜨거울 때 넣어야 겉이 빨리 익어 바삭해지고 지방의 흡수가 적게 일어난다. 감자볶음은 약간 건조하고 속은 부드러우며 질척거리지 않아야 한다.

당류

오미자청

재료 및 분량
생오미자 5kg
설탕 6kg

만드는 방법
1 오미자는 물에 씻어 물기를 완전히 없앤다.
2 용기에 오미자와 설탕을 번갈아가며 켜켜이 담고 밀봉한다. 물이 생기면 설탕이 다 녹을 때
 까지 가끔씩 저어준다.
3 어두운 곳에 보관하고 60일 후 오미자청은 체로 거른 후 냉장보관하여 사용한다.

퐁당

재료 및 분량
설탕 1C(250mL)
물엿 1Ts
물 1/2C
주석산염
옥수수시럽

만드는 방법
1 설탕 1C(250mL), 물엿 1Ts, 물 1/2C을 냄비에 넣고 설탕을 충분히 용해시킨 후 용기 주위에
 설탕의 결정이 묻어 있지 않도록 한다.
2 112~115℃가 될 때까지 젓지 않고 가열하여 농축시킨다. 이때 지나치게 서서히 가열하면 전
 화당이 많이 생겨 결정화하기 힘들어진다. 조금 더 단단하게 하려면 온도를 높여준다.
3 가열농축된 용액을 다른 용기에 붓는다. 이때는 젓거나 주걱으로 긁으면 안 되는데, 시딩
 (seeding)의 원인이 되어 큰 결정을 형성할 수 있기 때문이다. 냄비 주위에 설탕의 결정이
 묻어 있으면 40℃ 정도로 식힌 다음 나무주걱으로 시럽이 하얗게 될 때까지 빠른 속도로
 젓는다.
4 결정이 만들어지면 모양을 만들어 기름종이에 싼다. 반죽에 주석염을 조금 섞으면 눈처럼 희
 어지고, 옥수수시럽을 조금 넣어 만들면 크림색을 띤다.
5 뚜껑이 있는 그릇에 담아 약 24시간 정도 저장해두면 수분의 평형을 이루어 더 부드럽게 숙
 성된다.

 콩류

콩조림

재료 및 분량
검은콩 1컵
통깨 1작은술
양념장
간장 3큰술
설탕 · 물엿 1½큰술
소금 1/4작은술

만드는 방법

1 콩은 씻고 일어서 물에 담가 불린다.

2 냄비에 불린 콩과 양념장을 넣어 중불로 10분 남짓 뒤적이며 끓인다. 바짝 조린 후 통깨를 뿌린다.

TIP : :
– 검은콩의 껍질색인 안토사이아닌계 크리산테민(chrysanthemin)은 철(Fe)이나 납(Pb) 이온과 결합하면 아름다운 검은색이 된다.

장김치

재료 및 분량

배추속대·무 300g
간장(절임용) 1컵
갓·미나리·석이버
  섯·밤 3개
대파 1/2대
마른 표고버섯 2개
배 1/4개
잣 1큰술
마늘 2쪽
생강 1쪽
실고추 2g

김칫국물
간장물 1/2컵
물 4컵
소금 1큰술
설탕 약간

만드는 방법

1 배추는 속대만 씻어서 2×3cm로 썰어 간장으로 먼저 절인다. 표고 버섯은 물에 담가 불리고 석이버 섯은 뜨거운 물에 담근다. 배추가 살짝 간장물이 들면 무를 같은 크 기로 얇게 썰어 배추와 함께 절인 다. 물이 곱게 들면 간장을 따라 낸다.

2 배는 무와 같은 크기로 썰고 밤은 모양을 살려 저며 썬다. 미나리, 갓 은 3cm 길이로 썬다. 표고버섯은 기둥을 제거하고, 석이버섯은 비 벼 씻어 헹군 후 각각 채 썰고 파, 마늘, 생강도 채 썬다. 잣은 고깔을 떼고 실고추는 짧게 자른다.

3 따라낸 간장물과 설탕, 물로 간을 맞추어 김칫국물을 만든다.

4 모든 재료를 섞어 용기에 담아 김 칫국물을 붓고 뚜껑을 덮는다.

TIP : :

– 무와 배추를 동시에 절이면 무가 빨리 절여지므로 배추를 먼저 절인다.

애호박나물

재료 및 분량

애호박 1개(250g)
소금 적당량
홍고추 1/2개
풋고추 1/2개
실파 5개
물 3큰술
식용유 적당량

양념
다진 파 1큰술
다진 마늘 1작은술
새우젓 2작은술
참기름 1작은술
깨소금 1/2작은술
소금 약간

만드는 방법

1 애호박은 씻어서 0.7cm 두께의 편 으로 썰어 소금을 뿌려 잠깐 절인 후 헹구어 물 빼기를 한다. 실파는 송송 썰고 풋고추와 홍고추도 실 파와 비슷하게 썬다. 새우젓은 다 져서 양념을 만든다.

2 달군 번철에 기름을 두르고 호박 과 양념을 넣어 볶다가 물을 넣어 익히고 고추와 실파를 넣어 잠시 더 볶는다.

사진: 조미자 외(2013). 고급한국음식.

당근마멀레이드

재료 및 분량

당근 400g
레몬 1개
오렌지 1개
설탕 500g

만드는 방법

1 당근은 익혀 썰어놓고, 레몬과 오렌지는 씨를 제거고 썰어놓는다.

2 1을 즙액과 함께 모두 분쇄기에 넣고 거칠게 갈아 냄비에 넣는다.

3 2에 설탕을 넣고 천천히 가열하여 걸쭉해지면 용기에 담는다.

TIP : :

– 레몬과 오렌지에 함유된 펙틴을 이용한 마멀레이드로 색과 향이 뛰어나다.

당근정과

재료 및 분량

당근 200g
시럽 설탕 1컵
물엿 1컵
물 1컵
꿀 1/2컵

만드는 방법

1 당근은 5각 기둥으로 만든 다음 중심부에서 45도 각도로 돌려깎으면 꽃이 만들어진다. 썰기 형태는 여러 가지로 할 수 있다.

2 시럽에 당근을 넣고 약불에서 1.5시간 정도 가열한다.

3 거의 졸여지면 꿀을 넣어 잠시 더 졸인다.

TIP : :

– 꿀은 오래 가열하지 않는다.

사진: 조미자 외(2013). 고급한국음식.

당근정과

파프리카우무냉국

재료 및 분량

우무용 한천가루
  0.8g
파프리카 40g
오이 20g
볶은 깨 약간
냉국 재료
두부 30g
견과류 10g
소금 1/4t
물 200mL
통깨 약간

만드는 방법

1 줄기와 씨를 제거한 파프리카 40g을 곱게 갈아 거즈에 짜고 물을 첨가하여 100mL를 만든다.

2 1을 냄비에 담고 우무용 한천가루를 넣고 중간불에서 저으면서 끓이다 끓어오르면 약불에서 2분 정도 더 저으면서 끓여 용기에 담아 식혀 냉장고에서 굳힌다.

3 우무를 0.3 × 0.3cm 두께로 길게 채 썰어 오목한 그릇에 담고, 오이는 껍질 부분을 채 썬다.

4 블렌더에 삶아 건진 두부, 견과류, 물, 소금을 넣고 곱게 갈아 우무에 붓고 채 썬 오이를 얹어 통깨를 뿌린다.

TIP : :
– 한천가루는 자연한천을 구입하고 충분히 불린 다음 사용한다.

표고전

재료 및 분량

마른 표고버섯(불린
  것) 5개
쇠고기 30g
두부 15g
소금 5g
밀가루(중력분) 15g
달걀 1개
식용유 20mL
쇠고기 · 두부 양념
설탕 1/2작은술
다진 파 1/2큰술
다진 마늘 1/2작은술
참기름 1/4작은술
깨소금 1/4작은술
소금 · 후춧가루 약간
표고버섯 양념
간장 1작은술
설탕 1/4작은술
참기름 1/4작은술

만드는 방법

1 쇠고기는 곱게 다진다. 두부는 으깨어 물기를 짠 후 쇠고기와 섞어 양념하고 치대어 소를 만든다. 표고버섯은 기둥을 제거하여 물기를 없애고 밑간 한다. 달걀은 약간의 소금을 넣어 잘 풀어놓는다.

2 버섯 안쪽에 밀가루를 바르고, 소를 채워넣는다. 소를 넣은 면에 밀가루를 묻히고 달걀물을 입혀, 달군 번철에 기름을 두르고 노릇하게 먼저 지진 후 뒤집어 버섯 겉부분을 달걀물이 묻지 않게 하여 지진다.

우유

타락죽

재료 및 분량
쌀 1/2컵
물 1½컵
우유 1½컵
소금 약간

만드는 방법
1 쌀은 씻은 후 불린다.
2 불린 쌀은 물기를 뺀 후 곱게 갈아서 체에 내린다.
3 냄비에 체에 내린 쌀과 물을 넣고 끓이다가 익으면 우유를 넣어 잠시 더 끓인 후 소금으로 간을 한다.

TIP : :
– 쌀을 불렸을 때 웃물을 버리지 말고 죽을 쑬 때 같이 사용하는 것도 좋다.
– 우유는 약불에서 가열하는 것이 좋으며 오랜 시간 가열하는 것은 피한다.

화이트소스

재료 및 분량
버터 15g
밀가루 15g
우유 150mL
육수 200mL
소금 약간
월계수잎 1장
정향 1개

만드는 방법
1 소스팬에 버터를 넣고 녹으면 밀가루를 넣어 약한 불에서 색이 나지 않게 볶아 화이트 루를 만든다.
2 화이트 루에 육수 1컵, 우유를 조금씩 부으면서 멍울 없이 풀어주고 월계수잎, 정향을 넣고 은근히 끓여 화이트크림소스를 만든다.
3 소금간을 해준다.

TIP : :
– 밀가루 루를 이용한 소스는 농도가 되직해지기 쉬우므로 주의한다.

달걀

수란

재료 및 분량

달걀 · 석이버섯 ·
실파 1개, 실고
추 · 소금 · 참기
름 약간

만드는 방법

1 석이버섯은 뜨거운 물에 담근 후
비벼 씻어 헹구고 냄비에 수란기
가 잠길 만큼 충분한 물을 담아 소
금을 넣어 끓인다. 달걀은 작은 그
릇에 깨뜨려놓고, 실파는 1cm 길
이로 곱게 채 썬 다음 실고추는 짧
게 자른다. 석이버섯도 같은 크기
로 채 썰어 소금, 참기름으로 살
짝 볶는다.

2 수란기에 참기름 또는 식용유를
발라 달걀을 담고, 끓는 물 표면에
수란기를 놓아 달걀 표면이 반 정
도 하얗게 응고되면 물속에 잠기
도록 넣어 반숙으로 익혀 건진다.
그릇에 담고 뜨거울 때 준비한 고
명을 올린다.

사진: 조미자 외(2013). 고급한국음식.

달걀찜

재료 및 분량

달걀 1개(50g)
물 달걀의 1.5배
새우젓 10g
석이버섯 5g
실파 1뿌리
실고추 1g
참기름 · 소금 약간

만드는 방법

1 석이버섯은 뜨거운 물에 담그고
달걀은 알끈을 제거하여 물, 새우
젓, 소금을 넣어 잘 혼합한 후 체
에 내린다.

2 실파는 1cm로 가늘게 채 썬다. 실
고추는 잘게 자르고 석이버섯은
비벼 씻어 헹군 후 채 썰어 살짝
볶는다.

3 그릇에 달걀물을 담고 뚜껑을 덮
어 15분 정도 중불에서 중탕하거
나 찜통에서 찐다. 달걀물이 익으
면 준비한 고명을 얹고 다시 한 번
살짝 김을 올려 쪄낸다.

스펀지케이크

재료 및 분량

박력분 100g
버터 4g
바닐라향 0.4g
베이킹파우더 0.4g

난황 50g
설탕 60g
소금 5g

난백 100g
설탕 60g

만드는 방법

1 달걀은 흰자와 노른자로 분리한다.
2 노른자에 설탕, 소금를 넣고 연한 미색이 될 때까지 거품기로 풀어준다.
3 흰자는 고속으로 믹싱을 하여 2단계까지 거품을 올려 설탕을 3~4회 나누어 섞어 머랭을 만든다.
4 머랭 끝이 뾰족하게 휘는 단단한(stiff) 상태 때 90%를 노른자 반죽에 섞어준다.
5 체에 친 박력분에 베이킹파우더를 넣고 가볍게 섞고, 중탕한 버터를 넣어 고루 섞은 후 나머지 10% 머랭을 넣어 가볍게 섞는다.
6 윗불 180℃, 아랫불 160℃ 오븐에서 25~30분간 구운 후 냉각판에 옮긴다. 온도는 약간 높게 해서 단시간에 구워야 폭신폭신한 질감이 된다.

머랭

재료 및 분량

부드러운 머랭
난백 1개(50~60g)
설탕 1/2~1Ts
타르타르크림 1/16ts
바닐라 1/8ts

단단한 머랭
난백 1개
설탕 1/4c(50g)
타르타르크림 1/16ts
바닐라 1/8ts
소금 약간

만드는 방법

1 부드러운 머랭은 거품 낸 난백에 설탕을 1/2~1Ts 정도 조금씩 첨가하면서 소프트 피크(soft peak)가 되도록 계속 저어준다.
2 190℃ 오븐에서 12~18분간 구워낸다. 이때 표면에 물방울이 맺히거나 이장현상이 없어야 한다.
3 단단한 머랭은 난백에 주석산염을 넣어 부드러운 기포를 형성한 후 바닐라향과 설탕을 넣어가며 매우 단단한 거품을 만들어서 121℃ 오븐에서 구운 후 50~60분간 방치한 후 건조시켜 만든다. 단, 굽는 시간이 짧아 덜 구워지거나 온도가 너무 높을 때 단단한 머랭은 끈적거리는 현상이 일어난다. 내부가 충분히 건조되지 못하여 남아 있는 수분에 의해 끈적거리게 되는 것이다. 머랭은 파삭하고 부드러우면서 흰색을 띠는 것이 좋은데, 파삭한 머랭은 후식의 밑받침이나 쿠키의 제조에 이용한다.

너비아니구이

재료 및 분량

쇠고기(안심 또는 등
    심) 100g
배 1/8개(50g)
잣 5개
식용유 10mL
A4용지 1장
양념장
간장 2작은술
설탕 1작은술
다진 파 1큰술
다진 마늘 1작은술
참기름 1/4작은술
깨소금 1/4작은술
후춧가루 약간

만드는 방법

1 쇠고기는 핏물과 기름기를 제거하고 0.5cm 두께, 5×6cm 크기로 6쪽 이상 썰어 잔칼질을 한다.
2 배는 강판에 갈아 즙을 내어 고기에 배즙을 골고루 버무려 연화시킨다.
3 파, 마늘은 곱게 다져 양념장을 만들어 고기를 재어둔다.
4 잣은 종이에 놓고 곱게 다진다.
5 기름을 발라 달군 석쇠에 고기를 구워 그릇에 담아 잣가루를 뿌려 완성한다.

장조림

재료 및 분량

쇠고기(아롱사태 홍두깨살)
    600g
달걀 3개, 꽈리고추 50g
물 4컵, 소금 약간
향신채소
대파 1대, 마늘 10쪽
양파 1개, 통후추 약간
양념장 간장 1컵,
마늘 5쪽, 생강 1쪽,
홍고추 1개, 육수 1컵

만드는 방법

1 쇠고기는 찬물에 담가 핏물을 제거하고 4cm 정도로 토막을 낸다.
2 냄비에 물과 향신채소를 넣고 물이 끓으면 고기를 넣어 무르게 익힌다.
3 달걀은 삶아 찬물에 담가 껍데기를 제거한다.
4 꽈리고추는 씻고, 홍고추는 송송 썰고, 마늘과 생강은 편으로 썰어 양념장을 만든다.
5 양념장에 삶은 고기를 넣고 끓이다가 고추와 달걀을 넣어 조린 후 고기를 찢어 그릇에 담아 완성한다.

바비큐폭찹

재료 및 분량

돼지갈비(살 두께
　5cm 이상, 뼈
　를 포함한 길이
　10cm) 200g
양파 1/4개(150g)
셀러리 30g
마늘 1쪽
밀가루(중력분) 10g
레몬 1/6개
식용유 30mL
소금 2g
검은 후춧가루 2g

폭찹 소스

버터 10g
비프스톡(육수)
　200mL
토마토케첩 30g
핫소스 2mL
식초 5mL
우스터소스 3mL
황설탕 5g
월계수 1잎

만드는 방법

1 돼지갈비는 찬물에 담가 핏물을
제거하고 뼈 부위의 고기를 잘라
편 후 두꺼운 고기는 칼등으로 두
드려 소금, 후춧가루로 간 한다.

2 양파는 0.5cm 크기로 썰고, 마늘
은 다지고, 셀러리는 0.5cm 크기
로 썬다.

3 냄비에 버터를 소량 넣고 녹인 후
다진 마늘, 셀러리, 양파를 넣어 볶
다가 물, 토마토케첩, 핫소스, 식
초, 우스터소스, 황설탕, 월계수를
넣고 강불에서 끓여 폭찹 소스를
만든다.

4 돼지갈비에 밀가루를 묻히고 넉넉
하게 기름을 두른 팬에서 핏물이
나오지 않을 때까지 구운 다음 바
베큐 폭찹 소스에 넣고 끓여 소금,
후추로 간하고 레몬즙을 소량 넣
은 후 그릇에 담아 완성한다.

TIP : :
– 돼지갈비는 뼈가 붙은 채로 손질한 후,
　뼈와 살이 붙어 있는 곳에 칼집을 넣
　는다.

닭찜

재료 및 분량

닭 1/2마리(300g)
양파 1/3개(150g)
당근 70g
건표고(불린 것) 1개
달걀 1개
은행(겉껍데기 깐
　것) 3개
식용유 30mL
소금 5g

양념장

간장 3큰술
설탕 1½작은술
다진 파 2큰술
다진 마늘 1큰술
다진 생강즙 1작은술
참기름 2작은술
깨소금 1작은술
후춧가루 약간

만드는 방법

1 닭은 내장을 제거하고 깨끗이 손
질하여 4~5cm 크기로 토막 내
어 끓는 물에 데쳐 기름기를 제
거한다.

2 파, 마늘, 생강을 곱게 다진 후 양
념장을 만들어 양념장의 반량으로
닭을 재어둔다.

3 당근, 양파, 표고버섯은 한입 크
기로 썰고 당근은 모서리를 다듬
는다.

4 달걀은 황백 지단을 부쳐 마름모
꼴로 썰고, 은행은 파랗게 볶아 속
껍데기를 벗긴다.

5 냄비에 닭과 표고버섯, 물을 부어
강 불에서 끓이다가 고기가 반 정
도 무르면 남은 양념장과 당근, 양
파를 넣어 닭과 채소의 형태가 부
서지지 않게 조린다.

6 간이 고르게 배면 은행을 넣어 잠
시 더 익히고 그릇에 5토막 이상
담아 황백 지단 2개씩을 얹어 완
성한다.

닭찜

북어찜

재료 및 분량
북어포 1마리, 대파(흰 부분 4cm) 1토막, 실고추 1g

만드는 방법
1 북어포는 물에 잠시 적셔내어 머리, 지느러미, 꼬리를 제거하고 가시를 발라낸 다음 5~6cm 크기로 자르고 껍질 쪽에 칼집을 넣어 오그라들지 않게 한다.
2 대파는 일부 고명으로 채 썰고 남은 파와 마늘, 생강은 곱게 다져 양념장을 만든다. 실고추는 1.5cm로 썬다.
3 냄비에 북어를 넣고 약불에서 양념을 끼얹어가며 끓이다가 북어가 잘 무르고 국물이 조금 남았을 때 실고추와 파를 얹고 잠시 더 익혀 국물과 함께 3토막 이상을 담아낸다.

오징어구이

재료 및 분량
오징어 2마리, 소금(손질용) 적당량, 식용유 약간

만드는 방법
1 오징어는 배를 갈라 몸통과 다리를 분리하여 내장을 제거하고 소금으로 주물러 씻은 후 껍질을 벗기고 안쪽에 칼집을 어슷하게 넣는다.
2 파, 마늘, 생강은 곱게 다져 양념장을 만든다. 오징어는 2~3 토막으로 나누고 양념장을 고루 발라 잠시 재운다. 석쇠에 칼집 넣은 면을 먼저 구운 다음 뒤집어 구워 한입 크기로 썬다.

사진: 조미자 외(2013). 고급한국음식.

프렌치드레싱

재료 및 분량
올리브오일 3Ts
식초 2Ts
레몬즙 3Ts
설탕 1ts
허브가루 1ts
소금 2g
후춧가루 1/8ts

만드는 방법
1 믹싱볼에 올리브오일, 레몬즙, 식초 설탕을 넣고 저어준다.
2 설탕이 녹으면 허브가루, 소금, 후춧가루를 넣고 잘 섞는다.

TIP ::
– 한 번에 먹을 만큼 만들어 바로 먹는다.

 유지류

마요네즈

재료 및 분량
달걀노른자 1개
식초 1Ts
식용유 1/2C
소금 1g
설탕 1.5g

만드는 방법
1 달걀은 실온에 두어 차지 않게 한 후 노른자를 분리하여 둔다.
2 믹싱볼에 노른자를 넣고 거품기로 저은 후 식초, 소금, 설탕 등을 넣어준다.
3 거품기로 저어주면서 식용유를 천천히 넣어 농도를 조절한다.

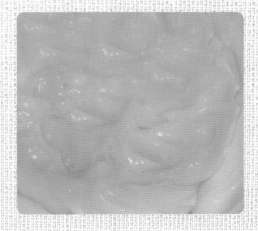

요구르트젤리

재료 및 분량
요구르트 1컵
설탕 2/3큰술
판 젤라틴 4장
딸기잼 2/3컵
딸기 4개

만드는 방법
1 판젤라틴을 차가운 물에 담가 불린 후 건져 손으로 짠다.
2 냄비에 젤라틴을 넣고 중탕하여 녹인다.
3 설탕을 넣고 녹으면 잠시 식힌다.
4 3의 용액에 요구르트를 넣어 섞은 다음 용기에 부어 냉장에서 굳힌다.
5 굳은 젤리에 딸기잼을 올리고 그 위에 딸기를 얹는다.

팥양갱

재료 및 분량
한천 7g
물 350mL
설탕 100g
팥앙금 200g
소금 1g

만드는 방법
1 한천은 물에 충분히 불린 다음 가열하여 녹인다. 녹으면 설탕을 넣고 끓인다.
2 팥앙금을 넣고 잠시 끓인 후 소금을 넣고 용기에 부어 굳힌다.

TIP : :
– 한천은 여러 가지 형태가 있는데 사용량은 형태와 관계없이 같은 분량을 쓴다.

팥양갱

음료

허브차

재료 및 분량
신선한 허브 1Ts, 건조한 허브 1ts, 끓는 물 200mL

만드는 방법
1 유리나 도자기로 된 포트를 준비하여 미리 따뜻하게 데우며, 물은 100℃로 끓인 뒤 80℃ 정도로 식혀둔다.
2 허브의 양은 종류에 따라 다르나, 생잎은 가볍게 비빈 후 우리면 맛과 향이 더욱 진해진다. 1인분 기준으로 신선한 허브는 1Ts, 건조한 허브는 1ts 정도를 데워둔 포트에 넣고 준비한 물을 부은 뒤 신선한 허브는 5~7분 정도, 건조한 허브는 3~4분 정도 우려낸다.
3 우려낼 때 뚜껑을 덮어 향기와 성분이 날아가지 않도록 하고, 입맛에 따라서 설탕이나 꿀, 레몬을 첨가한다. 이외에도 페퍼민트와 캐모마일, 스피아민트와 레몬버베나, 라벤다와 스피아민트, 로즈메리와 캐모마일 등을 블렌딩해서 마시거나 녹차와 허브, 홍차와 허브, 보이차와 로즈류를 블렌딩해서 마셔도 좋다.

배숙

재료 및 분량
배(중) 1/4개, 통후추 15개, 생강 30g, 잣(깐 것) 3개, 황설탕 30g, 백설탕 20g

만드는 방법
1 껍질을 벗겨 얇게 썬 생강과 물 2컵을 냄비에 넣고 센 불에서 가열하여 끓으면 중불로 줄여 10분 정도 끓인 다음 면포에 걸러 생강물을 만든다.
2 배는 모양과 크기를 일정하게 3~4조각을 내어 껍질을 벗기고 씨를 직선으로 잘라 제거하고 보기 좋게 모서리를 다듬는다.
3 배의 등쪽에 통후추를 깊숙이 눌러 넣는다.
4 생강물에 설탕과 배를 넣고 배가 투명하게 되면서 떠오를 때까지 5분 이상 끓인다.
5 그릇에 4의 배를 담고 국물은 식혀서 1컵을 붓고 잣을 띄운다.

참고문헌

국내문헌

강우원, 김미라, 송효남, 하상철, 현인환(2014). 식품화학(2판). 보문각.

구난숙, 김향숙, 이경애, 김미정(2014). 식품관능검사 이론과 실험. 교문사.

김완수, 신말식, 이경애, 김미정(2005). 조리과학 및 원리. 라이프사이언스.

김기숙, 김향숙, 오명숙, 황인경(2014). 조리과학. 수학사.

노봉수, 김석신, 장판식, 이현규, 박원종(2009). 식품가공저장학. 수학사.

농림수산식품부 축산법(2015년 1월 6일 개정).

농촌진흥청(2012). 2011 표준 식품성분표(제8개정판). 교문사.

안승요(2002). 식품화학. 교문사.

윤계순, 이명희, 박희옥, 민성희, 김유경(2014). 알기 쉬운 식품학 개론. 수학사.

이성호(2012). 조리기초과학. 석학당.

이형주, 문태화, 노봉수, 장판식, 백형희(2014). 식품화학(개정판3판). 수학사.

정은자, 조경련, 김동희(2013). 조리원리. 진로.

조미자(2004). 한국음식. 향문사.

조미자, 이미경, 이순옥(2013). 고급한국음식. 교문사.

조재선(2003). 식품재료학. 문운당.

최영진, 김기남, 이제웅(2013). 기초 조리 이론 및 실무. 백산출판사.

한국식품과학회(2015). 식품과학용어집(3판). 교문사.

한국영양학회(2000). 한국인 영양권장량(제7차개정판).

한국조리과학회(2003). 조리과학용어사전. 교문사.

황인경, 김미라, 송효남, 문보경, 이선미(2014) 식품품관리 및 관능검사(3판). 교문사.

국외문헌

John Campbells, David Foskett, Neil Rippongton, Prtricia Paskins. (2012). Practical Cookery for VRQ level 2. Hodder Education.

Kansas State University. (2013). Practical cookery: A compilation of principles of cookery and recipes and etiquette and service of the table(1921). Hardpress Publishing.

Lorenz Books. (2000). Herbs & Spices, a cook bible. Annes Publishing Company.

Mararet McWilliams. (2010). Food around the world A Cultural perspective(3rd ed). Prentice-Fall.

Mary M. McCalmont. (2011). The loss of food constituents in the preparation of vegetables. Nabu Press.

Pierre Blot. (2010). Hand-Book of Practical Cookery, for Ladies and Professional Cooks; Containing the Whole Science and Art of Preparing Human Food(1868). Kessinger Legacy Reprints.

Sarah R. Labensky, Priscilla A. Martel, Alan M. Hause. (2015). On cooking, A textbook of culinary fundamentals(5th ed). Prentice Hall.

Sarah R. Labensky, Priscilla A. Martel, Eddy Van Damme. (2012). On baking(3rd ed). Prentice Hall.

Springer Verlag. (2012). Food science(5th ed). Springer.

Springer Verlag. (2014). Essentials of food science(4th ed). Springer.

Srinivasan Damodaran, Kirk L. Parkin, Owen R. Fennema. (2008). Fennema's Food chemistry(4th ed). CRC Press.

지은이 👆 ▬▬▬▬▬▬

조미자　전 동남보건대학교 식품영양과 교수

강옥주　동주대학교 외식조리제과계열 교수

계인숙　경남정보대학교 식품영양과 조교수

김명숙　서해대학교 호텔조리영양과 교수

김병숙　전북과학대학교 호텔조리영양과 교수

김애정　경기대학교 대체의학대학원 식품치료전공 부교수

문숙희　경남정보대학교 식품영양과 교수

박재희　경남대학교 식품영양학과 조교수

박희옥　가천의과학대학교 식품영양학과 교수

이근종　서일대학교 식품영양과 강사

이미경　광주보건대학교 식품영양과 교수

이나겸　장안대학교 식품영양과 조교수

최은영　경북전문대학교 식품영양조리과 교수

최진영　신한대학교 식품조리과학부 조교수

한정순　서울교육대학교 평생교육원 독학사칼리지 가정학과 교수

조리원리

The **Principle** of **Cookery**

이론과 실습

2015년 9월 21일 초판 발행 | 2019년 2월 27일 3쇄 발행

지은이 조미자 외 14 | **펴낸이** 류원식 | **펴낸곳 교문사**

편집부장 모은영 | **책임진행** 이정화 | **디자인·본문편집** 아트미디어

영업 이진석·정용섭·진경민 | **출력·인쇄** 삼신문화사 | **제본** 한진제본

주소 (10881)경기도 파주시 문발로 116 | **전화** 031-955-6111 | **팩스** 031-955-0955

홈페이지 www.gyomoon.com | **E-mail** genie@gyomoon.com

등록 1960. 10. 28. 제406 − 2006 − 000035호

ISBN 978-89-363-1516-0(93590) | **값** 20,000원.